JN046988

適応と自然選択

近代進化論批評

George Christopher Williams 著

辻 和希 訳

Adaptation

and Natural

A Critique of Some Current
Evolutionary Thought

Selection

共立出版

はしがき

　1930〜40年代のネオダーウィニズム的総合とは，Fisher, Haldane, Mayr, Dobzhansky, Simpson らのよく知られた不朽の名作群により確立された概念で，英米共同作業の成果である．Julian Huxley の『進化：現代的総合』が，理論コンセプトは明確ではなかったものの，ムーブメント全体にタイトルを遺した．もしこれら30〜40年代の名作と並び称するに値する20世紀後半の本を1冊推薦せよと頼まれたら，私は George C. Williams の『適応と自然選択』を選ぶだろう．ページを開くやいなや洞察力に満ちた強い精神に私は引き込まれたのだが，それは『自然選択の遺伝学的理論』を読んだときとじつに同じ感覚だった．ただし Williams は Fisher と違い，数学者ではないのだが．George Williams は進化と生態のすべての局面について深く考究した，計り知れない学識と批評的知性に満ちた論客である．Williams は総合説を拡大しただけでなく，ときに不朽の名作の著者自身を含む多数の後進たちがいかに道を誤ったかをつまびらかにした．本書はすべての真摯な生物学徒にとって必読で，生命に対するわれわれの見方に後戻り不可能な転換をもたらすものだ．オックスフォードの講師としての私のキャリアのなかで，学生に薦めた本は過去にはかなり沢山あるが，全員に読めと私がこだわる1冊はこれだけだ．

　ここに本書を読むまでは陥りがちだが読んだ後は犯さない誤りの代表をいくつか掲げよう．「突然変異は進化を加速させるための適応である」「順位制は最強の個体の繁殖を保証するための適応だ」「縄張り制は個体間距離をとることで個体群密度の抑制という利益を種にもたらす適応だ」「性比は種の資源利用を最大化させるよう最適化されて

いる」「年をとって死ぬのは古くなって使用に耐えなくなった個体を引退させ，若者に場所を与えるための適応だ」「自然選択は絶滅に抵抗する種に有利になるようはたらく」「種は生態系のバランスという利益のためにニッチを分割する」「捕食者は未来に必要になるかもしれない餌を枯渇させないため"分別のある"狩りをする」「個体は密度過剰を避けるため繁殖を自粛する」.

　適応は本のタイトルの最初の言葉だが，本の主目的は，適応の研究が正しい科学となることへの懇願─Williams が擁護した Pittendrigh の用語を採用すれば，科学的目的論（テレオノミー）*1 なのである. Williams は幼稚な適応万能論者という揶揄が最も当てはまらない論客である．にもかかわらず，このような悪評は Gould と Lewontin の過大評価された「スパンドレル論文（1979）」*2 により広く流布されてしまった．これは動物の形態や行動のすべてが適応的であると証拠もなく仮定する人のことをさす．残念ながら適応万能論への批判は，故 Jerry Fodor のような一部の哲学者（Daniel Dennett による私信）に，適応という概念そのものへの批判であるかのような誤解を，少なからず与えてしまった.

　"スパンドレル"は非適応的な副産物である．この名称はゴシック建築のアーチにある"隙間"からきているが，避けがたく生じてしまう，それ自体には機能のない，機能的に重要なアーチの副産物のことをさす．この用語が生物学に持ち込まれるずっと以前に，まともな科学分野としての適応研究の唱導者としての Williams は，あとでスパンドレルとよばれることになる内容を鋭く指摘している．彼が挙げた，雪の中にできた自身の足跡を繰り返したどって走るキツネの生き

---

*1 訳注：本書では以後「適応生物学」と訳すか，適宜テレオノミーとカタカナ表記することもある.

*2 訳注：Gould, S. J., Lewontin, R. C.（1979）*Proceedings of the Royal Society B: Biological Sciences* 205: 581-598.

生きとした実例は，オックスフォード大学の私の学生たちの心をいつも鷲掴みにした．キツネの足は雪を踏み固め平らにしていくことで後の移動を速く楽にしていく．しかしキツネの足が雪を踏み固めるために進化したと述べるのは間違いであろう．雪はただ踏み固まってしまうだけなのだ．この有益な効果は単なる副産物である．Williams は含蓄を込めて短いメッセージでこのことをまとめている．適応は"やっかいな概念"であると．

　もし私が Williams とは違う英国国教会の結婚式のようなやり方でこれを言い換えるなら，いかなる適応の認定も，うやうやしく，慎重に，熟慮のうえ，冷静に，オッカムの剃刀に照らし考察すべきであり，無分別に軽々しく下されるべきでない．そうするよういわれなくても，汝は自身に言い聞かせねばせねばならない．自身の適応理論をネオダーウィニズムの厳密な用語に立ち返って翻訳せねばならないと．汝が前提とする"適応"とは決して，適当で曖昧で楽天的な意味での"有益な"をたんに意味するものであってはならないのだ．適応だと汝が考えるものが進化にいたる，厳密なダーウィン的道筋を明示し，批判に対し弁護する覚悟が必要である．"利益"はダーウィン的自然選択の単位である生命階層上の正しいレベルにおいて生じるものでなければならない．そしてその正しいレベルとは，私と同じく Williams にとっては，くだんの推定上の適応形質の原因であるところの個々の遺伝子であるのだ．

　"楽天主義者"という言葉を生物学に持ち込んだのは総合説の開拓者のひとり JBS Haldane である．彼のスター門下生 John Maynard Smith が報告するところによれば，Haldane は科学的に誤った思考を3つの"理論"というかたちで風刺した[*3]．

[*3] 訳注：どのような不幸が現実に生じても，当事者や世界にとってあらかじめ決められた"善なこと"であるとするような考え．世界はすべて予定調和的にできている

（次ページに続く）

　ジョビスカおばさんの理論（Edward Lear より）[*4]「世界中が知っている事実よ．（ボブルは足の指がないほうが幸せなのよ！；訳補）」

　ベルマンの理論（Lewis Carroll より）[*5]　「3回言ったことは現実になるのだ」

　楽天主義理論（Voltaire より，生物学に適用）[*6]「世界はすべて最高にできているのだ」

「白亜紀に役立つかもしれないから」という理由であるタンパク質がカンブリア時代に自然選択されたというたとえ話で，楽天主義への鋭い風刺をした Sydney Brenner の慧眼を私は敬愛している．上の3つのリストは極端なたとえかもしれないが，大学教授や学生のような人たち（私自身の学部生を含む）が実によく犯す楽天主義の誤謬なのである．適応は単なる"善"ではありえない．それがなにがしかの"利益"を産むというだけでは考えが不十分である．自然選択された何らかの実在にとっての，まさに利益であるがゆえの善でなければならないのだ．そして Williams が力説するところのその実在とは，通常，遺伝子だと考えられる．私は Williams の後の著作『自然選択』にある次の名文句が大好きである．

　遺伝子プールは，過去の長い時間に，個体の移動範囲よりもしばしば広い面積内で起きた選択圧の不完全な移動平均[*7]の記録である．

しかしなぜ"遺伝子"なのか．そしてこの"遺伝子"とはどのような

という発想や，善なる創造者がこの予定調和を保証しているという信念を皮肉っている．マルキストの Haldane らしい表現だといえよう．

*4 訳注：Edward Lear の本『あしゆびのないボブル』より．

*5 訳注：『スナーク狩り』にでてくる一節．

*6 訳注：Voltaire がラルフ博士という偽名で書いた『カンディート』より．Voltaire は「現世は可能な世界のなかで最善である」というライプニッツの楽天主義を批判している．

*7 訳注：値を，ある幅をもたせた前後にある生データ値の平均とする統計学の方法．ノイズを除去する方法のひとつ．

意味なのか．Williams の論拠は明快で，反論できない．私は全部引用しようかとも思ったが，その代わりに読者は p. 19 のソクラテスのくだりを読んでいただきたい．この文もまたオックスフォードの学生読者の襟首をぐいと摑む．以下が核心部分だ．

> ソクラテスの死で彼の表現型だけでなく遺伝子型も失われた．しかし，ソクラテスの遺伝子はわれわれとともに生きているかもしれない．その理由は，減数分裂と組換えにより遺伝子型は破壊され，彼の遺伝子型は彼の死とともに完全に失われるものだからだ．有性生殖では減数分裂によって解体される遺伝子型の断片だけが継承され，これら継承された断片たちも次世代でまた減数分裂によりさらに解体されるのである．もし究極的に分解不可能な（個としての indivisible な）断片があるとしたら，それは集団遺伝学の抽象的議論において"遺伝子"と定義される．

最後の文が私の二番目の問いに対する答えである．すなわち遺伝子の意味するものとは何かについてである．その 10 年後に私は，冗談混じりに「利己的な遺伝子」は「染色体のやや利己的な一部分あるいは染色体の少々利己的な小断片」とよんだほうがよいのかもしれないと，この Williams の答えを要約した．これは実は「協力的な遺伝子」とよんでもよかったのであるが，ここに自然選択における遺伝子的視点に対する最もよくある次の批判への回答がある．個々の遺伝子と個々の表現型の間に単純な 1 対 1 対応の原子論的なマッピングをするのは不可能である．ほとんどの遺伝子においてその影響は個体の無数の部分に及び，ほとんどの表現型的特徴は多数の遺伝子の影響を受ける．ゆえに批評家は"遺伝子"が自然選択の単位となりうるのか？と叫ぶ．これに答えるのは簡単だ．Williams はいつものように冷静に異論をこう葬った．

> 遺伝子がどれほど機能的に依存しあっていても，他の遺伝子や環境

要因との相互作用がどれほど複雑であっても，特定の遺伝子の置換が適応度への算術平均効果をもつことは，どの個体群でもつねに成り立つに違いない，と（p. 49）.

Williams はゲノムにあるその他の遺伝子（その長期的な平均は個体群の遺伝子プールである）が，遺伝子の作用に対し自然選択がはたらく場である主要な環境—"背景環境"となるという考えを雄弁に語った．誤解（残念ながらよくある）は，共適応した遺伝子の複合体（訳者追補参照）は，それ自体が単位として選択されるはずだという仮定である．しかし，複合体内の個々の遺伝子は複合体の他の遺伝子との適合性によって個別に選択されるのである．

> 訳者追補：最近の研究では，高度に共適応した複数の遺伝子群が染色体上の近い位置に密集し，超遺伝子を形成している例が次々と発見されている．超遺伝子はしばしば染色体逆位などにより組換えが阻止されており，この場合，複合体はセットの"遺伝子"として選択される傾向にある．遺伝子の密集自体が染色体上の距離を縮めるよう，個別の遺伝子レベルで選択された結果と考えられる．

Williams の絵画的な雪の中のキツネの例にもどろう．私は，彼は"スパンドレル"あるいは副産物の教訓に対して，次のような限定成立条件を認めているのだと思う．雪を平らに踏み固める機能ゆえにキツネの適応的に平たい足が自然選択されることもありうるだろう．しかしそれはできた雪上の道が，キツネ一般にではなく，そのキツネ自身（そしてその家族）だけに恩恵をもたらす場合に限るということである．たとえば，そのキツネ個体の縄張りの中だけで恩恵をもたらすときのように．これは"群選択"批判という Williams のこの本の根幹に関わる事柄である．群選択主義は死んではいないので，これは今日においても 1966 年と同じくらい強調する必要がある．その，たぶん政治的あるいは美学的でさえあるかもしれない磁石のような魅力により，群選択主義は何度も復活してくる．その様子を見るにつけ，私

はモンティパイソンの黒騎士*8を思い出さずにいられなくなる.

Williams は理論的には自然選択がグループ*9間にはたらくかもしれないことを認めている. 彼はそれが実際上重要でないと考えるだけなのだ. 彼が意味するところの群選択は,彼が後に「クレード選択」とよんだものも含む. その仮想例として,大きな身体をもつ個体が種内の自然選択(Williams がよぶところの個体選択,organic selection)で選ばれる傾向があるのに対し,それと同時に小さな身体をもつ個体からなる種が絶滅しにくい(生物群選択,biotic selection)というものを彼は挙げている. 利他的あるいは協同的な個体の行動や,グループで生活する個体の傾向がグループに利益をもたらすことで選択されると考える,別の型の群選択を支持する研究者もいる. しかしWilliams は血縁選択(Hamilton の重大論文は当時発表されたばかりだった)や互恵性(Trivers のうまい理論化はまだ先のことだが,Williams はその基本的考えを p.81 で先取りしている)でより節約的に説明できる現象に対して群選択を持ち出すべきでないと主張した. グループ生活にはもちろん,身を寄せ合うことによる保温,捕食者が攻撃してきたときの数による薄めの効果,危険を早く探知するための"多数の目"の効果,鳥の群れの航空力学的あるいは魚群の流体力学的効果など,個体にとっての利益は沢山ある. 実際これらは,同様の意図をもつ他個体がいる状況で,個体が自身の利益を最大化する方法とは何であるかを分析するゲーム理論モデルでしばしば扱われる事例である. グループの利益はそのようなモデルにおいて出番はない. ついでにいえば,p.58 で Williams は進化ゲーム理論に関する先見的な予期をしている. Williams は 1992 年の著書『自然選択』でも彼流の群選択批判をアップデートしているが,これについてのさらなる深入

---

*8 訳注:英国のブラックコメディーテレビ映画にでてくる騎士. 絶対負けを認めない者の意味.
*9 訳注:Williams が group と書いたとき,本書では極力グループと表記したい.

りはここでは控えることにする.

　本書の最終章で, Williams は William Paley の『自然神学（Natural Theleology)』における脊椎動物の眼に関する記述を引用し, 科学的適応生物学（scientific teleonomy)[*10] を構想する. 彼の目論見は, ときに自明に思える生物の"デザイン・設計"に焦点を当てるためだ. この設計は途方もなく強い幻想にすぎないのだが[*11], 眼のような生物の一部の実在（すべてではない. それでは適応万能論になってしまう）にはその余韻を強く感じることができる. すなわち, 複雑で, 相互に機能同調した共同的パーツの統計学的にはありえない組合せ, 精密な焦点をもつレンズ, 精密な絞りを実現する虹彩, 数百万のカラーコードした視細胞をもつ網膜, 脳に繋がる視神経—これらの現象（すべての動植物のあらゆる部分に無数に存在する）は, 化学と物理学の法則に「自然選択とその結果としての適応」という根本原理を1つ加えることによってのみ説明できるのである. 哲学者や自然選択論（あるいは Paley なら主張するであろう神による創造）の避けがたい必要性を認めない人々は, これらの美しい現実を無視しているにすぎない. そのような人たちは David Attenborough の映画を見たことがないのか？ あるいは顕微鏡で細胞を覗いたことがないのか？ 自分の手を凝視してみたことがないのか？

　Williams は, 適応には特別な説明が必要であることを真剣に受け止めるよう求めているが, 自然選択の正確なメカニズムと, それが作

[*10] 訳注：teleonomy を本書では適応生物学と訳したが, 一見目的論（teleology）的に解釈できそうにみえる生物現象を, 機械論的に, 因果的に説明する科学的方法である. 本書第9章を参照されたい.

[*11] 訳注：適応生物学者（テレオノミスト）は唯物論者で無神論者なので, 自然に設計者など存在しないことは百も承知しているが, あえて"設計"という概念を持ち出すことで適応とそうでないものがわかるという, 独特の哲学を提示する. Dawkins が「途方もなく強い幻想」と書いたのは, 適応生物学者はヒトのこの心理的傾向を利用するからだ.

用する生命の階層におけるレベルにはとくに慎重な注意を払っている．遺伝子選択（genic selection）が適切なレベルを占めているというのが彼の主張である．群選択は理論的には起こりうるが，Paley 的な複雑性，ダーウィンによる「生体器官の極度の完全性と複雑性」，Hume にとって「それについて考えたことがあるすべての人を感嘆させる」器官を構築する力にはなりえない．われわれは，個体に視力を，鳥に飛翔能力を，コウモリに反響定位能力を，イヌに嗅覚を，チーターに走力を与えている器官の複雑さに驚嘆する．種やグループや生態系には，このような何かをする力を与える複雑な組織はない．それらの大きな個体集団は，複雑な"器官"や，実際にはいかなる種類の適応ももたない存在なのである．グループがすることは，その構成要素である個体がすることの結果であり，まさに副産物である．

　George Williams は長身で，堂々としていて，エイブラハム・リンカーンのような，もの静かで，穏やかで，思慮深く，慎み深い人物だった．彼は，進化生物学における未解決の問題，すなわち，性の進化，老化の進化，生活史戦略の進化など，本当に大きな問題を解決するために，大きな研究上の貢献をした．また，新進気鋭でありながら，いまだに評価されていない"ダーウィン医学"の先駆者でもある．彼の『自然選択：領域，階層と挑戦』は，この本の重要な後継書となった．しかし，私は『適応と自然選択』こそが彼の傑作だと考える．このはしがきを書くにあたり本書を再読したとき，更新や削除する必要がある記述を発見できるかと期待したが，目論見は失敗に終わった．本書は今日の学生にも文句なく推薦できる．それは進化の総合説の著作のひとつとしての歴史的な興味からではなく，誕生 50 年のこの本がいまだに生物学的な示唆に富み，賢明で，私が判断するかぎりにおいて正しいからだ．

RICHARD DAWKINS，2018 年

序　文（1996 年版）

　“Adaptation and Natural Selection” の執筆を最初に意識しはじめたのは，1954〜55 学年度にシカゴ大学で奨学金による授業を担当したときだった．きっかけとなった出来事は，著名な生態学者でシロアリ学者の A. E. Emerson の講義だった．講義では，Emerson が「死の利益」とよんだ，老化は年取って傷ついた個体を個体群から間引き，より適応した若い個体に場所を譲るため進化したとする August Weismann の理論を扱った．私の反応は，もし Emerson の主張がまともな生物学とみなされるようなら，私は他の職種を探そうというものだった．帰路，妻の Doris と歩きながら，講義に対する私の不満足の話で盛り上がり，私は次の自明の考えを述べた．いかなる個体群においても個体の選抜は偏っていて，齢 $x+1$ までよりも齢 x まで生き残る確率が高いかぎりにおいては，若い個体がより多く選抜されるに決まっている．

　より広い意味での不満は自然選択理論の適用に関して広く浸透した矛盾からきている．厳密にいえば，この理論は個体群（集団）内の個体間の遺伝的変異に関するものである．どのような特徴であれ，個体の生存や繁殖をより成功させるような特徴が，やがてその個体群の特徴になるというものである．これ以外に適応的な変化をもたらすかもしれない要素はいっさい提唱されていないのだ．しかし，Emerson の例のように，職業生物学者はそれをグールプとしばしば結びつけ，たとえばグループの福利のため，メンバーたる個体は自身の利益を犠牲にするということをよく主張するのだ．個体群の利益のために個体が適応的に死ぬという Emerson の主張はその典型である．

　この手の俗流自然選択理論のテキストには実際，枚挙にいとまがない．Emerson 自身が，選択は個体群内の個体間だけでなく，個体群の間でもはたらくに違いないと主張している（Allee *et al.* 1948, p. 664）．他の著者たちも同じような主張をしていて，私は一度も例外にお目にかかったことがなかったのだ．私は，多くの生物学者が種の利益のための適応というものがあると信じ込んでいるのではないかという疑念をもった．

　その年に読んだ 2 つの論文が私にとって重要で，私がほかの道に進むのを思いとどまらせた．ひとつは Shaw と Mohler の 1953 年に発表された性比に関する短い論文であり，もうひとつは Huxley, Hardy と Ford の 1954 年の本の David Lack の章である．Shaw と Mohler の傑出した研究は，実は後に Charnov（1984）によって発見され，彼が性比の一般理論の根幹に Shaw と Mohler の方程式をおくまでは，ほとんど顧みられずにいたのである．Shaw と Mohler の論文は，さらに重要なアイデアの全貌が書かれた Shaw の博士学位論文へと私を導き，私は本書の中でそれを引用したのである．Lack の「繁殖率の進化」論文も，冒頭のパラフラフから私を思い切り勇気づけるものだった．自然選択が真の科学理論であることを私のように断固として信じる生物学者を，私は発見したのである．自然選択理論は，生物が必ずもつべき性質と，「種の利益」（Fisher, 1958, pp. 49-50）のための適応などの生物がもつはずのない性質とは何かを，論理的に予測するものである．

　この本の原稿を書いている 1960 年代初期に，尽力すべきものはまさにこれであると，私の立場の正当性に自信をもった．私は，とくに以下の考えを明確化することで，適応が生物学の一般原理として普及するであろうと確信した．自然選択はすべての適応の事例を説明可能だが，その適応とは，わずかの例外を除けば生物個体の属性であり，個体が属するグループのものではないということである．私はこの主

張が最終的にはオーソドックスなものとして受け入れられるだろうとの展望を初めから迷うことなくもっていた．しかし，その時点ではこんなに早く普及するとは期待していなかったのだが．1966 年の本書で私が議論したトピックに真剣に向き合った生物学者のほとんどが，私のおもな考えを 1970 年初めころまでには受け入れたという印象を今ではもっている．

　私は，自分だけが時代を先取りする正しい見方をもつと思い込んでいる，誇大妄想の典型だといわれことがあったかもしれない．しかし，Lack や Shaw と Mohler の論文を知ってから，そのようなすべての批判に対し戦えるようになった．他の論文との出会いも，とくに私が本書で少しその内容を予期するようなことを書いた W. D. Hamilton の 1964 年の包括適応度の研究は，私に恐れを捨てさせた．Hamilton の編集上の効果は，私の第 6 章と第 7 章を土壇場で変更させたことであった．心理的な効果としては，私の同時代人の多くが，私が予想していたよりも私の本を受け入れてくれるかもしれないという期待となった．この期待は，『適応と自然選択』が出版された後の 10 年間に，Hamilton，Ghiselin，Maynard Smith，Trivers，その他多くの人々が書いた文章によって十分に裏づけられた．

　事実，認識と論理に関する不幸な欠点が本書にはいくつかあった．たとえば，私はミツバチの毒針の機能（p. 203）を理解していなかったし，愚かなことに互恵性は発達した認知能力を必要とすると仮定した（pp. 81-82）．私が出版直後に最も後悔した誤りは，減数分裂のコスト[*1]により強制される極度な理論的な困難，すなわち性に関する議論の認識不足であった（pp. 117-120）．しかし，前後関係をよく覚えていないが，私は John Maynard Smith の「性の起源と維持」という原稿を読んだときには，われわれの主張がまったく同じであるとメ

---

*1 訳注：2 倍のコストのこと．

モしたことを覚えている．実はこの Maynard Smith の 1971 年の論
文は，掲載されるはずであった本がお蔵入りしたため，迷子になって
しまった．その後で，私は共著による本を編集することになり，
Maynard Smith のそのエッセイはその本にうってつけであると思っ
たのだ．こうして彼は私の要求に応じてくれたのだった．Ghiselin
(1988[*2], p. 16) によれば，彼の 1969 年の研究に対する査読者レポー
トのなかで私は減数分裂のコストについて議論したという[*3]．それが
私の『性と進化』（Williams, 1975）の中心テーマである．

　1966 年の本の何年か後に，私は適応の概念は通常は個体群ある
いはそれより高次のレベルには適用されないこと，そして通常，群
選択が個体の繁殖自己抑制による個体群密度の制御にいたるとした
Wynne-Edwards の主張には根拠がないことを明らかにしたことで
賞賛されるようになった．そしてさらに個体より上のレベルでの選択
が無視できることを示したものとして，私の研究を引用することが流
行になった（ときに，私の本を読んでいない人がそうしているのでは
と疑ったが）．しかし，私の記憶と，本書のとくに第 4 章に対する現
在の私の解釈からは，これは誤解である．私はたんに，私が**生物群適
応**（biotic adaptation）と名づけたもの，すなわち個体群やもっと一
般的にグループの成功を明らかに増進させるようないなかなる複雑な
メカニズムも，それらを作り出すには群選択は弱すぎると結論づけた
にすぎないのだ．生物群適応とは，よく種の利益と提唱されるような，
何がしかのより高度の価値のために個体の利益を従属させる役割を生
物個体が演じることで特徴づけられる．

　生物群適応を作り出すことができなくても，地球の生物相の進化に

---

*2 訳注：引用文献と照らし，年号を訂正した．

*3 訳注：Williams は 1966 年の時点では理解していなかった有性生殖の 2 倍のコスト
　の問題について，1969 年までには理解していたという，その時期についてつまびか
　らにしようとしている．

おいて群選択は依然として重要な役割をもつ．最も確かな例として，真核生物のすべての主要なグループにおける有性生殖の広がりがある．完全に無性生殖する動物や植物の系統樹上の分布はこれを強く示唆する．無性的な種がたくさんあるが，より広い*4 範囲で無性的な系統はほとんどいない．無性的な種の進化は普通に起こるようだが，近縁種グループへと種分化するほど十分長続き続きすることがほとんどないのである．今日無性的である種における更新世の祖先は主として有性生殖である．更新世初期に無性生殖だった種に，現在の子孫は少ない．有性生殖を保持することが，系統の生き残りのうえで有利にはたらいたように見える．この観点は今日，ほとんどの進化生物学者に受け入れられたが，それは今日の生物相の重要な特徴であるところの有性生殖の広がりに対する明快な群選択概念の適用である．

　進化において，配偶子形成と受精の性的周期のような精巧なメカニズムは，失うことは獲得するよりも簡単である．ほかにも，洞窟性動物における眼や色素形成，血液寄生者における代謝能力，島の鳥や昆虫の飛翔能力，海の無脊椎動物におけるプランクトン食幼生の欠如などがありうる実例である．この機能消失は，Harvey と Partridge (1988) が進化のブラックホールとよんだものの事例だろう．進化においてしばしば選ばれる経路ではあるが，その道のりをいったん選んだ後には逆戻りが難しいのである．

　今日のほとんどの生物がブラックホールにはまっていないという事実は，Stearns (1986) がクレード選択とよんだ，ある種の群選択が原因であることに違いなく，私は他書でこれを少しばかり深く議論した（Willams 1992）．進化的なブラックホールはしばしば絶滅を招き，あるいは少なくとも系統の適応放散の機会を極度に制限する罠である．森林や草原が洞窟に由来する生物の子孫群である眼のない動物た

---

*4 訳注：有性生殖的な近縁系統よりも，の意味．

ちに満たされていないことには何の不思議もない．これはそれよりは
よく研究された問題なのだが（Michod and Levin 1988），なぜそこ
が無性的な動物や植物で満たされていないのかということのほうが，
答えがより明白ではない問題なのである．

引用文献

Allee, W. C., A. E. Emerson, O. Park, T. Park, and K. P.
Schmidt. 1948. *Principles of animal ecology*. Philadel-
phia and London: W. B. Saunders.

Charnov, E. L. 1982. *The theory of sex allocation*. Princ-
eton: Princeton University Press.

Fisher, R. A. [1930] 1958. *The genetical theory of natu-
ral selection*. Reprint, New York: Dover.

Ghiselin, M. T. 1988. The evolution of sex: A history of
competing points of view. Pages 7–23 in *The evolu-
tion of sex*, edited by R. E. Michod and B. R. Levin.
Sunderland: Sinauer.

Hamilton, W. D. 1964. The genetical evolution of social
behavior. Parts 1 and 2. *J. Theoret. Biol.* 7: 1–52.

Harvey, P. H., and L. Partridge. 1988. Murderous man-
dibles and black holes in hymenopterous wasps.
Nature 326: 128–29.

Huxley, J. S., A. C. Hardy, and E. B. Ford, editors. 1954.
Evolution as a process. London: Allen & Unwin.

Maynard Smith, J. 1971. The origin and maintenance of
sex. Pages 163–75 in *Group Selection*, edited by G. C.
Williams. New York: Aldine-Atherton.

Michod, R. E., and B. R. Levin. 1988. *The evolution of
sex*. Sunderland: Sinauer.

Shaw, R. D., and J. D. Mohler. 1953. The selective sig-
nificance of the sex ratio. *Am. Naturalist* 87: 337–42.

Stearns, S. C. 1986. Natural selection and fitness, adap-
tation and constraint. Dahlem Konferenzen, Life Sci-
ences Research Report, 36: 23–44.

Williams, G. C. 1975. *Sex and evolution*. Princeton: Prin-
ceton University Press.

―――. 1992. *Natural selection: Domains, levels, and
challenges*. New York and Oxford: Oxford University
Press.

序　文

　本書で試みたのは，適応とその基礎である進化プロセスに関する科学における問題群の論点の明確化である．本書は上級レベルの学生と一般生物学者向けに書かれている．博識な読者なら自身の専門分野にとって役に立つことのない基礎的レベルの議論にも興味をもっていただけるかもしれないが，そうでない場合は適宜，読み飛ばしていただきたい．

　執筆の大部分は1963年の夏からのカリフォルニア大学バークレー校の図書館を利用して行った．大学図書館の職員の方々の惜しみないご協力に感謝申し上げる．また，バークレーキャンパス近くに私と家族の住処をご提供いただいたカリフォルニア州オークランドの Jessie E. Miller 氏にも御礼申し上げる．ニューヨーク州立大学ストニーブロック校の James A. Fowler 博士と Robert E. Smolker 博士には原稿に対しとても有益な示唆をいただいた．

GEORGE C. WILLIAMS

Stony Brook, Long Island, N. Y. にて

目　次

はしがき　　　　　　　　　　　　　　　Richard Dawkins　**iii**

序　文（1996年版）　　　　　　　　　　　　　　　　　**xiii**

序　文　　　　　　　　　　　　　　　　　　　　　　　**xix**

1. はじめに　　　　　　　　　　　　　　　　　　　1

進化的適応は特殊で誤解されやすい概念であり，必要なく用いるべきでない．また，適応の結果も，それが偶然でなく設計された産物であることが明らかな場合を除き，機能とよぶべきでない．適応がある階層の組織で認められたとき，証拠によって必要性が認められないかぎり，それより高いレベルの組織に適用すべきでない．自然選択は適応の創造と維持に対する唯一の容認できる説明である．

2. 自然選択，適応と進歩　　　　　　　　　　　16

自然選択は，標本誤差，選択係数，ランダムな変化率の間に，ある一定の数量的関係が満たされたときにだけ効果をもたらす．メンデル集団における対立遺伝子の選択はこの条件を満たすが，他の考えられる選択の類いはそうでない．対立遺伝子の選択は集団（個体群）[*1]内の

---

*1 訳注：population という語は，原則として生態学の用語法に従い個体群と訳す．同じ語を遺伝学では集団と訳すため，文脈によっては集団としたほうがしっくりく

（次ページに続く）

個体間の短期的なより良い／より悪いに対してはたらき，個体群（集団）の生き残りとは無関係である．いったん，ある水準の複雑性が進化すると，選択がときどき適応（的な形質）[*2] を他の適応（的形質）に置き換えながら適応を維持させるが，しかし空想されてきたような累積的進歩の類いにはならないかもしれない．

3. 自然選択，生態と形態形成　　　　　　　　48

遺伝子は環境との複雑な相互作用を通して選択される．環境は実際上，遺伝的，個体的[*3]，生態的といういくつかのレベルを含むと考察できる．生態的環境には沢山の側面があるが，そのひとつである“人口統計[*4]”は特別扱いされている．齢別の出生率と死亡率は，成長速

る場合も多くあった（ゆえに，メンデル集団 mendelian population と有効集団サイズ effective population size は遺伝学の用語法に従った）．しかし，“集団”は“集団感染，集団行動”のように日常語で頻用される．そして本書が生物の多様な個体集合（群れ，スクール，社会性昆虫のコロニーなど）を扱うことから，population を集団と訳すと混乱する恐れがあった．また，著者の Williams は同種の群れから系統樹上にまとまるクレードにいたるまで，さまざまな階層の個体集合を group という語で一般化して表現しており，やはり誤解を避けるため group は原則としてグループと表記した．ただし group selection は慣習に従い群選択と訳す．ちなみに，population の訳には個体群と集団だけでなく，人口（人口学），母集団（統計学）があるが，概念の輸入の過程でこうなっただけで，分野間でニュアンスは多少違えども，英語では同一語である．これらの研究分野は始まりにおいて研究者集団も重複しており，たとえば R. A. Fisher は集団遺伝学者で統計学者である．（次ページ訳注[*5]も参照．）

[*2] 訳注：本書では，適応（adaptation）を自然選択を受けて発達した形質，すなわち進化の産物の意味で使っている．しかし日本語の“適応”は，動詞の適応（していない状態から適応している状態へ変化すること）の意味合いが強いので，訳では適宜（的形質）を追加した．

[*3] 訳注：somatic は，生理学や解剖学では生殖細胞を除いた体細胞組織のという意味で使われるが，元来生物体のという意味で，本書では生物個体の意味で使っているので，原則として soma は個体，somatic は個体的，とした．

[*4] 訳注：人口統計は demography の訳語だが，同種の生物集団が示す生存曲線，繁殖曲線，齢分布など，生死に関する統計的特徴をさす集団生物学の概念である．

度などのライフサイクルの特徴の選択に重要な要因である．創造的要因としての遺伝的同化（genetic assimilation）の重要性はとても小さい．

4. 群 選 択　　　　　　　　　　80

遺伝子レベルの選択は個体と家族グループに適応的組織（性）（adaptive organization）を生みうる．個体群（集団）*5 の適応的な組織（性）はすべて別集団（個体群）との間の選択に起因せねばならない．そのような群選択が先験的に有効だとする考えを疑う理由を展開する．個体の遺伝子生存確率最大化に機能する**個体適応**（organic adaptation）*6 と，個体群ないしより広義のグループの永続のために設計されたであろう**生物群適応**（biotic adaptation）*7 とは異なる．

5. 遺伝システムの適応　　　　112

優性（顕性），倍数性，性決定機構，ライフサイクルにおける有性生殖と無性生殖の配置のような遺伝システム関連現象は，短期的な個体

---

*5 訳注：個体群（population）：ある空間内に生息する同種個体の総体（巌佐　庸ほか，2003，『生態学事典』，共立出版）．個体より上で種よりも下の階層．同事典によれば"空間"の設定は任意だとされるが，自然個体群の場合は地理的障壁からある程度まとまりをもち，主としてこの中で交配などの相互作用が行われる同種個体の集合をさす．しかし，どの程度まとまりがあれば自然個体群と見なせるのかには規定はなく，たとえば1つの大きな個体群なのか，ある個体移動率でつながった複数の個体群と見なすべきか，はプラグマティックに定められる．生態学的には種ではなく個体群が実体であるとされる．Williams も本書で population をこの意味で使っている．メンデル集団や遺伝子プールは，個体群を研究目的に応じてさらに抽象化した概念である．

*6 訳注：前ページ訳注*2 の理由で個体適応と訳した．

*7 訳注：biotic adaptation は生物的適応と訳すのが語感的に自然に映るが，Williams はこれを個体群や生物群集などの個体より上のすべての単位の間の自然選択（群選択）の結果生じる適応の意味で使っている．biota は生物群や生物相とよばれるので生物群適応と訳した．

適応で容易に説明できる．個体群の生存と進化はこれらの個体適応の偶然の，そして突然変異や遺伝子浸透と同じくまれにある機能不全の結果である．進化的可塑性維持のためのメカニズムや，他のいかなる遺伝システムの生物群適応には確固たる証拠は存在しない．

6. 繁殖生理学と行動　　　　　　　142

繁殖努力の強度とその使われ方の変異は，当該繁殖個体の繁殖成功度を最大化するよう設計されているように見える．産子数の進化，胎生，グループ繁殖，繁殖行動における性差について注目した．これらの現象は，個体の繁殖の目標とは個体群や種の永続でなく，同一個体群内における他個体のそれに比べ自身の配偶子が占める比率の最大化であるという結論を支持する．

7. 社会的適応　　　　　　　171

個体群内ではたらく選択は，近い血縁者の間で協力関係を生みうる．なぜなら代替の遺伝的特徴をもつ個体でなく，協力の遺伝的基盤をもつ個体に向けられたときにだけ，協力の利益が生まれるからだ．よって遺伝子レベルの選択が昆虫社会や他の生物における類似の特徴の進化を説明する．他の利他行動のように見える事例は，誤った相手に対する親の行動の発現で説明される．これらは親の行動のタイミングと発現を通常制御するところのメカニズムの不完全性の反映である．グループの利益は個体活動の偶発的な統計的帰結としてしばしば生じるが，それは個体活動の有害効果もまた累積されうることと同様である．

8. その他のグループに関連すると思われる適応　　　195

生物群適応といわれるもの，たとえば有毒な肉，老化，内部が遺伝的

に異質な個体などをさまざま精査したが，証拠は表面的で，決定的でないことが判明した．個体群サイズの制御は，個体の適応の結果か，あるいは純粋に物理的な法則から生じ，グループの適応的な仕組みによるものでないことが明らかにされた．生物群集やもっと大きな単位が適応的組織であるという考えに対しても同様の批判が有効である．

9. 適応の科学的研究　　　**221**

ある生物的メカニズムに対し「その機能とは何か？」という問いに答える確立された原理や手続きは存在しない．この質問に対する客観的に定められた解答法が，生物学の多くの分野に進歩をもたらすだろう．しかしそのためには，一般原理としての適応の研究に特化した概念の考案が必須である．テレオノミー（適応生物学）がこの特別な研究分野の呼称としてふさわしい．

引用文献　　　**241**

訳者あとがき　　　**259**

索　引　　　**279**

第1章

~·~·~·~·~·~·~·~·~·~·~

はじめに

過去1世紀における進化思想の発展の多くは，対立する2つの学派によってもたらされた．一方の学派は，自然選択が主要もしくは唯一の創造的な力であると力説した．他方の学派は，提唱された他の要素よりも選択の役割はごく小さなものであるとした．R. A. Fisher (1930, 1954) はメンデル遺伝学を受け入れて自然選択との関係を論理的に考究すればそれまで提唱されてきた（自然選択の：訳補）代替仮説の多くが却下できることを明らかにした．さらに Weismann (1904) は，メンデル遺伝学に訴えることなく，19世紀に提唱された対抗仮説群に対し自然選択説が勝利することをうまく説いている．Weismann の唯一の重大なミスは，彼がメンデル的遺伝子概念を知らなかったことに起因する．

　論戦は，私の意見では Fisher, Haldane, Wright が古典を著した1932年ころまでに自然選択説の圧勝で終わった．自然選択理論は今では主流な見解かもしれないが，たぶん一般に認識されているよりも分野によっては反対意見に対する支持が根強くある．表面的には現代的ダーウィニズムに従っているように見えながら，よく分析すると何か別の主張を含んでいるものが近年の議論に多い．私にいわせれば，明示的なものであれ非明示的なものであれ，現代見られる自然選択説への反対意見は，今では否定された19世紀の理論群と同根由来である．反対意見はダーウィン自身が観察したように，言明どおりの理由

からでなく，想像力の限界から生じている．多くの人々は，進化において個体が演じる役割は，その個体の適応度[*1]への貢献，完全にそれだけであるということが想像できない．好ましい道徳心は適応度から生じうるものであり，生きた自然がもつ道徳的秩序という信念は不要であるということが想像できない．遺伝子の目隠しの競技がヒトを生み出すことを想像できないのである．また，ある性質が適応的であることを判定する厳密な基準が現在存在しないこと，それゆえ適応[*2]とは何かを明確に定義できないことも，困難の主因である．私が後で少し文量を割いて議論するように，純粋に偶発的な現象を自然選択と見なす向きがあり，実際には存在しない問題を取り上げ，それを解決したのが自然選択（説：訳補）だとされることがある．もしある適応だとされるものが自然選択の産物でないと判明したとき，そもそもそれが本当に適応だったのか判断することは，根本的な重要問題である．

　私は本書が，進化理論と適応を研究する科学分野の進歩と発展には不要な邪魔物であると私が思う考えを生物学から払拭することの一助になればと望む．本書は，近年提唱された自然選択理論の修正や新たな追加であると確信されている考え，たとえば遺伝的同化，群選択や適応進化の積み重ねによる進歩という考えに対して否定的である．本書は将来の混乱を軽減し，同時に真に正しい理論の変更とは何かを認識できるようにするための基本原則を提唱する．基本原則は，あるいはドクトリンとよぶのがよいかもしれないが，次のものだ．適応は，真に必要なときだけに使われるべき専門的でわずらわしい概念である．

[*1] 訳注：Williams はここで「生命に関する統計量」と哲学的に述べているが，シンプルに適応度と訳した．

[*2] 訳注：目次の訳注2を見よ．本書では，適応（adaptation）を自然選択を受けて発達した形質，すなわち「進化の産物」の意味で使っている．訳では適宜，適応や適応形質とした．

適応を認識せざるをえないときも，証拠が必要とする以上に高次レベルの組織に帰するべきでない．適応の説明は，その理論だけでは不十分であると証拠が明白に示した場合を除き，メンデル集団における対立遺伝子の間にはたらく自然選択という最も単純な形式でするのが適切であると仮定すべきである．

　進化的適応は生物学における一般的重要現象である．その中心的立ち位置は，現代の生命の起源の理論で次のように強調されている．水圏の化学進化が，あるとき化学的にきわめて複雑だが初めはまだ生命のない"有機体スープ"を生み出した．そのように複雑な化学物質のうちで多少とも自己触媒的に分子ないし分子の塊を生成するものが現れた．しかしこれは化学的にはよくある性質である．水分子でさえ自己触媒的に合成されるのだ．そのなかで自身の"子ども"に偶発的な変異を生むものがまれに現れ，その変異は次"世代"に継承されたとする．しかしいったんこのようなシステムが出現したら，自然選択が作用し適応が発生しうる，そして地球は生命圏をもつことになる．

　生命の起源に関するこの話を受け入れれば，適応概念がおかれるべき中心的地位と，そして生命が定義され認識される少なくとも抽象的な判断基準をも受け入れたことになる．ある観察されたシステムが自然選択理論の適用なしには完全なる説明が困難であると考えざるをえないとき，われわれは扱っているのが生命であると悟るのである．つまり，化学法則と物理法則では不十分で，自然選択という根本原理とその結果としての適応概念の少なくとも１つの追加が説明に必要となる状況である．

　これは，必要なしに援用してはならない生物学独自のきわめて特殊な原理である．落ちるリンゴの軌道の説明が求められたとき，リンゴの物理的特徴の適切な記述とその初期位置と速度さえわかったら，力学の原理がそれを十分に説明するのがわかる．原理はリンゴでなく岩でもあてはまる．リンゴの生命的特徴がこの問題を生物学化させるこ

とはない．しかしもし，リンゴが自身が有するさまざまな特徴をいか
に獲得したのか，あるいは特徴がほかではなくそうであるのはなぜな
のだと，われわれに問われたとき，少なくともその解釈には自然選択
の理論を必要とする．リンゴがなぜ防水ワックスをほかでもなく表面
にもつのか，ほかのものでなく休眠状態の胚を中にもつのかは，それ
によって初めて説明できる．われわれはリンゴの構造的特徴と発生プ
ロセスにさまざまな印象的特徴を見出し，それが，それを生んだ樹に
効率的な繁殖を実現させるデザインの要素であると理解するだろう．
そのデザインの起源と完璧性は，パーツの役割の効率性に対して長い
時間はたらいた選択圧に原因があると見なせるのである．

　同じストーリーが，過去と現在における地球の生命圏におけるすべ
ての種のすべての生活史のステージの，すべての通常パーツや活動に
適用できるだろう．同じ理由から，かつては説得力のあった「神学的
デザイン論」における脊椎動物の眼は，生物学的適応と，そして機能
的な視覚に対してその生物群の歴史を通してはたらいたに違いない自
然選択を信じる必要性の劇的な例証として使えるのである．原理上
は，ほかのどのような器官もこの例証に使えるのだが，ほかの部位に
は眼の光学ほどには適応的デザインについて瞬時の説得力を示すもの
がないのも確かである．

　本書は，物理学の法則プラス自然選択がどのような生物学的現象に
も完璧な説明を与えうるし，そしてこれらの原理が一般的に理論的に
そしていかなる適応の具体例においても適応を説明するという仮定に
立脚する．これは生物学者のなかでは普通だが共通の見解ではない．
最近の文献のなかには，自然選択は表面的な形態に生じた適応を一部
説明しうるものだが，適応はその一般的特性において生物における別
の本質的で絶対的なものを含意するとする言説が多数ある．これは
Russell（1945, p.3）が，「（目的に：訳補）向けた活動」が「生命のほ
かに帰せざる性質」であると述べたことが，まさにそれである．彼の

立場は再生に関する彼の考えによってとくに明確になるのだが，それは pp. 74-75 で考察したい．

　素朴な自然選択理論に対する攻撃は，より最近の Waddington (1956, 1957, 1959) の著作に見られる．彼は，自然選択があらゆるレベルの適応的生物組織にとって重要であると認めながらも，しかし"遺伝的同化"の補助なしには不十分であるとした．自然選択理論への他の疑義は近年 Darlington (1958) が表明した．彼は，染色体と遺伝子には偶然の突然変異という伝統的コンセプトを超えた進化的自発性があると考え，それは個体群の将来の必要性に対し準備させる長期的洞察力であるとした．私は Waddington と Darlington の学説について後で議論する．

　選択が進化における唯一の創造的力であるという意見を表明する者のなかにも，この概念の一貫性のない使い方が見られる．後で論じるように若干の限定つきではあるが，集団遺伝学の文献がこれまでの蓄積で総じて技術的に示したように，自然選択だけが個体の遺伝的生存のための適応を生むことはもはや明白である．にもかかわらず，多くの生物学者が個体より高次のレベルの組織における適応を認識する．何人かの研究者がこの不一致の問題に意識的に取り組み，そして個体群内の対立遺伝子に基づいたよくある自然選択像は不十分であると議論した．彼らは，代替個体群のレベルではたらく選択もまた適応の重要な源泉で，そのような選択は個体ではなくグループの利益のためにはたらく適応を説明しうるものとして認識できるに違いないと仮定する．私は第4章から第8章にかけ，グループの利益のためのメカニズムを認識することは誤謬であり，高次のレベルの選択は無力であり適応を創造し維持するための要因としてはふさわしくないことをじっくりと論証したい．

とりわけ，グループに関連した適応とおぼしきものの多くに関する

解釈上の困難さは，適応と偶然の効果を区別する基準の不適切さに起因するかもしれない．用語の不完全さもこれをさらに助長する．生物学的メカニズムはすべて，正しくゴールとよべるような効果を少なくとも1つは必ずもつのである．たとえば，眼にとっての視覚，リンゴの実にとっての移動分散と繁殖のような．しかし，リンゴには人間の経済にもたらす貢献のような他の効果もあるかもしれない．過去の多くの議論を見ると，因果メカニズムにおける特異的機能をさして効果とよぶのか，単なる偶然の帰結をそうよんでいるのか，判然としないことが多い．ときに，この区別の重大性に著者が気づいていないのではないかと映る場合もある．この本では，私はこの困難を軽減する一助になるのではと思い，以下の因習的な用語法を一貫して使用したい．自然選択により形成された適応的機能がもたらした効果であると私が思う場合はいつも，人間の作り出した意識的設計になぞらえた用語を用いる．ある goal（目標，ゴール），function（機能），purpose（目的）のための means（方法）や mechanism（メカニズム）といった名称は，自然選択が作り出した機械的装置が存在していて，それがゴールにいたらせたのだという意味合いを含む．そのような関係が存在しないと私が思うときには，この用語法は避け，代わりに思いがけない偶然の関係を表現するのに適した，たとえば cause（原因）と effect（その効果）のような言い回しを使う．この用語法は，たぶん無意識的だろうが，すでに一般に慣習化されていて，その正当性は Muller（1948），Pittendrigh（1958），Simpson（1962）や他の論客の議論により支持されている（訳者追補参照）．

訳者追補：本書『適応と自然選択』の焦点は言葉遣いにある．著者の Williams は適応・適応形質（adaptation）の機能（function）やメカニズム（mechanism）と，それに二次的に付随する効果（effect）の厳密な使い分けを強く主張している．しかし曖昧なケースもあるだろう．たとえば，構造的詳細の一貫性から適応形質であることが自明だが，その真の機能が不明な

場合は，仕組み・装置（machinery）や機構（organization）などの言葉で表現しており，適宜英文を併記した.

　よって私は言いたい. 繁殖と移動分散は，リンゴの実のゴールであり機能であり目的である. そしてリンゴの実は，リンゴの樹がそのゴールに到達するための方法あるいはメカニズムであると. 対照的に，リンゴの実がニュートン力学に与えた直感やカラマズー地域（訳者追補参照）への経済的貢献は，たんに幸運な偶然の効果であり，生物学的興味が湧かない事柄である.

訳者追補：リンゴとギターの名産地. 興味深いことに，カラマズーのヴィンテージギターは，かのリンゴ・スターも愛用したという.

　実際上は，機能的デザインの存在を直感するのは容易なことが多い. しかし残念なことに，ある効果がそのデザインによってもたらされたのか，他の機能の単なる副産物としてもたらされたのか論争になることがある. 現実的な定義と客観的な基準群の提示は容易ではないが，きわめて重要な問題であるため対峙させるべきである. その発端となる試みを Sommerhoff（1950）が始めたが，残念なことに彼が示した基本を引き継ぎ発展させた人は誰もいない. 本書で私は，純粋な偶然性が適した説明であるケースを除外するため，想定される機能が経済性や効率などの面で十分詳細に目的に適っているかという，略式の論法に依拠することにしたい.

　しばしば助けになるが間違いがないわけではない規則として，生物的システムがヒトの道具と明確な類似性を示すときに適応を認めるというのがある. 鳥の翼と飛行機の翼，骨と橋の懸架，葉脈と都市の水道供給網には確信できるアナロジーがみられる. これらすべての実例において，ヒトの意識的な目的は生存に関する生物学的な目標とアナロジーを示し，類似の問題はしばしば類似のメカニズムで解決されることがわかる. そのような類推はたぶん，否応なく，生理学者が生物の構造やプロセスに関する研究を初期に立ち上げるにあたり，実りあ

る仮説を生む力強い源泉になり続けているに違いない．しかし他のケースではメカニズムの目的が当初ははっきりせず，目的の探求それ自体が研究継続の動機になるような場合もあるかもしれない．そのとき仮定するのが適応であるが，それは手段が明らかに目的に適っているからという理由ではなく，そこにある複雑性と一貫性が（適応の存在の：訳補）間接的証拠となるという意味においてである．実例（だったもの）は，サメの直腸腺，イトスギの"膝"，魚類の側線，鳥のアリ浴び，ネズミイルカの発声である．

　魚類の側線は好例である．この器官は魚類の大多数に共通する明らかな形態的特徴である．分類群のなかで首尾一貫した構造であり解剖学的に高度な複雑さを備えている．これらの特徴はすべて，明確に適応的重要性が示された構造の特徴とアナロジーを示す．違いは，この器官に最初に注目した人たちが，それがいかに首尾よく生存に貢献するのであろうかに関する納得できる物語をつくれなかったことだ．側線については後の多数の人々による形態や生理に関する詳細な研究で聴覚に関する基本メカニズムに関係した感覚器官であることが明らかになった（Dijkgraaf, 1952, 1963）．ヒトが自身にこの感覚器官をもたないことと，これと似たいかなる形の人工受容器も発明されなかったことが，この器官を理解するハンディになった．しかし，その首尾一貫性と複雑性は，それが何かの役に立つとの強い確信を導き，やがて重要な感覚機構として機能していることが明らかになったのである．

　こういったコンセプトを生物学の方法論として使うことの重要性を私は強調してきた．なぜならそのような概念的枠組みは生物の科学の本質であり必要であると，はっきり理解しているからだ．しかし，本書はおもに，適応である根拠が不十分だと私が思う考えに対する攻撃で構成されている．適応という生物学上の原理は最後の手段としてのみ使われるべきである．たとえば物理学や化学の法則のような，よりわずらわしくない原理，あるいは一般的な因果律で十分に説明できる

場合に援用すべきでない.

　あまり議論の余地がなさそうな例を挙げよう. 水面を離れ滑空する
トビウオを想像してほしい. じきに水中に戻らねばならないのは生理
的必要性から明らかである. 大気中では長く生きられないからだ. ま
た, 滑空が海に戻ることで終わるのを見たとしても不思議でない. 果
たしてこれはトビウオが水に戻るためのメカニズムがはたらいた結果
なのだろうか. もちろんそうではない. ここに適応の原理を持ち出す
必要はない. 重力という純粋に物理学的な原理が上昇した魚がやがて
下に降りることを適切に説明するからだ. 真の問題はそれらがいかに
下降するかではない, そうなるまでなぜそんなに時間がかかるかであ
る. 下降の遅延を説明するには滑空メカニズムを説明するエアロダイ
ナミクスの完成度をわれわれは認識せねばならないが, それをもたら
したのは滑空効率にはたらいた自然選択に違いない.

　この例は機械的に不可避な現象のなかに適応を見出すことのばかば
かしさを表現している. しかし, 私にいわせれば, この考えは遺伝子
の突然変異が進化的な可変性をもたらすメカニズムであるとする主張
と本質的に同じなのだ. 遺伝子がどのようなものであれ, それが現実
世界の一部である以上, その複製機能や他のいかなる特徴においても
完全ではありえない. たまに変わってしまうことは物理的必然なの
だ. このことと関連事項に対し, 私は pp. 124-127 でさらに詳しく述
べる.

　生物の活動が生物自身の利益を生むときには必ず適応を見出してし
まいがちである. しかしそこに適応を仮定するには十分な根拠がな
く, 大間違いを犯す危険がよくあると私は信じる. 利益は偶然の効果
であり設計による産物ではないかもしれないのだ. メカニズムの目的
の判定は, 仕組みの説明と, それが目的に向けた手段として適切であ
ることを論拠にすべきである. 実際生じたか, 生じたかもしれない結
果的な価値を論拠にすることはできない.

　これもおそらく論争の余地はないと思われる実例で説明できる．深い積雪の後，鶏小屋に向かうキツネを想像されたい．初回は雪という障害のため大変な苦労に直面するだろう．しかし次回以降の訪問では，同じルートに沿ってより簡単に到達できるだろう．なぜなら最初の訪問でできた足跡の溝があるからだ．この雪中溝の形成はキツネにとって時間と食物エネルギーの大変な節約になり，そしてそれは生存に必須となるかもしれない．したがって，われわれはキツネの足は雪の中に道をつくるためのメカニズムであると見なすべきであろうか．そうでないことは明らかだ．もたらした利益がどのようなものであれ，雪上の印は足の機械的な動きでできた単なる偶然の効果（effect）であり，生物学的適応と自然選択の煩わしい原理を持ち出さないほうが賢明だからだ．詳しい研究が，キツネの足は雪をかいて固めるためでなく，走ったり歩いたりするためにデザインされたものであると結論を下すに違いない．いずれにせよ，キツネの四肢が雪かきのためのデザインであるとする考えは，運動のためのデザインであるとする考え以上に説得力をもつことはないだろう．

　雪の中に道をつくることが足の活動の機能と考えるべきではないが，キツネは鶏小屋への同じルートをたどることでこの効果を適応的に利用している．最も慣れた障害の少ないルートを認識する感覚機構と，少ない労力で移動しようという動機は明らかに適応的である．

　ヒトの目で見た重要な適応的効果というものには，そのような機能などないことがよくある．生物学的には，ビールの醸造は酵母の糖分解酵素の機能ではない．グアノ*3 は人の農業に重要な効果をもつが，それを形成した海鳥の多くの種の消化機構の機能は，農業への貢献効果ではない．生物学者でない人の多くは，ガラガラヘビの尻尾にがらがらが発達するのは，人とって何か利益があるからだと考えたがる．

---

*3 訳注：海鳥などの糞化石．肥料の原料になる．

現代生物学者は上記に述べた効果が機能ではないと，ほぼ満場一致で見なすだろうと思われる．より論争になりやすい同類の問題は，後の章で再考したい．たぶん明らかに重要だが推論としてしか成り立たない例をもうひとつだけ挙げておいてもよいだろう．われわれはヒトの大脳皮質肥大の機能を真に理解しているだろうか？　この文明人独特な形質は，ほぼすべての個体に，少なくとも単純な取引きを学び，多くに文学やブリッジゲームを堪能し，少数には偉大な科学者，詩人，あるいは将軍になる能力を与えるという意味で重要である．ヒトが文化を基盤にした社会をもつかぎりにおいて，ヒトの心もたぶん似たような利益をもたらしたであろう．これまでの論争（たとえば，Dobzhansky and Montagu, 1947; Singer 1962）を受けた後も，高度な心の能力が自然選択を直接受けてきたとする考えを安易に受けれることはできない．天才が，平均よりやや劣る知性の人たちよりも多く子どもを残してきたとする信頼に足る証拠はない．ときどき天才を産む部族がそのような知的資質をもたない部族との競争に有利であるため，知性が広がっていくのだと議論された．たしかに，とても知的なリーダーがいるグループがそれより知的能力に欠けるグループより政治的に優勢になるだろうという意味においては正しいが，過去の支配層の多くが数においては有利に立てなかった事実から，政治的な台頭が遺伝的台頭につながるとは限らないのである．グループ間の選択の重要性に対する一般的疑義は第4章で詳述したい．ここでは，知性潜在能力は人種間で酷似しているので，現生のグループ間にはたらく選択圧がヒトの精神を改善あるいは現在の水準に維持させる効果をもつという意見には賛成できないとだけ述べるにとどめよう．歴史的時間においてヒトの思考力が顕著に低下している証拠はまったくないので[*4]，知性的なヒトが有利になる選択圧がいくらかでもはたらき続け

[*4] 訳注：William のこの見解に対し，驚くべきことだが，ヒトの頭蓋の容量（脳容量
（次ページに続く）

ているに違いない.

　発達した知性は, 発声による単純な指示を理解し記憶する能力に対して祖先の時代に作用した選択圧の偶然の副次効果ではと私は考える. 想像しよう. ハンスとフリッツ・フォースケイルは「水には近づくな」といわれた月曜に水遊びに行き, 尻をたたかれた. 火曜に「火のそばで遊ぶな」といわれたが, それに反してまた尻をたたかれた. 水曜に「サーベルタイガーにちょっかいをだすな」といわれた. このときやっとハンスはメッセージを理解し, 不服従の帰結をしっかり心に刻みつけた. 彼は分別をつけ, サーベルタイガーを避けた. しかし, かわいそうなフリッツも叱られることはなかったが, それはまったく異なる理由からだった. 現在でもなお, 事故は子どもの重大な死亡要因であり, 体罰しないポリシーの親でも子どもが電気のコードで遊んだり, ボールを追って道路に飛び出したら暴力に訴えたくなるのも無理はない. 幼児の事故死の多くは子どもがもし言葉による指示を理解し, 記憶し, 言葉を実際の経験へと置き換えられたら防げたであろう. このことは原始状態でも当てはまったであろう. 結果として言語能力を可能なかぎり早期に身につけられるようにはたらいた選択圧は, 大脳への相対成長効果を通し, まれにレオナルド・ダビンチのような天才を輩出する個体群を生んだのかもしれない. この解釈は成人の精神にみられる多様性と, 知能が両性間で酷似することにより支持される. なぜなら, かりに成人の男性だけに特異的な機能, たとえば原始社会で政治的リーダーシップを発揮するような能力があったとし

の近似) は数百万年間増加の一途をたどった後, ここ3千年間に急減少したとするデータが近年示され論争になっている. 仮説では, 文明化したことで個体が脳にかけるコストを減らすことが適応的になったからではないかとされる. いずれにせよ, この学説は群選択ではない. DeSilva, J. M., Traniello, J. F. A., Claxton, A. G., Fannin, L. D., 2021, When and why did human brains decrease in size? A new change-point analysis and insights from brain evolution in ants. https://doi.org/10.3389/fevo.2021.742639

よう．しかしそのような形質は成人の男性だけが発達させるようになるだろうし，部族内のすべての男性がもつようになると考えられるからだ．この私の主張の根拠は弱いといわざるをえないが，もしもっとよい説明があれば教えてほしい．なぜならこの問題は本当に重要だからだ．ヒトの心の理解が，それをデザインした目的を特定することでおおいに進むだろうと予期するのは，理にかなっているのではないか．

グループにとっての利益は個体の適応の効果の統計的な和として現れうる．シカがクマの攻撃を走ってうまくかわせるのは，祖先の時代に長くはたらいた俊足さへの選択の効果だと想像できる．俊足さはクマの攻撃で死亡する**確率の低下**をもたらす．同じ要因が群れの全個体に繰り返し作用し，群れは足の速いシカが集まる俊足な群れになる．それゆえグループはクマの攻撃に対し**死亡率の低下**を実現する．こうして群れの全個体がクマの攻撃から逃走すれば，その効果は群れの効果的な防衛となる．

　重要な例外もあるにはあるが，高度な一般則として，グループの高い適応度はその構成員の適応度の合計の産物であろうと考えられる．しかし一方で，このような単純な加算は，グループの適応的な組織化によって生み出されるかもしれない高い集合的（collective）な適応度を超えられないであろう．想像しよう．組織的なルールに従いクマ避けのため個体間で分業したほうが，クマを見たらめいめい個体が死なないようたんに逃げるだけの状態より，シカの群れの個体死亡率は低いはずだ．感覚がとくに鋭い個体が見張り役になるかもしれない．とくに俊足の個体は囮役になってクマを群れから遠ざけるかもしれない．などなどである．そのような専門化と個体間分業がもし見られたら，適応的に組織された存在としての群れを認識することを正当化できるだろう．しかし個体の俊速性と違い，そのようなグループに関連した適応は対立遺伝子への自然選択という説明以上のものが何か必要

であろう.

　個体の活動が，それら自身にとっては何も意味がなくても，ときに有害なあるいはときに有益な統計的な効果を偶然もたらすことはあるだろう．シカの大きな群れの摂食行動は新芽をなくすので有害である．しかし万一，新芽がなくなることに何か有益性があったら，遅かれ早かれ誰かが，シカの摂食行動は新芽をなくすためのメカニズムであると言いだすのではないかと私は思う．しかしこの類いの主張は，たんに食べるという行動のマクロ統計的な効果に関する証拠に依拠すべきでない．食べるという行動の栄養上の個体適応だけでは十分には説明できない因果的なメカニズムを特定してからすべきなのだ.

　ミミズの摂食行動はもっとよい例になろう．なぜならその偶然の統計的効果が個体群（population）あるいは生態学的群集（ecological community）*5 の観点においてすら有益だからだ．ミミズが食べる攪拌効果によって土壌の物理化学的特性が改善される．個々の個体の貢献は取るに足らないが，数十年数百年にわたるそれらの集合的効果により，ミミズが穴を掘るのに適し，そして植物が成長する媒体としての土壌を改良するが，それは究極にはミミズの行動に依存する．であるなら，われわれはミミズの行動は土壌改良のためのものとよぶべきか．明らかに Allee（1940）はミミズの活動が実際に土壌を改良するという事実から，そのような認定をしてもよいと信じた．しかしもしミミズの摂食行動と消化システムを精査することができたら，それは個体の栄養のためのデザインであるという仮定でよりよく説明できるだろうと私は想像する．土壌改良のためのデザインだという新たに追

---

*5 訳注：生物群集（community）：ある空間内に生息するすべての種（巌佐 庸ほか，2003，『生態学事典』，共立出版）．生態学の専門的な議論ではたんに群集とよばれる．種は独立に分布しうるので，群集は個体群よりもさらに操作的な概念である．しかし島や湖沼の群集のようにまとまりが認識できる場合もある．生態系（ecosystem）から非生物的要素を除いたものと見ることもできる.

加した仮定で，個体の栄養のための設計だという仮説以上にうまく説明できることはいっさいないだろう．1つの説明で十分なのに，2つの仮説を残すのは節約性原理への違反である．デザインされたのではない偶然の利益という説がすべて否定されたときにだけ，利益の奥にある適応を仮定する根拠になるであろう．

　一方，ミミズの摂食行動に，栄養的な適応では説明不能で，土壌改良のためのシステムとしてまさに期待されるような特徴を発見したとしよう．そのときは土壌改良メカニズムとしてのシステムの存在を認識せねばならないが，この結論は栄養機能が含意するのとはまったく違うレベルにおける適応的組織の存在を意味する．消化システムとしてのミミズの腸は適応的組織としてのミミズ個体において機能し，それ以外のものではない．しかし，土壌改良システムとしては適応組織としての生物群集全体での役割をもつことになる．これこそが，あとでより長く論じるが，ミミズが土壌を改良している可能性があるにもかかわらず，ミミズの活動の目的が土壌改良だという考えを私が否定する理由である．細胞内から生物圏までさまざまなレベルで適応的な組織の存在が感じられるかもしれない．しかし節約性原理は，われわれは事実によって必要とされるレベルの適応だけを認め，それより高次のレベルを認めるべきでないと要求するのである．

　適応は両親のつがいと随伴する子どもたちというレベルまでであり，それより上位のいかなるレベルにおいても認める必要はほぼないだろうというのが私の立場だ．後の章で示したいと思うが，この結論は決して節約性原理だけに訴えたものではなく，証拠となる事例の裏づけがあるのが普通なのだ．

　本書の最も重要な機能は，生物学者は生物学的適応という一般現象を扱うために有効な根本原理の一式を形成せねばならぬという，何年も前に E. S. Russell（1945）が述べた主張への共鳴である．この件についてはおもに最終章で考察したい．

第2章

自然選択，適応と進歩

科学的探究の強みに，経験論と直感と形式的な理論を任意に組み合わせて進展できることが挙げられる．これは研究者にとって便利である．多くの科学は，はじめのうちは記述と経験的一般化の運動（exercise）としてしばらくの間，発展する．後になってようやく，それら内部の，そして他の分野の知識との間の合理的なつながりを獲得する．たとえば，人体の解剖学と惑星の動きについては，多くのことが科学的に説明される前に，科学的な知識となっていた．

しかし適応の研究は，これとは正反対の発展をたどってきたようだ．適応にはニュートン力学的な総合説がすでにあるにもかかわらず，ガリレオやケプラーがまだ現れていないのだ．この「ニュートン力学的総合説」とは，自然選択の遺伝学理論である．それは30年以上前にFisher, Haldane と Wright によって達成されたメンデリズムとダーウィニズムの論理的統合である．しかし，その形式的な美しさゆえに，この理論は生物学者の営みに対し非常に限られた方向性しか提示しなかった．ふつうそれは，せいぜい適応進化に関する結論に漠然とした妥当性のオーラを与え，目的論に陥ることなく生物学者が生物の目標指向的活動を言及できるようにするぐらいが関の山であった．しかしこの理論の固有の強さは，ケプラーの法則に似て一般化するにはデータが圧倒的に足りないという制限があるにもかかわらず，理論から論理的推論ができることである．データ不足は絶対的な欠点

ではない．私が念頭においている類いの一般化とは，子どもを世話する動物の産子数への自然選択に関するLack（pp. 145-146で議論する）や，個体群の性比に関する Fisher（pp. 132-140 を参照）の洞察的結論によく例示されている．おそらくこのような洞察があと百も加われば，われわれは統一的な適応の科学を手にするだろう．

　しかし現在，そのような統一理論がないことが，いくつかの不幸な結果をまねいている．ひとつは，生物学者が自然選択理論の表面的な言葉で彼の議論を飾るだけで，どのような進化論的推測でも科学的に妥当であると見せかけられるということである．たとえば，自然選択，突然変異，隔離などの名の下に，地質学的時間尺度での未来の出来事の要求を満たすように設計された適応なるものがあると認める生物学者がいる．この誤謬はふつう，"進化的可塑性" への備えを装うかたちで発生する．他の生物学者は，自然選択が個体または個体群の生存に必要なすべての適応をもつことを保証すると述べ，適応が生存を保証するのに十分だとは決して期待できないことを理解しない．もし生物にそのような能力があるのなら，それは神の予知の摂理に起因するものとみなすのが適切で，よくいわれているのとは違い，決して自然選択のプロセスによるものではない．

　理論的正当性を失ったにもかかわらず生き残っているもうひとつのものは，進化段階の決定論的遷移を信じる傾向である．Simpson の1944 年の著書は，古生物学データの伝統的解釈の終焉を象徴するものととらえることができるが，進化的**進歩**（progress）に関するいくつかの議論では，長期的進化における決定論が依然として見出される．たとえば，Huxley（1953, 1954）は，進化的進歩は必然であり，新しい段階への一連の進歩によってすべての可能性のなかの至高の段階に到達するまで進化は進行してきたと主張した：「…鮮新世で残る最後の進歩への道筋が開かれた─人間へと導いたのだ」（1954，p. 11）．Huxley は，より高次の段階へと進む方法が何かは，どの地質学

的時点でも詳細には予測できないだろうことを認めながらも，「一方で，一度事実を振り返ることができれば，それが他の方法では起こりえなかったことに気づく」（1953, p.128）と述べている．その進化的進歩を促し，導く力が自然選択だといっている．この議論は，人が理論の外面的な形式に従いながら，その精神に違反することがあるという優れた実例である．

多くの生物学者が，ヒトに向かって決定論的に進化していくという見解を支持しているとは思えないが，美的に受け入れられる何らかの進歩は，有機的な進化の必然的な結果であるとする信念は広く存在している．この章では，自然選択のプロセスには限界があることと，それが進歩の必然性のようなよくある推測とどう関係するのかについて論じる．限界を強調することは，自然選択の重要性についての私の立場に疑念を抱かせるものではない．その限られた範囲の作用のなかで，自然選択は一般的に生物学者の大多数がまだまだ過小評価しているかもしれない潜在力をもっているのである．この点については，Muller（1948）による非常に明快な議論がある．

自然選択の遺伝学的理論の根本要素は，候補（遺伝子，個体など）の間の相対的生存率の統計的偏りである．このようなバイアスが適応をもたらすためには，作用因子の間に一定の量的関係が保たれていることが条件となる．必要な条件として，選択される主体が，偏りの程度（選択係数の違い）に比べて永続性が高く，内生的変化の割合が低いことが挙げられる．永続性とは，幾何級数的増加の可能性をもつ再生産を意味する．

この理論を受け入れることで，ある種の選択の重要性は即座に否定されるだろう．表現型の自然選択[*1]は，表現型がきわめて一時的な

[*1] 訳注：表現型の選択とは，「異なる表現型の間にはたらく自然選択」の意味．

ものであるため，それ自体が累積的な変化をもたらすことは不可能である．それらは，われわれが個体として認識するものを生み出す遺伝子型と環境の間の相互作用の結果である．個体は，遺伝子型情報と受胎以来記録されてきた情報で構成されている．ソクラテスは，親から与えられた遺伝子と，親とその環境が後に与えた経験，そして数々の食事を媒介とした成長・発達から成り立っていた．私の知るかぎりでは，彼は子孫を残すという進化的意味で非常に成功したようである．それにもかかわらず，彼の表現型はドクニンジンによって完全に破壊され，以来複製されたことはない．もしドクニンジンが彼を殺さなかったとしても，遠からず他の原因で破壊されたであろう．したがって，紀元前4世紀に自然選択はギリシャ人の表現型に作用したかもしれないが，それ自体は累積的な効果をいっさい生み出さなかったのである．

　同じ議論が遺伝子型にもあてはまる．ソクラテスの死により，彼の表現型だけでなく遺伝子型もまた失われたのである．無制限のクローン生殖を維持できる種でのみ，理論的には遺伝子型の選択[*2]が重要な進化因子になりうる．しかしこのような可能性はあまり実現しないと思われる．なぜなら，個々のクローンが進化に重要な膨大な時間をかけて存続することはまれだからだ．ソクラテスの遺伝子型の喪失は，彼がどれほど多く子を残したとしても取り返しがつかない．ソクラテスの遺伝子はまだわれわれのなかにあるかもしれないが，減数分裂と組換えは死と同じくらい確実に遺伝子型を破壊するので，彼の遺伝子型はもはや存在しない．

　有性生殖で伝達されるのは，減数分裂で分解された遺伝子型の断片だけであり，これらの断片は，次世代の減数分裂によってさらに断片

---

*2 訳注：訳注1と同様に，遺伝子型の選択とは，「異なる遺伝子型の間にはたらく自然選択」のこと．

化される．究極の不可分な断片があるとすれば，それは，定義上，集団遺伝学の抽象的な議論で扱われる"遺伝子"である．さまざまな種類の組換えの抑制により，特定の家系では，主要な染色体の一部分，あるいは染色体全体が何世代にもわたって完全に受け継がれることがあるだろう．このような場合，セグメントまたは染色体は，単一の遺伝子に似た集団遺伝学的挙動を示す．本書では，遺伝子という言葉を，「ある程度の頻度で分離し組み換わる部分」という意味で使う．そのような遺伝子は，生存に生理学的限界がないという意味で，潜在的に不死である．なぜなら，それらは外部要因による破壊を補うのに十分な速さで再生産する潜在能力をもつからだ．また，質的にも安定している．突然変異率の推定値は，1世代あたり約 10^{-4}～10^{-10} の範囲である．代替対立遺伝子にかかる選択強度はこれよりはるかに高くなる可能性がある．劣性致死遺伝子を全個体がヘテロ接合でもつ個体群においては，子世代にかかる自然選択で，半分の致死遺伝子が除去される．実験個体群における致死性の遺伝子や著しく有害な遺伝子は別として，自然界における選択係数が突然変異率の1倍から10倍を超えることを示す証拠は豊富にある（たとえば，Fisher and Ford, 1947; Ford, 1956; Clarke, Dickson, and Sheppard, 1963）．遺伝子の選択的蓄積が効果的だということに疑いの余地はない．進化論的には，遺伝子とは，内生的変化率の数倍または数十倍の有利または不利な選択バイアスが存在しうる遺伝情報，と定義することができる．個体群にこのような安定した遺伝する実体が遍在していることが，自然選択の重要性を測る指標となる．

　自然選択は定義上，適応を生み出したり維持したりする．どのような遺伝子でも正の選択を受けたものは，負の選択を受けた遺伝子よりもよく適応しているといえる．よりよく適応した遺伝子が広がることは，そのような選択の確実な結果である．もちろん，そのような遺伝子の選択は表現型によって媒介され，遺伝子が有利に選択されるため

には, それが選択される個体群におけるその活動の算術平均効果としての表現型上の繁殖成功を増大させなければならない. 第 3 章では, 遺伝子とその表現型および外部環境との関係をより詳細に扱う. 第 4 章では, 自然選択の対象として, 遺伝子よりもより包括的なシステムを考える.

自然選択の理解には, 遺伝子の適応度に対する平均表現型効果という概念の十分な会得が必要である. 遺伝子 A をもつ個体が遺伝子 A' をもつ個体よりも生殖によって自分自身をより多く置き換えるとき, かつ個体群が十分大きいゆえに偶然性の説明を排除することができるならば, A をもつ個体は A' をもつ個体よりも全体として適応しているといえる. それらの総適応度の違いは, 一方が他方に置き換わる程度で計測されるだろう. 平均の定義により, 個体適応度への平均効果は A に有利であり, A' には不利である. この平均個体適応度の最大化は, 遺伝子レベルでの選択の表現型効果として最も信頼できるものなのだが, ここでもややこしい例外がある. たとえば, 遺伝子は, その表現型発現が個体の生殖に資するからではなく, その個体の近親者の生殖に役立つために, 選択上有利になる可能性があるのだ. この混乱については pp. 173-175 で検討する. Wright (1949) と Hamilton (1964A) は, 選択と個体の適応度の関係について一般的に適用可能な理論的考察を行った.

自然選択は, 一般に日常語の意味でのフィットネスを生み出す. 自然選択は健康と快適さの向上, 生命と五体への危険の減少につながるメカニズムに有利にはたらくと通常は予想されるが, 理論的に重要な適応度 (fitness) とは, 究極的な生殖的生存を促進するような類いのものである. 生殖はつねにいくばくかの資源の犠牲と, 生理学的健康を危険にさらすことを多少とも必要とし, そのような犠牲は, 日常語の意味での個体のフィットネスを低下させるかもしれないが, 自然選択では有利になりうるのだ.

　通常，選択は“好ましい”形質を生み出すとわれわれは予想するが，ここでも例外がある．必ずではないが，所与の遺伝子置換がしばしば，ライフサイクルの異なる部分で，同じ個体において1つの好ましい効果と別の好ましくない効果をもたらす可能性がある．同じ遺伝子が，環境や遺伝的背景の違いのために，ある個体ではおもに好ましい効果を生み出すが，別の個体ではおもに好ましくない効果を生み出す可能性もある．平均効果が良好な場合，その遺伝子は頻度を増やし，結果，正と負の両方のすべての効果も増大する．あてはまる実例は多数ある．ある種の胚の致死性という性質が特定のマウス個体群で自然選択により生じている．この状態をひき起こす遺伝子は，雄の配偶子形成の段階での“マイオティックドライブ”において有利であるため選択され，かなりの頻度にまで達する（Lewontin and Dunn, 1960）．老化，ある種の“正常な”不妊性（第7章，第8章参照），およびさまざまな遺伝性疾患は，自然選択により蔓延した不利な性質の他の実例である．そのようなすべての例において，有害な効果を示す遺伝子が選択上有利にはたらくのは，同じ遺伝子が示す他の効果ゆえに違いない．ある遺伝子に有利な選択がはたらくことは，それが現時点に存在する代替対立遺伝子と比較して（適応度上の：訳補）プラスの平均効果をもつ場合は，避けられない．

　自然選択の他のよくある帰結は，個体群の長期生存の促進である．一例として，シカの俊足維持を第1章で引用したが，似たような例はほかにも枚挙にいとまがないだろう．しかし，ここでも例外がある．平均適応度の最大化が続くと，個体群によっては生態的な特殊化が進行するかもしれない．そしてこれは，個体数減少，分布の狭小化，環境変化への脆弱性をもたらす可能性があるのだ．Haldane（1932）も述べているが，精巧な武器，目立つ装飾やディスプレイは，配偶をめぐる競争において有利にはたらくことで進化したのだろうが，それは同時に資源浪費や捕食される危険の増加をもたらし，個体群適応度を

下げる要因でもある（訳者追補参照）．おそらく，体のサイズの進化的増加はほとんどの場合，数の減少をひき起こし，絶滅につながる可能性がある．自然選択がもたらした個体数減少は，ある種のアリの分類群にみられる奴隷使用習性の進化に顕著な実例がある（Emerson, 1960）．

> 訳者追補：ちなみに，このような同種個体群内で起こる自然選択が，結果的にもたらす個体群サイズの減少と，その生物群集への効果として，多種共存や逆の競争排除がある可能性を，最近訳者らは理論的に定式化し，適応荷重という概念を提案した（Yamamichi, Y., *et al.*, 2020, *Trends in Ecology and Evolution* 35: 897-907）．

個体群の生存に果たした適応の役割についての議論のなかで，必要であったために選択が特定の発達をもたらしたという趣旨の発言をしばしば見かける．意味論的問題と概念的問題の区別は困難なことが多いが，私はそこには共通する概念的誤謬があると考えている．それは以下の言説をみればよくわかる．

　ホッキョクグマの白い毛は，ホッキョクグマが生息する雪の多い地域で獲物を追うために**必要**なものである．色の濃い個体は生き残れないので，白さは選択されたのである．

私は**必要**を有利に訂正し，2 番目の文の白さの後に「もまた」を追加したい．生態あるいは生理的必要性は進化の要因ではない．適応形質が進化したことは，それが種の生存に必要であったことの証拠にはならない．この点ついては，現在のすべてのホッキョクグマとその子孫を明るいピンクにするという空想をしてみるとよい．ホッキョクグマは種としても生き残れないのは確実に思える．個体数は急減少し，地理上生態上の生息域も減るだろう．しかしこの個体数減少があっても，必ず絶滅にいたるとは決して断言できないのである．ホッキョク

グマの個体は狩りにおいてこれまで経験したことがない挫折を味わった結果，これまでより狩りに時間をかけることで適応するかもしれない．日中よりも夜間に狩りがうまくいくことを学ぶ個体がいるかもしれない．このような修正の数々で，ピンクであることがある地域では他の地域よりもあまりハンディではなくなり，種は存続するかもしれない．いうまでもなく，その必要性が明白である適応はたくさんある．ホッキョクグマから白さの代わりに肺を奪う思考実験をしたらどうなるか，瞬時に絶滅が起こるだろう．しかし，このような例があったとして，適応の存在，それだけをもってして個体や個体群にとっての必要性の論拠にはならないという結論に変更はない．適応の進化の過程で，その発達を助長する遺伝子が，そうでない遺伝子よりも高い確率で生き残ったという証拠でしかないのだ．通常，適応の存在は，それがない場合に比べて，種の数や分布範囲を増やす原因となるが，つねにそうなるとは限らない．Nicholson（1956, 1960）は，自然選択と個体群密度との関係を論じ，適応度の向上は数にほとんど影響を与えないことが多いと結論づけている．なぜなら，わずかな増加でも，個体数増加を通常抑制している密度支配性の反応を大幅に強める可能性があるからである．Nicholson は，自然界の個体群密度は安定した平衡状態にあるとする立場の代表的な論客である．

　逆の議論も成り立つ．種の生存に特定の適応が必要であるという事実は，進化する可能性とは関係がない．過去に絶滅した生物のすべてのグループについては，その生存に必要な適応は実際には進化しなかったといえる．これは，必要な方向に向けた変化傾向がなかったことを示すものではない．それはたんに，そのような傾向があったとしても，十分ではなかったことを意味するにすぎない．しかし，傾向が実際あったのだと信じる必要もない．絶滅が差し迫ったことで，個体群の側に緊急措置をよび起こすことはないからだ．コウモリの場合と同じように，フクロウの夜行性のナビゲーションにはソナーシステムが

有利であろうと想像できる. また, フクロウの多くの個体群がこれま
でに絶滅したが, もし原始的ソナーシステムのようなわずかな追加能
力をフクロウに与えられたなら, いくつかは生き残った可能性がある
と思う. では, そのようなシステムや他の適応的メカニズムの萌芽
は, 大規模で拡大している個体群よりも, 絶滅に向かって減少してい
る小さな個体群において見つかる可能性が高いだろうか? 鳥類学者
がそのような可能性の調査に喜んで多くの時間を費やすとは私には思
えない. フクロウがソナーを進化させられなかったのは, 個体群の大
きさには関係がなく, 必要な前適応*3がすべての個体群に存在しな
かったことが原因だと思う. ソナーの欠如は, 存在し続けるためにそ
れが必要ではないことの証拠にはならない. 今後もしコウモリが大き
く適応放散したら*4, すべてのフクロウにとって効果的なソナーシス
テムをもつ必要性が生じるかもしれない. もしそうなったら, 彼らは
翼竜などの, 必要な適応を欠いたため絶滅した大勢の生物と同じ運命
をたんにたどるだけだろう.

　個体群が差し迫った絶滅の脅威に対応して特別な措置を講じる可能
性は, 適応放散あるいは古代生物がずっと生き残っていることに対す
る考察で, 初等生物学のテキストではしばしばほのめかされている.
極限の生息地を探すことで絶滅を回避でき, それによってより進んだ
種との競争から逃れることができた種がいたとわれわれは教えられ
た. しかし, 絶滅の回避は, たんに競争が少ないニッチに特化した結
果である可能性がある. 絶滅回避が進化的変化の原因にはならない
し, 歴史上も原因になったためしはないのである. 個体群内の世代の

*3 訳注:前適応(preadaptation)とは, 適応形質が別の機能の適応形質に転用され
　たときの, 元の適応形質をさす. いちから作り出すよりも, 転用のほうが突然変異
　によって達成されやすいと考えられる.
*4 訳注:コウモリ類が大繁栄してフクロウの手強い競争相手になったらという意味.

交代[*5] において見られるような，無限に繰り返されるサイクルでの
み，ある階層のイベントが互いに原因と結果の関係になりうる．ネズ
ミの個体がネコの個体に殺されるのを避けるために，穴に（意図的
に：訳補）後退することはありうるが，競争による絶滅を避けるため
に極限の生息地に（意図的に：訳補）後退するなどということは個体
群にはできない．これがあるとすれば，進化しつつある個体群におけ
る個体の遺伝的生存率の違いの二次的効果としてのみである．

　この空想上の議論を支持する実験的な事例が少なくとも1つある．
Park と Lloyd（1955）は，コクヌスト[*6] の実験個体群が，競合する
種の導入後によく生じるのだとされる絶滅を回避するための遺伝的変
化を示さなかったことを明らかにした．しかし彼らは，生態的必要性
が進化的変化に影響を与えることは決してないと一般化して結論づけ
ることをためらった．

　生き残るために必要な要素が，通常の自然選択のプロセスに影響を
与えることはありえない．自然選択は，永続的な生存のためには何が
必要で何が不要か，あるいは何が適切で何が不適切かとはいっさい関
係がない．代替となる，つまり競合する存在のシステムのなかでの，
即時的な "より良い" と "より悪い" を扱うだけである．それは，長
期的な個体群の生存への影響とは関係なく，平均繁殖パフォーマンス
を最大化するように作用する．絶滅の可能性を予測し，それを回避す
るための措置を講じることができるメカニズムではないのだ．

　自然選択は競合する存在の間でのみ作用することを上で示したが，
同種の個体はべつに何か限られた資源をめぐって生態的な競争に参加
している必要はない．この必要条件はダーウィンに始まり，現代の多
くの生物学者にも引き継がれてしばしば想定されてしまっている．し

---

*5 訳注：多数個体で何世代も繰り返される，個体の生き死にのこと．
*6 訳注：甲虫の仲間．貯蔵穀物の害虫で，生態学の実験によく用いられる．

かし，少し冷静に考えると，競争的相互作用が少ないときに実は自然選択が最も激しくなる可能性もあることがわかる．実験個体群の典型的な成長曲線を考えてみよう．そのような個体群に存在する遺伝的変異は，おもに，身体維持要件を超えて存在する食料資源を子孫に変換する能力にあると仮定しよう．そこでは，食物があり余っている個体群増加の初期段階において，最も激しい選択が作用する．その後，食物をめぐる競争が激しくなると，遺伝的変異はその発現機会を失い，選択は止まる．これ[*7]は，個体群密度がより低い条件下で適応度の変異がより発現しやすいすべての状況に当てはまる．この点に関するより詳しい議論はHaldane（1931），Birch（1957），Mather（1961），Milne（1961）にある．

　したがって，自然選択は，通常の意味での競争がまったくない場合でも機能する可能性があるのだ．ほとんどの動物個体群では，酸素をめぐる競争はない．イヌ A が十分な酸素を摂取したとして，イヌ B の酸素の獲得努力に影響を与えることはまったくない．食物摂取などの他の機能に貢献することで，ごく間接的に，呼吸は生態学的な競争に関係するだろう．しかしながら，イヌの呼吸器系の精巧さと正確さは，呼吸効率への絶え間ない選択の存在を疑う余地のないものにしている．その一方で，私が生殖競争とよぶものから逃れられる生物はいない．雄イヌ A が今年3匹の子イヌを首尾よく授かったとしよう．この成功の程度をどのように評価できるであろう？　それはイヌ B との比較においてのみ可能である．もし同じ群れの B も含む A 以外のどのイヌも2匹以下しか子を残さなかったら，A はよく成功したと見なせるが，もし群れの子数の平均が4匹だったら A は失敗したと結論づけられる．この状況は，競合する個体の場合と同じく，競合

[*7] 訳注：環境が飽和していて，たとえば親が最大でも数匹しか子を残せない状況よりも，餌などは十分にあり成功した親は1000匹以上子を残す状況のほうが，個体間の適応度の変異は大きくなりやすいだろうという話．いわゆる r-選択である．

する対立遺伝子の場合でも明らかである．遺伝子 a が，2世代連続で各世代において1000人の個体の中に存在し，残りの個体は A しかもたないとしよう．自然選択は a に有利にはたらいているだろうか？もちろん，"残りの個体"の絶対数がわかるまでは解答は得られない．もし個体群の個体数が増加中ならば，自然選択は遺伝子 a に不利にはたらいている．個体群の個体数が減少中ならば自然選択は a に有利にはたらいている．

　その究極の本質において，自然選択の理論は，遺伝子というサイバネティックな抽象化と，表現型適応度という統計的な抽象化を扱う．このような理論は，サイバネティクスと統計学への関心や研究設備をもっている人にとって，このうえなく興味深いものになるであろう．この理論の実りある応用には，生物学の詳細な知識も必要とされる．この理論はたしかに，生物についての考察に数学的抽象化を使用するという日常的習慣をもたない人々にはほとんど魅力がないものである．平均繁殖成功度の概念をミツバチに適用しても，多くの人々の興味に訴えるとは思えない．ミツバチの個体群は，非常に多くのほとんど不妊な個体と少数の非常に繁殖力のある個体で構成されている．平均的な繁殖力のミツバチなどというのはとても不自然である．それでも私は，はたらきバチの不妊性は，平均の最大化というダーウィニアンデーモンの徹底的な抽象化努力によって完全に説明可能であると信じるのである．pp. 174-178 に示したように，社会性昆虫の社会を他の方法で説明できる可能性は少ないと思う．

上記に正確に要約されたと思う理論が，進歩という信念を必要とするだろうか？　多くの生物学者はそうだと述べており，さらに多くの生物学者が暗黙のうちにこの立場をとっている．しかし私は，自然選択の理論の基本構造には，いかなる種類の累積的な進歩の考えを示唆するものではないと主張したい．生物はたしかに現在の状況への適応

の精度を向上させることができる．たとえば，特定の遺伝子座に存在
しうる対立遺伝子が，現にいまその遺伝子座で大勢を占めているどの
ような対立遺伝子よりも適応的であるということはしばしばあるに違
いない．必要な突然変異が一度も起こらなかったのかもしれないし，
起こりはしたが遺伝浮動で失われたのかもしれない．そのような遺伝
子が早晩新たに生じるとしよう．この遺伝子が効果的に選択され始め
るのに十分な高頻度に遺伝浮動により達すれば[*8]，やがて遺伝子は最
も普通の，あるいは少なくともその遺伝子座の多数派の対立遺伝子の
ひとつになるであろう．この遺伝子置換は，1つかもっと多くの適応
の正確性を多少とも改善する可能性がある．しかし完璧に近づくにつ
れ，さらなる改善の余地は失われていくだろう．これは「進歩」とい
う用語にまったくふさわしくないプロセスであるのは明らかではない
か．

　環境の変化により，遺伝子置換が起こる可能性もある．ある遺伝子
が低頻度なのは，たぶんその個体群がおかれた環境で選択上不利であ
ったからである．しかし環境変化の後は選択上有利になり，他の対立
遺伝子を全面的あるいは部分的に置換するかもしれない．そのような
置換をもたらした表現型効果とは，重要性が減った他の適応を犠牲
に，重要性が増した適応のひとつを改善するというものだろう．これ
もまた，「進歩」という用語が意味するものとは違うが，そのような
選択的な遺伝子置換だけが自然選択の予想される結果なのである．自
然選択理論自体から進歩を推測する人は誰もいないだろうと私は思
う．進歩の概念は，生命の歴史に関係するデータの人間中心主義的な
解釈から生じたものに違いない．

　進歩は人によって意味が異なる．完全に相互排他的なわけではない

[*8] 訳注：たとえ自然選択上有利な遺伝子でも，突然変異で生じた遺伝子のほとんどは
　変異してから間もない後の世代において遺伝浮動で失われる．自然選択が効果的に
　はたらくには，遺伝浮動によってたまたま頻度がある程度まで高くなる必要がある．

が，私は進歩の意味を便宜上，以下の 5 つのカテゴリーに分けて検討したい．遺伝情報の蓄積としての進歩，形態的複雑性の増大としての進歩，生理上の分業の増大としての進歩，任意に指定された方向への進化傾向としての進歩，適応の効率の向上としての進歩，である．

情報の蓄積としての進歩という考えに最も顕著な貢献をしたのは木村（1961）である．彼の議論は進化論への重要な貢献となったが，その価値は彼がいくつかの素朴な先入観を受け入れたことで損なわれていると私は信じる．彼は，明確な証拠なしに，現代の接合子にはカンブリア紀の接合子よりも多くの情報が含まれていると想定している．この見解に対し論争をもたらすような直接的な証拠はないが，それを支持する証拠もまたほとんどないのである．ヒトは多くの点で比類がない．それは群を抜いて最も知的な生物であり，ごく最近，前例のない規模の生態的優位性を達成した．しかしだからといって，ヒトが遺伝暗号のネゲントロピー*9 の量など，すべての重要な点において最上であるということにはならない．カンブリア紀以降，遺伝暗号は大きく変化し，自然選択がこれらの変化を導いてきたが，情報量全体を増やした必然性はない．

木村の分析によると，最初は無意味な DNA が自然選択によって迅速に組織化され，適応の設計図となりえた．彼は，ランダム化する力に対抗して作用する自然選択によって，ある家系にはカンブリア紀からの経過時間の間に 10^8 bit の情報が蓄積される可能性があると推定している．彼は，細胞内の DNA の量がこの情報を伝えるのに必要な量の 10 倍から 100 倍になる可能性があることを指摘し，これや他の証拠が DNA メッセージが非常に冗長であることを示すものであると

---

*9 訳注：熱力学などで使われる乱雑さを表す量．閉鎖系では，熱力学の第二法則により，内部変化はつねにエントロピーが増大する方向に起こるとされる．ネゲントロピーとは，負のエントロピーであり，秩序性の尺度である．生命は開放系であり，エントロピーが低い状態に維持されうる．

解釈した．明らかに木村は，高等生物の遺伝子型の中にある情報の大部分はカンブリア紀以降に蓄積され，まだ用途不明の DNA の中にすでに「書かれている」と信じていたようだ．

　木村の議論は，自然選択が 5 億世代で何を成し遂げることができるかを示すうえで価値がある．私は情報の蓄積についての彼の説明を受け入れるが，それをカンブリア紀ではなく，DNA コーディングシステムの制御下にある細胞生物が最初に出現した直後の期間に適用したい．その時点から遺伝情報が蓄積されると予想されるが，無制限に蓄積されると考えるのには無理がある．選択により，どの世代でも一定量の情報が追加されるが，同時に，ランダム化のプロセスで一定量が失われるのだ．情報が蓄積されればされるほど，突然変異や他のランダムな力により情報が失われる速度も上がる．ランダム化の力に抗してはたらく選択によって維持できる情報コンテンツの最大値があると想定するほうが合理的である．また，現在進行中の遺伝子置換の多くが，容易に逆転してしまうことも十分考えられる．木村は，選択の効果の一部が突然変異圧により中和されることを酌量しつつも，一部の効果が残ることを示した．彼は，この残った部分のすべてが情報の蓄積の進歩のために利用可能であると仮定し，選択の逆転を考慮しなかった．万一選択圧が変化し，ある 1 世紀の間に遺伝子頻度が 0.2 から 0.8 に変わり，その次の 1 世紀の間に 0.2 に戻ったら，これは進化であるが，情報の純蓄積はゼロである．

　Sheppard（1954）は，自然の昆虫個体群にはたらく強い選択圧でさえ，ちょっとした環境変化の結果向きを変えうるという証拠を概説している．選択係数にごくわずかな違いがある同類対立遺伝子（isoallele）への選択は，Sheppard が研究したメジャージーン*10 の違いに

---

*10 訳注：1 つか 2 つの少数の遺伝子座の遺伝子により表現型が決定されるとき，その遺伝子をこうよぶ．ポリジーンの反対語．

よるものよりも, 容易に向き (符号) を変えてしまうだろうと予測される. ある遺伝子座にかかる選択圧の方向の逆転は, しかし個体群の進化の道筋全体を変えるものであるとは解釈できないだろう. 異なる遺伝子座は少なくとも部分的には独立しており, 個体群はいつ何時でも固有の遺伝子頻度のセットをもつことになるはずだ. しかし, 絶えず変化する環境では, 自然選択の多くは, 最近確立されたものを元に戻す方向にはたらくと考えられる. 逆に安定した環境では, 選択は通常ヘテロ接合性の減少をもたらし (Lewontin, 1958A), これもまた総遺伝情報量を減少させる. これらの要素を考慮に入れると木村の計算は, 現代の生物には遺伝情報が蓄積されていないことを予測するものだとして再解釈可能である.

　この結論は他の考察によっても支持される. 情報量の蓄積は選択圧と世代数の関数である. 木村が示唆したように, カンブリア紀以降のヒトの祖先の平均世代時間が1年だったとしよう. しかしもし, それ以前の祖先はほとんどの時間, 原生生物の段階にあったとしたら, カンブリア紀の前の世代数はそのあとの1000倍あったかもしれないのだ. この仮定に基づいて木村がやった計算をすると, カンブリア紀までに10^{11}bit の情報が蓄積されていることになる. しかしヒトの接合子はこの量の情報を蓄積できるのに十分なDNAをもたない. よって, カンブリア紀のずっと前に, ほとんどの系統発生上の系統が最適な量のDNAを確立し, その情報の負担を完全に最適化していたのではないかと私は思う. この結論は, 一定環境下での適応的完全性への接近速度に関する Blum (1963) の推論によっても裏づけられている. 彼は木村とはかなり異なり, 一定期間後の各遺伝子座において突然変異による新遺伝子との競争にさらされていない対立遺伝子の割合の推定値を考えた. 結論は世代ごとの突然変異率の推定値に依存するが, 平均突然変異率が10^{-6}の場合, 10^7世代後, またはおそらく原生生物の個体群では1000年後にはほとんどそれ以上進歩する余地がなくな

るのである．とても短い期間内に自然選択による情報増加とランダムプロセスによる情報破壊の間の均衡が成立するに違いないのである．さらにこのプロセスは突然変異だけでなく，選択圧の逆転をもたらす環境変化も加味して考察せねばならない．

　情報の量は，単純に接合子の中に含まれる DNA の量によって定量できると考えるのが妥当のように思える．これは，接合子あたりの情報の冗長性が一定ならば成り立つだろう．しかしこのような推論には根拠がないのである．DNA 含有量に関するわれわれの情報は乏しく，研究の草分けである Mirsky と Ris（1951）と Vendrely（1955）から少ししか進んでいないのだ．細胞サイズの小ささから想像されるように，単純な原生動物ではバクテリアや胞子虫と同様に保持する DNA の量は少ない（訳者追補 1 参照）．無脊椎動物は非常に多様だが，DNA の量と系統発生上の位置との間にある程度の関連がある（訳者追補 2 参照）．しかしこの相関は，主としてイカが非常に高い値を示すからであり，イカは実際どの哺乳類よりも DNA 量が多いのである．脊椎動物のなかで唯一示唆されている傾向は，ハイギョから鳥への道筋における DNA の減少である．哺乳類は鳥類より多いが両生類よりは少ない DNA をもつ（訳者追補 3 参照）．DNA 保持量と，推定される進化上の進歩のレベルとの間のそのような不一致は，通常，下等生物における高レベルの遺伝的冗長性を仮定することによって説明されている（Mirsky and Ris, 1951. Waddington, 1962, pp. 59-60）．細胞の DNA 含有量の系統発生的変異に関するわれわれの知識は，ほとんどの場合，門と綱から選ばれた単一の代表に対する単一の値という非常に不十分な証拠に基づいてる．

> 訳者追補 1：この部分の見解はやや古く，たとえば原生生物のいわゆるアメーバがヒトゲノムの 200 倍の大きさのゲノムをもつことや，サンゴ褐虫藻など単細胞藻類もゲノムが巨大な例として，多くの反証が挙げられる．

訳者追補2：Williams 自身が指摘しているとおり，系統発生的なものではなくて，イカ・タコ（頭足類）と中～大型エビ類が，とくにゲノムサイズが大きいことに起因する擬似相関だと解釈されるのが現在では普通だと思われる．頭足類，エビ類では，過去に倍数進化を経てきたらしいことも近年示された．

訳者追補3：脊椎動物の進化系統に関する 2010 以降の知見では，哺乳類を含む単弓類は，比較的祖先的（basal）な系統の直系子孫で，爬虫類・鳥類を含む現生の双弓類は，比較的派生的（derived）な系統の子孫であることが，複数のゲノムレベルの分子系統研究で示された．これは従来から化石形態分野でも指摘されてきたが，化石のみでは決着しなかったそうである．ここで，Williams がいっている「進歩のレベル」にあえて合わせれば，両生類→鳥類→哺乳類ではなく，実は両生類→哺乳類→鳥類が正解であり，DNA 量減少説と符合する．むろん，系統群の間で順番づけなどはできず，客観的な"進歩のレベル"などもないと思われる．系統学的にも，単弓類と双弓類の二大系統（有羊膜類の二大系統）は，両生類との分岐後に，ほぼ同時期に二分して出現したことが，ゲノムと形態の両方から支持されている．

　われわれは，ヒトの接合子の情報のどのような性質が解剖学および組織学レベルでの構造に関係しているのか，そしてどのような性質が細胞および生化学メカニズムに関係しているのか，言い換えれば，細胞および生化学特性への選択によって課せられたものと比較して，全体的な構造的適応への選択によって課せられる制約の数がどれくらいなのかについて，限られた知識しかもたない．ヒトの生殖質の情報の4分の3が形態形成の指示にあてられていることがもし既知ならば，ヒトはアメーバの約4倍の接合子情報をもっているに違いないと結論づけることができよう．しかし，もし10分の1だけが形態に関係し，残りは生化学系に関係しているとの仮定が正しいなら，ヒトはアメーバより情報を少しだけ多く，精巧な合成酵素システムを備えた藻類はヒトやアメーバよりも多くもつかもしれない．

　これは，ごく推測的な方法であるが，接合子に存在する情報の量に関して木村が提起した問題のいくつかは，以下のように考察が可能で

ある．彼は，人体の解剖学的構造を規定するには約 10^7 bit の情報が必要であり（訳者追補 4 参照），接合子に存在する DNA の最大積載可能情報が 10^{10} bit であると推論した．かりに，DNA のメッセージが非常に冗長で，最大容量の 10 分の 1 しか利用されない（訳者追補 5 参照）と仮定しても，これらの推定値から，生殖質に含まれる情報のうち細胞や生化学の基本的なメカニズムに関するものは，形態形成に関するものの 100 倍あると結論づけることができる．これは，真剣に検討すべき結論としてではなく，幅広い可能性の一端として提案する．このスペクトルは非常に広いので，哺乳類と原生生物の遺伝情報量の違いを推定して結論を出すのは時期尚早だと思われる．

訳者追補 4：ヒトゲノムのうち，エクソンをコードする配列は 2〜4% 程度と推定されており，そのうちの数割から数% 程度が，動物らしい形態形成などに関わるものだとすると，木村の推測した比率は，現在のゲノムの知見から見て当たらずとも遠からずである．

訳者追補 5：ゲノムの最大 10% が情報として使われるという仮定は，真核生物については，現在の視点では過大評価と考えられる．依然不思議なことではあるが，真核生物ゲノムの大部分はトランスポゾンなどにより挿入されたものを多く含む，機能が不明なジャンク DNA と考えられる．ゲノムは，Williams の想像を超えてさらに冗長らしい．ジャンク DNA はエクソンなどを変異から保護しているという説などがある．

　おそらく，DNA の量は選択によってつねに最適な値に調整されるので，現在生物体内に存在する DNA が，機械的または栄養的に重大な負担になるようなことはめったにないだろう．DNA 保持量を増やすことで，より多くの情報を運ぶことができ，それによって適応の精度や多能性が高まるとしたら，そのような増加が起こると私は思う．経済性と効率性は生物学的メカニズムの普遍的な特徴であり，DNAコーディングシステムもその例外ではない．その明白な目的は情報を運ぶことであり，その質が最適化されるのはこの機能に関してであると考えるのが妥当である．その最適値は，ランダム化プロセスに抗し

て選択で維持できる情報の量で決まるであろう．存在する DNA の重量が多いほど，選択によって制御可能な重量あたりの情報コンテンツが少なくなる．制御の低下は，ノイズの増加とその結果としての表現型の適応の精度の低下を意味する．情報の量と情報の正確さは，いくぶん相反する遺伝的メッセージの要件なのである．生物の DNA の量は，おそらくこれらの相反する値の間の最適な妥協点を反映していると思われる．このことから，遺伝子情報の量は限られており，可能なかぎり経済的に利用する必要があると考えられる．後の章でさまざまな文脈で議論しようと思うが，多くの生物学的現象において，情報の経済性原理が重要な進化的要因であることが示唆されている．

　ここで示唆される見解とは，一定レベル（おそらく単純な無脊椎動物）以上の組織をもつすべての生物は，ある地質学的期間以降（おそらくカンブリア紀以降），核内にほぼ同じ量の情報をもっている可能性があるというものである（訳者追補 6 参照）．そのような生物はすべて，膨大な量の情報を運搬可能な量の DNA をもっており，そのすべてが少なくとも 10^9 年の間の天文学的な世代数の祖先のなかで，同じ情報収集問題に関する圧力にさらされてきた．カンブリア紀以降の進化は，生殖質の置換と質的変化の歴史であって，総含有量の増加ではないと解釈できる．原生生物からヒトへの進化はおもに，原生生物のDNA における生化学的および細胞学的な指示のほんの一部を，形態形成の指示に置き換えるという問題ではなかったかと考える．

訳者追補 6：この見解は Williams の慧眼である．現在の理解では，一定性は全ゲノムサイズでは当てはまらないが，コード領域の量についてはおよそ当てはまるとされている．まさにカンブリア紀以降，コード領域の情報量についてはほぼ変化がないのである（たとえば，ショウジョウバエとヒトのゲノムサイズの類似性）．一方，ゲノム重複のようなゲノム増大イベントと飛躍的進化（多様化）に関係が見られるという指摘もあり，これはゲノム進化のパラドックスとされてきた．しかしこれは，ゲノム重複による遺伝子急増よりも，その後の急速な遺伝子欠失によるゲノム構造の大再編が，大進化

（後の時代から見たときの大系統群の出現）と関係しているという考えで説明できそうである（Sato, Y., *et al.*, 2009, *BMC Evol. Biol.* **9**: 127, Inoue, J., *et al.*, 2015, *PNAS* **112**: 14918-14923）.

サイバネティクスの進歩に関する木村の結論は，進化的な進歩の2番目のカテゴリーである形態的複雑性の増大を受け入れたことから生じた．最近の動物は古生代の動物よりも形態的に複雑であるとよくいわれるが，私はこの点について目的や偏りのない目で記載した研究を知らない．ヒトは祖先であるデボン紀の魚類よりも構造的に本当に複雑だろうか？　たとえば，われわれはデボン紀の魚類の頭骨よりもヒトの頭骨を使ったほうが，複雑な一連の進化的変化を説明しやすいが，これは少なくとも部分的にはデボン紀以前の脊索動物をわれわれがあまり知らないことに起因する．デボン紀から最近までのヒトの系譜は，頭骨やその他の場所でのおもに配置の変更と部品の損失の歴史である．真の追加はストーリーの目立った部分ではない．機械的には，ヒトの頭骨は，ほとんどの魚類の頭骨と比較して，そのはたらきが非常に単純である．デボン紀でさえ，正確に関節運動する多数の骨のパーツで構成された複雑な機械システムを形成する頭蓋骨を備えた魚類，たとえばリゾドプシス *Rhizodopsis* がいた．最近の動物が同じ分類群の既知の古生代のメンバーよりも構造的に複雑であるという一般的な結論を客観的記述で示すのは難しいと思う．

　もちろんヒトは，デボン紀ではないにしてもその前の歴史のどこかに形態的に単純な後生動物の祖先をもつに違いない．ヒトと魚類の相対的な複雑さという質問は，次のような2つの一般的仮定に関連して発生する．（1）より下等な生物からより高等な生物への進化的進歩は構造の複雑さの増加からなる．（2）魚類から哺乳類への変化はそのような進歩を例示している．脳の構造などのいくつかの点で，哺乳類は確かにどの魚類よりも複雑である．しかし，外皮組織学などの他の点

では，平均的な魚類はどの動物よりもはるかに複雑である．完全かつ客観的な比較後の評決がどうなるかは定かでない．

さまざまな生物の構造の相対的な複雑さを考察する際には，議論を各タイプの成体に限定するのが通例である．これは，成体期が通常ライフサイクルのなかで最も構造的に複雑な時期であるという事実によって部分的には正当化されるが，この限定はまた，発達の比較的素朴な見方を反映している可能性がある．個体発生は，多くの場合，成体期の表現型を1つの最終目標としてもつと直感的に見なされるが，発生の実際の目標は他のすべての適応の目標と同じで，それが依存するところの生殖質の存続なのである．目に見える身体的なライフサイクルは，この目標を達成するために不可欠な機械であり，そしてすべての発生段階が当然のことながら他の発生段階の目標となるのである．各発生段階には，理論的に分離可能な2つのタスクがある．第一に生態的調整の問題であるところの，生存に関する差し迫った問題への対処．第二は後に続く次の段階を生み出すこと．形態形成の指令は両方の仕事をこなさなければならない．複雑でしばしば生存が困難な環境に生息する段階では，生態的適応の負担は必然的に重くなるに違いない．しかし，変化の少ない好ましい環境で過ごす段階では，ほとんどの遺伝情報は生態的調整に関わる必要はなく，即時の生態的調整の仕組みを犠牲にしてでも，形態形成を効率的に準備することにとくに重きをおくことが選択上おおいに有利になる可能性がある．たとえば，ヒトにおいて胎児が示す適応の類いを，子どもや大人が示す適応の類いと比較してみよう．胎児は積極的に協力的な環境に住んでいる．生態的な問題はほとんどないので，後の段階のための迅速で効率的な形態形成の準備に集中することができる．子どもまたは大人は，複雑でしばしば敵対的な環境に住む．これらの段階では，正確な感覚，運動，免疫，およびその他の生態的適応に重点がおかれる．形態形成の準備は重要性がはるかに低くなり，胎児のものよりもはるかに遅くな

るのである．

　しかし，ヒトの胎児が，手厚い保護下の子宮ではなく，オタマジャ
クシのような環境に住んでいたらどうなるだろう．ヒトの"幼生"の
発育が，成体が経験するのと異なるカエルのような両生類の幼生と同
じくらい複雑で危険な環境でなされたらどうなるだろうか．ヒトの生
殖質は間違いなく，池の底の状態と同じくらい激しい状態に対処する
ための指令を負わされるに違いない．複雑な感覚と運動のメカニズム
は人生の早い段階で発達し，それらのいくつかは成人期には抜本的な
修正を必要とするだろう．

　ヒトの接合子の総情報量は，そのような追加の指示によってどれだ
け増強されるだろうか？　現時点で利用できる答えはないが，質問を
実行可能かつ現実的なものに定式化できれば，おそらく形式的な分析
によってある程度の理解が得られるだろう．このような分析は，最初
に A に，次に B に発達する単一の接合子よりも，A に発達する接合
子と B に発達する接合子の 2 つをもつことにより，多くの発達情報
が必要かどうかを尋ねるかたちをとることになるだろう．単一の接合
子の場合は，A に成長する間も B を生成するために必要な情報を保
存する追加義務が必要であり，B を生成するときには A の行いを取
り消す必要があるかもしれない．これは，複雑なほうの単一のライフ
サイクルでは，2 つの単純なライフサイクルよりも多くの情報が必要
になることを意味するのであろうか．理にかなった形式的な議論がで
きるまで，大きく異なる複数のライフサイクルをもつ生物の相対的な
複雑さについての判断は注意深く臨まねばならない．

　カエルのよりもはるかに複雑なライフサイクルがある．下等で"単
純な"肝吸虫は，接合子から多細胞ミラシジウム幼生に成長する．ミ
ラシジウムは体を覆う何千もの繊毛で泳ぐのに必要な神経運動装置を
備えており，特定の種類のカタツムリを見つけてはその体内に穿孔す
る．カタツムリの内部では，形態的に異なるスポロシストに変態し，

細胞分裂で増殖する. この増殖のあとはレジア幼生とよばれる次のステージになる. レジアはカタツムリ体内を移動しながら無性的に別のレジアを産む. レジアはやがてセルカリアという別の形態になる. セルカリアは, 初期のミラシジウムのように宿主間の移動の機能を備えているが, 運動メカニズムはまったく異なる. セルカリアは繊毛の作用ではなく, 尻尾をくねらせて泳ぐのだ. セルカリアはカタツムリに孔をあけて脱出し, 草の葉に泳ぎついて, そこに付着し, メタセルカリアとよばれる休眠するいくぶん無定形の多細胞塊に変化する. ヒツジが摂取すると, メタセルカリアは若い吸虫として孵化し, ヒツジの体内で成虫の吸虫に成長する. 成虫の吸虫は接合子を産み, 以上の全サイクルが再開される. 形態的に異なる段階のこのように複雑な推移は, 任意のステージで見られる構造の複雑さから存在が推測されるよりも, はるかに多くの形態形成の指令を生殖質にもたせる必要があるだろう. ヒツジとその肝臓の吸虫のように大きく異なる生物の相対的な形態的複雑さを評価する信頼できる方法が何か, 現在のところ私にはわからない. また, どちらが形態的指令や総遺伝情報のより大きな負担を接合子に強いているか判断する方法もない.

　吸虫や他の寄生虫がライフサイクルのなかに明らかに異なる形態段階を追加および削除しやすいのは, 形態形成に関連する遺伝情報の割合の問題に関係している. おそらくそれは, たとえばセルカリアを生産するための指示が, 吸虫の接合子が運ばれなければならない情報全体からみると非常に些細な部分でしかないことを意味するのであろう.

動物の進化的進歩とは, 組織分化の増加であると仮定されることがある. 形態的複雑さの増大と同じく, そのような進歩はすべての後生動物の発生のどこかで起こっているに違いない. 哺乳類の組織は魚類の組織よりも生理的にいくらか特殊化している可能性があるとの結論

には私も同意する. しかしそのような組織の特殊化は, 明らかに再生能力を犠牲にして獲得されている. 単なる追加の適応ではなく, ある程度何らかの適応を別の適応に置き換えていると解釈できるのである. 組織の特殊化としての進歩の概念は, 脊椎動物以外に適用したときほとんど説得力を失う. この進歩概念に立てば, ワムシや円形動物などの細胞が固定された生物は, 哺乳類よりも高等な動物であると見なす必要があるだろう. それらの組織は非常に特殊化されているため, 小さな傷を治癒するための効果的なメカニズムさえも欠いているのだ (Needham, 1952).

　進化的進歩の概念の多くと, 異なる生物の間の進歩の程度の差に関する暗黙の判断は, 教義がほぼ満場一致で信用を失っているにもかかわらず, いまだに初期の定向進化説の考え方に準拠している. これはヒトやウマのようなとくに有益な生物を進化が実際に生み出してきたということに注目する現代社会の傾向と軌を一にする. 進歩とは, ヒトまたはウマの方向への変化であると後付け的に, 恣意的に決められたにすぎない. 慣例として, ほとんどの生物学者は, プリオヒプスはメソフィプスよりも進んでおり, アウストラロピテクスはプロコンスルよりも高等な種類であるという判断を受け入れると思う. 顕花植物や魚類などの人間中心主義的に重要な最終生成物がないグループに対しても, より下等な形態とより高等な形態という因習的な認識が依然としてある. 魚類では, 多くの動物相的に重要なグループが独立して特定の発達を遂げていることが観察されている. たとえば, 胸鰭の上方へのシフトと腹鰭の前方へのシフト, 比較的少数で一定数の椎骨, 鰭, 鰭条, およびその他の左右対称部分の確立, 成体における浮き袋と腸の間の胚的接続の消失, さまざまな部分での防御棘の発達などである. このような発生上の特徴を多く示すグループは, ほとんどかまったく示さないグループよりも高等と見なされる. 原始的状況からの単なる逸脱の程度が, 別の重要な理由づけになっていることもある.

たとえば，原始的な左右対称性からの劇的な再編成と他の多くの印象的な修正を伴うヒラメは，魚類分類学者によってつねに高等と位置づけられている．

進化的進歩のような概念を回避することにとくに熱心な生物学者は，高等な（advanced）の代わりに特殊化した（specialized）という用語を使用することがある．この用語法は，系統発生的位置とは無関係な生態的文脈においては意味がある．たとえば，カワマスとブルーフィッシュは同様に，そしておそらくほぼ同等に魚食性に特殊化しているが，魚類学者の従来の尺度では一方は下等でもう一方は高等となるのである．

共通の系統的傾向との一致，または任意に定められた最終段階への接近を意味するものとして，進歩（progress）や前進（advance）という用語を使ってもよいかもしれない．しかし残念ながら，この意味での用語使用を受け入れると，他の意味での使用の偽装を招く可能性がある．たとえば，哺乳類学者は，広範かつ客観的な証拠に基づいて霊長類を亜目，科，および属に分類し，次にこれらのカテゴリーを最初にツパイ，最後にヒトの順でリストに並べる．そして，この分類の受入れが，霊長類の歴史を通して作用してきたと科学者が認める進化の原理とは，ヒトに向けて進歩することだという解釈に容易つながるのである．進化的進歩やヒトに向かう必然性は，"より高等な"または"高度な"生物などという定向進化説の遺産と，分類学的カテゴリーの目録には必ず始まりと終わりがあるという事実，たんにそれだけの理由で，科学的アイデアのように見えているのではないかと私は疑っている．

進歩とはまた，人間の道具の技術的改善に似たあり方での適応による効率性の改善を意味すると一般的に考えられている．Huxley（1954）の論法は，そのような改善を進化の一般的な結果と見なすが，

進歩の認定を比較的少数の, とくに有望な類いの改善に限定している. Brown（1958）も同様に, 特殊な適応と一般的な適応という区別を設けている. Brown は, Huxley が進歩を認める態度よりももっと寛大に一般的な適応を認めている. Huxley と違い, Brown は進化的進歩の機会がまだ豊富にあると信じている. Waddington（1961）の進歩の概念は Brown のそれと密接に関連しているようであり, 環境変化に対する独立性を重要な要素として強調している. Thoday（1953, 1958）にとっての進歩とは, 個体群が絶滅する可能性を低くするための, 適応の長期的な有効性の改善を意味する. 適応の改善としての進歩に関する私の議論のほとんどは Thoday の概念に対して向けられるだろうが, どれほど効果的に絶滅を回避するかによって測定される個体群の適応度の問題は, おもに後の章で検討する.

　ある種のデボン紀の魚類で起きたような, 限界的でしばしば嫌気性の生息地への特殊化に伴う形質進化が後に重要な適応放散をひき起こす[*11]可能性がある一方で, 他の形質進化はそのような結果をもたらさなかったことは確かである. 残念ながら, 進歩的変化と制限的変化のカテゴリーを先験的に区別するための客観的な基準を提案した人は誰もいない. 私はここでは, 進歩と同義であるところの適応的改善の概念の扱いと, 少なくともその一局面に限定して議論したい.

　人工物のたとえから始めると理解しやすいかもしれない. 現代的なジェット機のほうがプロペラ機よりもより進歩しているとわれわれは見なすだろう. しかしこの改良は複雑性の増加という意味を必ずしも含まないことに注意すべきである. 実は逆で, ジェット機は基本設計図においてより単純なのだ. しかしそれはエンジニアリングのより大きな成果であり, 実際いろいろな意味でジェットエンジンはより良いエンジンである. 軍事用と民生用の両方でジェット機はプロペラ機に

---

*11 訳注：肺の進化の前適応のこと.

急速に置き換わった．プロペラ機はまだ完全なる消滅の危機に面しては いないが，かつて主流だった多くの場所から姿を消し，他の多くの 場所で地位を失った．

　生物進化ではたくさんのアナロジーが見つかるようだ．顎口上綱は おそらくより効率的な魚類であったため，ほぼ完全に無顎類に取って 代わった．被子植物はおそらくより効率的な陸生独立栄養生物であっ たため，裸子植物の多くに取って代わった．食肉目はおそらくより効 率的な肉食性哺乳類であったため，肉歯目に完全に取って代わった， などなど．一方，中生代では，新しく進化した爬虫類のモササウル ス，プレシオサウルス，魚竜が，古代のサメなどの大型の肉食性魚類 と海で争った．サメはまだ非常に多く生息しているが，競争相手の爬 虫類はすべて絶滅した．鮮新世の時代には，高等哺乳類の肉食動物， 有蹄動物，霊長類の多くが大量絶滅したが，より原始的な哺乳類や下 等なグループはほとんど影響を受けなかった．今日，漁業生物学者 は，ボーフィン*12，ガーパイク，ヤツメウナギなどの古風な魚を非 常に恐れている．なぜなら，それらはブラックバスやサケ類などの商 業価値のある硬骨魚の非常に手強い競争相手であり捕食者だからだ． これらの例を引用するのは，より下等な型がおそらくより高度な型よ りも優勢になると私が信じているからではなく，たんにゲームがどち らの方向にも進む可能性があることを示すためである．最近進化した タイプがより古いものよりも優勢であるなど，想定されるプロセスが はたらいたと想像される例を選んで引用するだけでは，プロセスの証 拠として受け入れることはできない．偏りのない統計的に有意な例の リストのみが証拠となるのだ．そのような証拠はおそらく入手可能だ が，私が知るかぎり試みた人はいない．

　いくつかの伝統的な例は印象的であると認めずにはいられないだろ

---

*12 訳注：日本での一般的呼称はアミアのようである．

う．南アメリカの有袋類に対する胎盤哺乳類の勝利は，有胎盤類が概してよりよく適応していることをことごとく示している．有胎盤類の成功は，より大きな脳や絨毛膜胎盤などの特徴に起因すると考えがちであり，これによりわれわれは，有胎盤類はより進歩した形態であるとして認識する．しかしこの点においてさえ別の解釈が可能である．全北区のような豊かな生物相の代表は，系統発生スケールでの位置に関係なく，通常，新熱帯区のような貧しい*13 生物相の代表よりも新しい地域に侵入しやすいと信じるには理由がある．それは純粋に統計学的な要因のはたらきかもしれない．南アメリカの有袋類よりも北アメリカの有胎盤類のほうの属と種が多ければ，地峡の通過に成功する南から北への移住者よりも南への移住者のほうがはるかに多いだろうと予想されるからだ．有胎盤類が有袋類よりも適応的に優れていることがもし証明できたとしても，おそらくより高等な形態がより下等な形態よりも優れていたことを示す一例にすぎない．

　さらに良い例は，他のすべての形態の陸生独立栄養生物に対して被子植物が示した急速な世界的勝利である．しかし，進歩についてのより哲学的な議論のほとんどが，植物については何も言及していない．植物学者はしかし，系統発生的規模での進歩の概念を用いており，そのおもな基準としては陸上生息地への特殊化の程度がある．受精の過程において水を媒介した精子輸送に依存しないことなどがとくに重要視される．花の構造における，一般的な系統発生的傾向との一致性は，もうひとつのとくに重要な考慮事項である．被子植物の勝利を維管束系および生殖系に見られる陸上への特殊化に帰することは，たしかに合理的であろう．

　もし，われわれが直感的に高等生物と見なしているものが，より原始的なタイプよりも適応的に優れているという結論が証拠により支持

---

*13 訳注：豊かな（rich），貧しい（poor）とは，種多様性や個体数の多寡の意味．

されることになったとしても，それは明らかに，多くの顕著な例外を除いて，わずかな統計的偏りにすぎないに違いない．両生類は適応が劣っているとされがちなのにもかかわらず，一般的な動物学の教科書には印象的なものがずらりと掲載されており，現代の無尾類と有尾類は数量において成功しているようではないか．よく想定されるように，個体数や種数を成功の基準とみなすならば，われわれが生きているのは哺乳類の時代であると同時に両生類の時代であるともいえる．両生類は，爬虫類，鳥類，哺乳類と直接食物やその他必需品をめぐり競争しているが，大きく分が悪いようには見えない．より進歩的と想定されるグループとしばしば際どい競争をしているにもかかわらず，種数，個体数，およびバイオマスにおいて優っている発達の程度が低いと想定される古代の門には実例が多々ある．カイメンとヒドロ虫は，コケムシやホヤよりも沿岸水域では多く見られる．私は，この問題に関しては，古くから存在し，劣っていると思われるタイプが成功し続けているという明白な事実以上に重要な証拠はないと思う．

　最もわかりやすい説明は，生命の分類学的多様化はおもに，「進歩」という用語によって暗示されるような適応の蓄積ではなく，異なる血統において独立して起こる，ある適応を別の適応に置き換えるという問題であったというものである．最初の四足獣は，劣ったスイマーになるという代償を払って，よりよい歩行者になった．最初の恒温動物は環境温度への代謝依存性を減少させたが，それによって食物などの必要量が増加した．生命の進化の初期には，重要で長期的，累積的な一定の傾向があったことは間違いない．染色体の正確な継承と有性生殖の確立によって進化が様式化された後も，いくつかの傾向は続いていたかもしれない．そのなかには，現在も続いているものもあるだろうし，「進歩」という言葉がぴったりのものもあるだろう．このような傾向を示したり説明したりすることは科学的な関心事であり，進化生物学者が注目するところである．しかし一方で，カンブリア紀以降

は, 100万年ごとに区切った各期間のなかでは, そのような傾向はあったとしても非常に些細なものであったに違いない. 各期間のすべての個体群において重要なプロセスとは, 適応を維持することであった. そのためには, 突然変異によるダメージをつねに修正する必要があり, ときには環境の変化に応じて遺伝子の置換が行われることもあった. 進化にどのような一般的な傾向を伴うものが見られたとしても, それは適応の維持の副産物であった. 100万年後の生物は, ほとんどの場合, 最初のころとは外見が多少異なっているが, 重要な点ではまったく同じである. それは, 適応という生物特有の性質を示し, 特定の状況に正確に適応していることである.

　私は, 自然選択理論が進化的変化の説明として最初に開発されたことを残念に思う*14. 適応のメカニズムにおける進歩と変化の問題に関する私の見解は, 実際には実験室でもフィールドでも, そして専門文献においても, 生物学者の間ではよく普及した考えであると私は信じる. 進化的進歩などという概念を強調することに熱心になるのは, 生物学者が専門家以外の聴衆に話しかけるときよくあるように, 主として意識的に哲学的になるときである.

---

*14 訳注：自然選択理論は生物が変わることに対してというより, 適応していることに対する説明だと Williams は主張する. これは重要である.

第3章

~~~~~~~~~~~~~~~~~~~~~~~

自然選択，生態と形態形成

この章で私は，代替対立遺伝子の自然選択が生態や形態形成の現象とどうつながるかについて，探究を容易にするための視点をいくつか提示したい．これらの分野が注目する適応（形質：訳補）の生成と維持は，選択的な遺伝子置換の予測可能な結果として十分に理解可能であり，創造的な進化の力を頼りにする必要はないというのが私の主張である．また，自然選択では解決が不十分であると想像された生態と形態形成に関する特定の問題についても，いくつかの例を挙げて議論したい．

遺伝子型と表現型の関係とは，異なる遺伝子型は同じ環境におかれても異なる表現型を生み出す可能性があるということである．遺伝子型は，体細胞（soma）によって何らかの方法で解読されるコード化されたメッセージである．遺伝子は，遺伝子型のメッセージを構成する減数分裂で分離可能な多数のユニットのひとつである．固定的な表現型効果を特定の遺伝子に関連づける必要はない．ある対立遺伝子を別の対立遺伝子に置き換えると，ある遺伝子型の個体ではひとつの効果があり，別の遺伝子型の個体ではまったく異なる効果がある可能性がある[*1]．メッセージ全体を通して見たときにだけ意味をもつといえ

[*1] 訳注：ここでいう遺伝子型とは，他の遺伝子座も含めた，あとで定義される個体の遺伝的背景のことをさす．

る．

　選択係数と突然変異率で抽象されるもの以外は複雑な要因がいっさいない遺伝子なるものが世界に実在すると信じることは，明らかに非現実的である．遺伝子型が集合体であること，そのなかで個々の遺伝子が互いに，また周囲の環境に対して機能的に従属していることは，一見，自然選択の一遺伝子座モデルを無効にするように見える．しかし，このようなことは，自然選択モデルの基本的な前提条件とは関係がない．遺伝子がどれほど機能的に依存しあっていても，他の遺伝子や環境要因との相互作用がどれほど複雑であっても，特定の遺伝子の置換が適応度への算術平均効果をもつことはどの個体群でもつねに成り立つに違いない．ある対立遺伝子は，任意の時点で同じ遺伝子座にある別の対立遺伝子に対してある選択係数をもつと，つねに見なすことができる．このような係数は代数的に扱うことができる数値であり，この結論はすべての遺伝子座にわたり反復して適用できる．したがって，適応は各遺伝子座で独立に作用する選択の効果に起因すると考えることができる．この理論は概念的に単純で論理的にも完全だが，実際にはそう単純ではなく，生物学的問題に対して完全な答えを与えることはめったにない．遺伝子の相互作用と表現型の効果を生み出すプロセスが生理遺伝学者にとっての問題の宝庫となるだけでなく，環境自体も複雑で変化に富んだシステムである．選択係数は完全に安定した環境を除くすべての環境で絶えず変化し，各遺伝子座で独立して変化すると予想される．

　代替対立遺伝子間の選択の複雑さを扱う際には，環境を生態学者が一般的に考えているものよりも広義なものとして考えることが助けになるだろう．私は，遺伝（genetic），生物体（あるいは個体）（somatic），生態（ecological）という 3 つの主要な環境レベルを認識するのが便利だと思う．

遺伝子が選択される（舞台である：訳補）最も内部の環境とは，同じ遺伝子座にある他の遺伝子である．遺伝子 a は，a 遺伝子座の通常の対立遺伝子が A である個体群では有利に選択される可能性があるが，おもに A' である個体群では不利に選択されるかもしれない．組合せ Aa でしか出現しないほどまれな場合，最初は好意的に選択されるかもしれないが，ホモ接合体がヘテロ接合体よりも適応度が低い場合，a の選択係数は頻度が高くなるにつれて A の選択係数と同じになるまで低下していく．3つ以上の対立遺伝子を含む問題は，二対立遺伝子モデルの単純な論理的拡張によって解くことができる（Wright, 1931）．それに伴って発生する数学的複雑さは，任意の時点において，遺伝子が他の対立遺伝子に対してある選択係数を示し，この数字が（統計誤差は別として）世代経過後に遺伝子頻度が増加しているか減少しているかを決定するという一般原則を損なうものではない．

遺伝子選択係数は，他の遺伝子座の遺伝子にも依存する可能性がある．遺伝子 a は，遺伝子型 BB および Bb とともにあった場合は有利に選択されるが，遺伝子型 bb とともにあった場合では不利に選択されるかもしれない．a の選択係数は，この有利不利の大きさの代数的差と，b 遺伝子座の2つの対立遺伝子の相対頻度に依存する．遺伝環境とは，個体群における当該および他の遺伝子座における自身以外のすべての遺伝子であると見なせるだろう．しかし実際上は，比較的重要な少数の遺伝子座だけを考慮し，残りは誤差あるいはノイズとして扱うことができる．遺伝環境の関数である選択係数の形式的な定義は

$$\overline{W} = \Sigma\,(P_i W_i)$$

ここで，W_i は i 番目の遺伝環境下における選択係数で，P_i は i の相対頻度である．遺伝子 a の選択係数は自身の遺伝子座および他の遺伝子座における環境の関数であり，各遺伝子座に2つの対立遺伝子があるときは次のようになる．

$$\overline{W}_a = P_{ABB}W_{ABB} + P_{ABb}W_{ABb} + \cdots + P_{abb}W_{abb}$$

遺伝環境の変化は, 少なくとも相補的に変化する2つの P 値[*2]によって表され, これは選択係数 $\overline{W}_a$ の値に影響する. 実際上は, 選択係数はふつう遺伝子頻度変化の観測とそのハーディ-ワインバーグ平衡からのずれから計算され, 上式に示したような要素分割から求めたりはしない.

遺伝環境(genetic environment)という用語は Mayr(1954)によって導入されたが, それは遺伝子の選択がはたらく環境の側面としての個体群の遺伝的構成にとくに注目していることに価値がある. Mayr 以後のこの用語の使用について私は知らないが, 概念自体はたしかに広く認識され, 理解されているようだ. それはしばしば遺伝的背景とよばれ, 遺伝子プールの**統合性**または遺伝子間の共適応の議論のなかで考察されている. Levene, Pavlovsky と Dobzhansky(1958)は, 遺伝環境の変異性の効果をわかりやすく示した. 彼らは, 2つの核型(系統；訳補)を用いた競争実験の結果は検討中の染色体型を運ぶために使用されるストック, 言い換えれば, 染色体が置かれた遺伝環境に依存することを示した. 2遺伝子座環境下における選択の理論的分析は, Lewontin と児島(1960)が行っている.

遺伝子型頻度は, 大きな個体群ではつねに遺伝子頻度によってかなりの精度で決定される. 平衡多型などの要因でハーディ-ワインバーグ頻度分布からの重大な逸脱が起こる場合においてさえ, その逸脱そのものが異なる遺伝環境の選択係数への効果によって決定されるのである. したがって, ある遺伝子の置換を判定するとき, ある遺伝環境としてのひとつの遺伝子プールを想定することは正当である. 各対立遺伝子は, 特定の遺伝子プールで特定の選択係数をもつ. この遺伝環

[*2]訳注：P_a と P_A のことをさしている.

境は複数のサブ遺伝環境で構成されるに違いないが，その数が実際には天文学的であるという事実から，サブ環境ごとに遺伝子の選択係数が異なる可能性は，一般理論のレベルでは無視できる．しかし問題にする適応形質によっては，1つの個体群のなかの異なる遺伝環境ではたらく選択を調べる必要が生じることもあるだろう．アフリカのマラリア高度流行地域では，あるありふれた遺伝子がホモ接合者に鎌状赤血球貧血という致死的な病いをもたらし，ヘテロ接合者には生存可能性に加えマラリアに対する高い耐性をもたらす（Allison, 1955）．この遺伝子座の遺伝子型には，生存率は正常だがマラリアにかかりやすいホモ接合体（通常型ホモ接合体：訳補）もある．貧血とマラリア耐性に関連する遺伝子を S と表示すると，S の選択係数は（二倍体生物の同じ遺伝子座を占めるもうひとつの対立遺伝子である：訳補）遺伝環境が S である場合と遺伝環境が（通常型対立遺伝子：訳補）S' である場合で大きく異なる．実効（平均）係数は2つの環境の係数の頻度で重みづけした平均となろう．係数はマラリア発生率の関数として時間空間的に変化する．

　遺伝的相互作用の多さと複雑さにより，流動体的な遺伝の概念に近づくことが多い．鎌状赤血球の遺伝子に代表されるような，遺伝環境の単純な違いで選択係数の顕著な違いが生じる例は比較的まれである．ほとんどの場合，遺伝子型の問題を無視して，遺伝子は連続的な発現スペクトルをもっていると仮定することができる．これは通常の意味での単一形質における量的意味だけでなく，さまざまな形質への定性的意味（多面発現）においても，遺伝子が連続的スペクトルで発現性をもつと想定できる．この多面発現では，多くの場合，適応度へのプラスとマイナスの両方の寄与があり，選択係数はこれらの寄与のバランスを反映する．

　結論として，個体群の遺伝子プールは，代替対立遺伝子の自然選択が起こる環境の一部分を構成しているといえる．この原理の認識は，

代替対立遺伝子の自然選択が適応の生成と維持を担う唯一の力であるという理論とまったく矛盾しないものである.

個体環境・体細胞環境 (somatic environment) は, 遺伝環境と生態環境の相互作用によって生成されるいわゆる中間レベルだが, 議論のためにはこの区別が便利である. 私は以前にこの用語を一度使用したことがある (Williams, 1957). 個体環境と遺伝環境の区別は恣意的になることがあるかもしれない. 卵の細胞質は接合子の個体環境と考えるのが通例だが, この細胞質には遺伝的メッセージの一部の要素が多少とも存在するかもしれない. 多くの場合, そのように伝達される情報は物理的に粒子状であり, **細胞質遺伝子**という用語での描写は適切である. 細胞質の影響には物質的な証拠がない場合もあるが, 細胞質を重要な発生上の変数として認識する根拠は沢山あるだろう. たとえば, Fowler (1961) は, ヒョウガエル *Rana pipiens* の1亜種で正常な発生をもたらすゲノムが, 別の種の卵に入れられた場合, ひどい異常をひき起こすことがあるのを突き止めた. 同じ核メッセージが, ある細胞質ではある解釈をされ, 別の細胞質ではまったく別の解釈をされるのである. 多少異常でも発生が可能になるには, 外来核が同じ種の別の個体か, ごく近縁な種から移植されたものでなければならない. 哺乳類の核からの遺伝的メッセージは, 鳥類の細胞質には理解できないであろう.

　同じ遺伝的メッセージの意味の変化は, 多細胞生物の正常な発生においてはっきりと見てとれる. 接合して少なくともしばらくの間は, 胚の中の核はすべて互いに同等であり, 元となった接合子の核とも同等のように見える. 高等植物のすべてでなくても多くでは, 核の同等性は, 大きく異なる組織が開花枝に分化することや, 無性生殖で構造が受け継がれる能力によって証明済みである. 脊椎動物では, Michie (1958) が指摘したように, 同じ個体の大きく異なる組織の免疫的類

似性は，そのような体組織の遺伝的同等性を示唆するものだと考えられる．しかし，同じ遺伝子型の形態形成上の解釈のされ方は，発生の段階と胚内の位置によって大きく異なる．最初，遺伝的メッセージの発生上の意味は，せいぜい「有糸分裂を実行せよ」といった，脊椎動物の生物体のすべての部分に対する指令にすぎない．少し後になると同じメッセージが，ある場所では「陥入せよ」，別の場所では「ただ分裂し続けよ」を意味するようになり，その後，メッセージは胚のある部分の細胞に対して「伸長せよ」を意味し，別の細胞に対しては「平らになれ」を意味するようになる，などなどだ．核が同等であるということは，残る唯一の解釈は発生のエピジェネティック理論ということになる．いくつかの証拠が示しているように，異なる動物組織の核が遺伝的に異なるものになる（訳者追補1参照）とすれば，そのような違いは，異なる体細胞環境に対する核の反応によってエピジェネティックに生じるに違いない（訳者追補2参照）．

訳者追補1：DNAそのものが後天的に編集される場合もある．この原著の出版後に，後天的な免疫学的多様性（T細胞の抗体遺伝子の後天的スプライシングによる）の生成と仕組みが，利根川　進により示された．

訳者追補2：エピジェネティックの定義は複数あるが，ふつう「同一遺伝子型の細胞が異なる表現型を示し，それが細胞分裂を経ても維持される」現象をさす．塩基配列そのものは変化しないが，一部がDNAメチル化，ヒストン修飾などの仕組みで化学的に修飾され，翻訳が抑制されるのである．すなわちDNA配列は変わっていないが，核は変わっているのである．翻訳されないDNAの情報をWilliamsのようにメッセージとよぶことは，用語法的には異論があるかもしれない．つまり読書にたとえると，本がメッセージなのか，読まれたときにメッセージとなるのかという問題である．

植物ではもとは遺伝的な違いと見なされていたものが，その後，体細胞環境の変化に起因する発生上の違いであることがわかった例がある．たとえば配偶体と胞子体の違いは一般に，配偶体の発生が通常一倍体核によって指令され，胞子体の発生が二倍体核によって導かれる

ことに起因すると考えられていた．しかし，真菌から種子植物までの多種多様な植物において，配偶体の発生は二倍体の核で進行し，胞子体の発生は一倍体で進行することが示されている（Wardlaw, 1955）．重要な要素は，初期の体細胞環境である．一倍体であろうと二倍体であろうと正常な核は，それが接合子によって提供される体細胞環境におかれた場合，配偶体の発生を指令する．明らかなように，核が二倍体か一倍体かとは関係なく遺伝的メッセージは同じだが，胞子体細胞による解釈は接合子体の細胞による解釈とは完全に異なるようだ．

　同じ遺伝的メッセージが異なる体細胞では異なって解釈されるのなら，異なる体細胞で同じ効果を生むにはやはり異なるメッセージが必要に違いない．以前に引用した Fowler の研究は，北と南の両方の卵から（核を移植して：訳補）通常の身体比率のカエルを得るには，核が類似しておらず，異なっている必要があることを示した．遺伝的に類似した両核が，一方に正常な発生を，もう一方に異常な発生をもたらす．ヒョウガエルの北部と南部の標本は外見が非常に似ているが，部分的にはそれらは遺伝的に異なるのであろう．異なる環境でそのような似たものを形成するには，非常に異なる遺伝的指令が必要に違いない．異なる環境とはたとえば哺乳類の卵の細胞質と鳥類の卵の細胞質のようなものである．人間のコミュニケーションにはこれと似た点がある．中国語しか理解できない人へのメッセージが，日本語しか理解できない人へのメッセージと同じ反応をひき起こしたのであれば，メッセージは異なっていたに違いない．

　発生のエピジェネティック理論から一般的な結論を導くなら，大きく異なる体細胞環境において形態形成プロセスがごく類似した結果を生み出すときはいつでも，その類似性は環境の違いをある程度バランスする遺伝的差異に依存しているに違いないということだろう．White と Andrew（1962）は，互いに逆位した2つの染色体セグメン

トに存在する"遺伝子座"のうち 10^5 世代後も完全に同一の配列を示すものはほとんどないだろうと推論した．Darlington（1958）とDobzhansky（1959）はさらに議論を進め，表現型の進化的安定性が同等の遺伝子型の安定性を意味するとは限らず，遺伝子プールは表現型の進化が示すよりも大きな流動状態にある可能性があると考える理由をほかにも述べている．これらの結論は，大きく異なる分類学的グループ間に構造的相同性が見られるのは，生殖質が保守的存在であり，相同性は異なる生殖質のなかに同一の要素が存在するためであると主張した Emerson（1960）の結論とは正面から対立する．

　発生段階の通常の推移は，それ自体がすべての遺伝子座のすべての対立遺伝子において相対的な選択係数が決まるための，全遺伝子発現環境的な側面とみなせる．有利に選択されるためには，遺伝子はこの推移するすべての段階で他の対立遺伝子[*3]よりも優れた適応度を生み出す必要はない．選択は最終的には，各段階の頻度と期間によって重みづけされた，いろいろな段階の平均的な効果に依存する．ヒトの一生を紀元後の歴史にたとえた場合，「2世紀の最初の10年」の段階に割り当てられた重みはゼロまたはそれに非常に近い値になる．2細胞段階は，その短さゆえにほとんど重みをもたないであろう．形態形成段階の期間などの要因の重要性については後で検討したい．ここでの重要な論点は，物理的性質と持続時間の両方において，体細胞環境が選択係数を決定するうえで重要な役割を果たすという認識である．この事実の認識は，適応進化の唯一かつ究極の力としての選択的遺伝子置換の原理を決して損なうものではない．

生態環境（ecological environment）は生態学者にとって身近な世界であり，通常，非限定的な環境という用語によって意味される概念で

---

*3 訳注：Williams は allele を他の対立遺伝子の意味で使っている．

ある．気候，捕食者，寄生者，食物資源，そしてそのような資源の競
争相手などの生態環境の側面は進化の要因であるとして，よく理解さ
れている．適応進化に関する論文ではこれらを扱ったものが大きな部
分を占めている．進化的適応の力としての選択的遺伝子置換の妥当性
が最も一般的に認識されているのも，これらの要因に関連したもので
ある．ここでは，私は生態的適応のなかでも不当にもあまり注目され
てこなかったと思われる問題にとくに焦点を当てたい．そのような問
題のひとつに形態形成における生態環境の役割がある．もうひとつ
は，社会環境（social environment）とよべるであろう生態環境領域
である．それは同じ個体群に今生きている，他のすべての構成メンバ
ーのことである．つまり，重要な資源を供給するかもしれないし，生
態的な競争相手であるかもしれないし，そしてつねに遺伝的競争相手
である（同種）[*4]他個体のことだ．社会環境の考察はおもに第 6 章と
第 7 章にとっておきたい．別の生態環境サブカテゴリーは，人口統計
環境（demographic environment）[1]とよべるものだろう．これは，生
殖と死亡の齢依存的な確率分布が必然的にもたらすものを含むが，こ
の章で簡単に検討する．遺伝子選択の理論の重要性と妥当性が最も理
解されていないのは，これらの生態要因に関連している．

　個体環境（体細胞環境：訳補）と生態環境の境界は必ずしも明確で
はない．ときとして，些細で一時的な生態的要因が個体環境の重大な

---

*4 訳注：重要な点なので，（同種）を訳であえて挿入した．

1. 個体群のサイズと密度，年齢層または他のやり方で分類できる個体の比率，そして
出生や死亡などのイベントの生起確率の研究は，データがヒト，他生物，あるいは
仮想の個体群かどうかにかかわらず，ほぼ同じ一連の概念と問題を含む．この幅広
い研究分野には名前を付ける必要があるが，デモグラフィー（人口統計学；訳補）
が適切であろう．Cole（1958）[*5]がこのような包括的意味でのこの用語の使用を推進
したが，最近の多くの生物学の著作がこの影響を受けている．私はデモグラフィッ
クという用語を，ヒトとヒト以外の両方の個体群における粗死亡率または齢別死亡
率，性比，移動性などの指標をさすものとして用いる．

*5 訳注：引用文献と照らし，年号を訂正した．

変化の引き金となることで，大きな表現型の違いが生じるかもしれない．ある遺伝子のメッセージは，女王の体細胞とはたらきバチの体細胞では違う意味をもつかもしれない．同様に有尾類の変態の有無は，餌の閾値によって決定される可能性がある．海産動物の幼生期の定着と変態は，適切な付着部位から発せられる感覚刺激に左右される．暗と明のある決まった周期性にさらされた植物は，外部の周期性が変更された場合でも，やがて開花することがすでに決定されているかもしれない．これらのよく知られた例では，生態環境は2つの代替形態形成のどちらが実現されるかをある時点で決定し，その後は体細胞環境が支配的な影響力になる．

　個体がどれだけうまく適応するか，そしてどのような形態形成上の変化が可能であるかを決定するのは生態環境である．生態環境は自然が生物に対抗して採用した戦略（strategy）と見なすことができる．それに対し生物は，可能なかぎりの最高のスコア（成功裏に残す子孫の数）を獲得するように設計された自身の戦略で応答する．生態環境はゲーム理論の形式的な意味での戦略をもつ．企てをもたらすシステムは，定義上すべて戦略である．しかし自然は，慣例的には，日常語上の意味での戦略はまったくもたないと仮定されており，つまり勝つか負けるかに関係なくランダムにプレーすると想定されている．しかし，ゲーム理論上は，生物の生態環境はそのような"自然"ではない．環境の企ては，ランダムに作成されたであろうものよりずっと効果的な戦略であり続けた．それは，生態環境には自身の効果的な戦略をもつ他の生物が溢れているからである．一般的なレベルでは，これらのさまざまな戦略は独立している．キツネ個体の目標は，次世代のキツネの個体群に可能なかぎり大きく（遺伝的：訳補）貢献をすることである．ウサギの目標は，ウサギの個体群の中で同じことをすることである．どちらも他方を挫折させるために特別に計算された戦略を使うわけではない．しかし，キツネの目標を達成するためには，戦術

レベルではウサギの死というウサギの戦略的利益にとって不都合な出来事が必要になるかもしれない．戦術的なレベルでは長期的な戦略が独立しているにもかかわらず，しばしば 2 種が互いを利用して行動することになる．生物の防御機構の有効性が大幅に低下すると，死がつねにそうするように，生物圏からその生物は急速に消滅する．生命がいなくなった地球だけが本当に，ゲーム理論的には自然に想定されるような振舞いをするのであり，そのような世界では死体でさえ計り知れないほど長く存続できるのである．

　環境の戦略の効果は，他の生物の戦略の付随的な結果としてのみ生じる．生態環境は，1 種の生物とのゲームにおいて鞍点（局所最大利得）[*6] を求めるようなことはしない．環境戦略は非常に不完全であり，それは生物に直接利益をもたらすか，または生物が自身の戦略を適切に調整することで利益をもたらすような企てを作り出す．このように，生態環境は草には日光を，キツネにはウサギを，両者には水を提供している．これらのことが群集の構造などの概念に与える影響については，pp. 216–220 で議論する．

　生態環境は，生存に必要な食料やその他の必要条件だけでなく，形態形成過程への貢献というかたちでも資源を提供する．これが起こるひとつのあり方としては，生物がその一般的な環境の中で理想的なニッチを選択することが挙げられる．選択は中枢神経系によって媒介されるであろうから，日常語で受け入れられている意味での**選択**（choice）であろう．たとえば，クモザルが木の中でほとんどの時間を過ごしているのは，間違いなく脳の神経・精神活動の何かによるものである．しかし，理論的に重要な選択の概念はもっと広い．外洋で

---

*6 訳注：鞍点を局所最大利得とした．鞍点とは 3 変数以上を含む関数で，ある方向で見れば極大値だが別の方向で見れば極小値となる点のこと．3 次元表示ではウマの鞍に似た形になるためそういわれる．この文脈では，環境戦略は適応度の極大化を求めるように振る舞うわけではないことをさしている．

は，カモは波の表面上に浮かぶことで多くの時間を費やし，マグロは
その下を泳いでいる．これは，一部はカモが空中環境を求め，マグロ
が水没環境を求めるという精神的な判断によるものかもしれないが，
精神的な要因がすべてを説明するものでないことは明らかである．も
っと重要な要因とは，内部に空気嚢があり外部に疎水性の羽がある身
体構築を指令することによって，カモの遺伝子がほとんどの時間を海
面上で過ごす生活を選択したということである．同様に，マグロの遺
伝子は海水とほぼ同じ比重の身体をつくる指令をすることで，水没し
た生息地で幸運を手に入れたということだ．両方とも選択した環境が
形態形成に影響を及ぼし，その影響は通常は好ましいものである．カ
モとマグロはそれらが選択した遠洋領域のなかのサブ環境で繁栄し成
長できるが，どちらも他の環境では長くは生き残れなかったであろ
う．生態環境は，形態形成の過程で個体（soma）によって大部分が
選択され，その選択とは利用可能な最良の環境を正確に選ぶことであ
るので，生態環境の選択は，発生上の正常な機械的仕組みの一部であ
るといえるだろう．大気中の酸素の利用可能性は，たんにミトコンド
リアの生産量として遺伝的に決定される．どちらも遺伝子型とそのさ
まざまな環境との相互作用の結果である．発生は自己完結型の活動の
パッケージとは考えられず，生態環境の選択された部分がエピジェネ
ティックシステムの特定の構成要素を形成するようなイベントのプロ
グラムと考えられる．修辞的な意味以上に生物と環境は統合された全
体の一部である．"環境への適合（fitness of the environment）"は現
実的な概念であるが，それは生物が幅広い可能性のなかから自らにと
って有効な環境を選択しているからにほかならない．このような選択
は，背景にある遺伝子の生殖の見通しを高めるために正確に計算され
ている．体内装置のはたらきと選択されたニッチは，遺伝子の戦略の
ための道具であり，戦術である．

　生息地が適合しているのは，その居住者がその生息地での生活に最

適に近い身体組織 (soma) を自ら用意しているからである. この適応の正確さは将来, 損なわれる可能性がある. 生物はその生活史のどの段階においても当面の状況に適応するだけでなく, 将来遭遇する可能性のある状況に適応する能力を保持していなければならない. この要件は, 必要な遺伝情報を保持しているだけでなく, 現在と将来の両方で適応的であるか, あるいは最小限の再編成で将来のために修正できる身体構造のみを使用していることを意味する. 複雑な多細胞生物はある日突然独立栄養生物になり, 次の日には捕食者になったりはできない. 生物のライフサイクルにおける身体組織の変化は, 環境ニッチの適応的選択と各ニッチへの正確な身体的適応に加えて, 各ステージの前と後の両ステージへ適応を提供しなければならない.

このように環境適合現象は, 遺伝的相互作用から生態系のニッチまで, すべてのエピジェネティックなレベルで見ることができる. また, 分子レベルでのマイクロ秒の出来事から, ライフサイクルの段階の経過, 日周サイクルや季節サイクルに対する調整まで, 時間的にも広がりをもつ. これらはすべて, メンデル集団における代替対立遺伝子の自然選択の論理的に必然的な結果である. それぞれのレベルは適応の理解に無数の問題を提供し, それぞれが正当な研究分野である. しかし, われわれが適応について最も基本的で普遍的に適用可能な理解をもっているのは, 遺伝子のレベルにおいてである.

形態形成現象における自然選択の妥当性に対する最近の最も顕著な挑戦は, Waddington (1956 と以後の論文) が提唱したもので, 彼は自然選択は遺伝的同化 (genetic assimilation) とよばれる別のプロセスによって補完されなければならないと主張した. 自然選択だけでは十分でないという彼の確信は, 遺伝的同化の理論が「ダーウィンの進化論の主要なギャップを埋めるための道の途上にある」(1958, p. 18) という彼の発言から明らかであり, また, 遺伝的同化を利用すること

で，「私たちは，起こりそうにない状態を生み出すことができるのだという自然選択理論の抽象性への依存度を減らすことができる」（1959, p. 398）という彼の発言からも明らかである．

　表面的な知識では，Waddington の現在の学問的伝統からの逸脱をとくに強調し，それをラマルク的なものと見なすことは容易である．また，逆の間違いを犯して，彼の結論を伝統的な自然選択のモデルと完全に一致するものと見なすことも容易である．私はそれゆえ，いくつかの適応進化の Waddington の見解を詳細に検討し，それらが受け入れられないものであるということを正確に指摘できるようにしたい．

　遺伝的同化現象は現実のものであり，発生の遺伝的制御の本質に重要な光を投げかけている．この現象を最もよく実験的に示しているのは，Waddington のバイソラックス表現型の同化に関する研究である．彼は，致死量すれすれのエーテル蒸気にショウジョウバエの卵をさらした．生存したほとんどのハエは正常なハエに成長したが，少数のハエはバイソラックスとよばれる異常型[7]に発達した．これらの異常型のハエを次の世代の親に選び，その卵にエーテル処理を繰り返した．このエーテルによる処理とバイソラックスの選抜は何世代にもわたって続けられた．この選抜された系統では，バイソラックスの発生率は着実に増加した．最も重要な観察は，何世代か後にエーテル処理をしなくてもバイソラックスに育つ卵があることであった．最初の選抜から 30 世代以内に，Waddington はエーテル処理をしなくても毎世代大量のバイソラックスハエが出現する系統を作り出した．バイソラックスは最初は個体が獲得した性質で，環境が発生に影響を与えた結果として発現したのである．しかし実験の終わりには，選抜された系統では，それは遺伝性の特性となっていた．繰返しやバイソラッ

---

[7] 訳注：ハエ目なのに翅が4枚．前翅が2セット．

クスが選抜除去された並行系統など，関連するすべての対照実験が行
われている．他の形質が他の実験において同化された．これらの観察
の信憑性については疑う余地はない．

　バイソラックスの初期出現に関する Waddington の解釈は，以下の
ように要約されるだろう．まず第一に，元の刺激にはある種の特異性
がある．発生に対する特定の環境ストレス，たとえばエーテルなどは
バイソラックスなどの特定の異常を生じさせる傾向がある．第二に，
致死量に近いエーテルのような強く異常な環境要因は，発生のばらつ
きを大きく増大させる．正常なショウジョウバエの遺伝子型は，その
種が通常遭遇する環境条件の範囲において，正常な表現型を確実かつ
正確に生産するために選択された結果の産物である．この遺伝子型は
高濃度のエーテル煙を含む環境で正常な表現型を生産するように設計
されていない．したがって，このような異常な環境では変異の一般的
増加が予想される．第三に，元の個体群には多くの未発現の遺伝子型
の変異がある．異なる遺伝子座において，異なる個体のなかにバイソ
ラックス表現型を生成する傾向をもつ遺伝子が多数存在する．これら
の変異は通常の環境変異と同様に，Waddington がキャナリゼイショ
ン（運河化）とよぶ正常な自己調節性発生過程によってその影響が抑
制されている．しかし，この遺伝的変異はエーテル処理の結果として
発現するようになることがあるのである．この処理の特異性に加え
て，エーテルによる変異の増大（キャナリゼイションの減少）は，そ
の方向に最も強い遺伝的傾向をもつ個体に弱く発現したバイソラック
ス形成をもたらす．そのような個体の継続的選抜は，バイソラックス
状態を産生しやすい遺伝子の頻度を急速に増加させる結果となる．最
終的には，そのような遺伝子たちは各個体に非常に多く存在するよう
になるので，その複合効果によって正常な遺伝子型においてエーテル
で起こすバイソラックス産生効果と同じかそれを超えるほどの効果を
もつようになり，系統がこの程度まで変化するとエーテルは不要にな

る.

　この説明はラマルク的なものではない.　個体間の偶然の違いへの選択は，通常の系統からバイソラックス系統を生み出す進化の力であった.　しかし環境は，自然選択の伝統的なモデルでは認識されていない役割を果たした.　エーテルは，ラマルク的な意味において，実験者によって選択された遺伝的変異[*8]を生み出すことはなかったが，たしかにその変異の発現を生み出したのである.　この発現がなければ選択はありえないし，遺伝的バイソラックスの系統を作り出すこともできない.

　このような実験結果に基づいて，Waddington は進化における遺伝的同化の役割を構想し，このプロセスが個体群が環境条件の変化に非常に迅速に対応できるメカニズムを提供すると主張した.　通常の見解では，環境が変化したときには選択は既存の形質の遺伝的変異に作用するので，必要な形質がまだ存在しない場合にはこの欠乏を埋める新たな突然変異を待たなければならない.　実験記録によれば，バイソラックスは既存形質ではなかったし，おそらく選択の期間中に重要な突然変異も生じなかった.　しかし，大きな進化的変化は遺伝的同化によってきわめて急速に起こったのである.

　この実験は以前には考えられていなかった潜在的な遺伝的多様性の蓄えを実証したことにおいて非常に重要であるが，私は適応的進化のモデルとしての価値を疑問視している.　疑義の理由のひとつは，Waddington がエーテル処理後のバイソラックスの形成を刺激に対する反応として考える傾向にあることである.「反応」という用語は通常，ある種の適応的な調整を意味し，破壊的な効果には使われないだろう.　一部のフランス人がジャコバンの要求に従うことでテロに反応し，他のフランス人は国から逃げることで反応したというのが普通の

[*8] 訳注：用不用説の用の意味.

使い方でないか. ある者は頭を失うことで反応したというのは通常の用法ではないだろう[*9]. 断頭は反応ではなく, すぐに, あるいは効果的な方法で反応しなかった結果である. 同様に, 一部のハエはエーテルに十分に反応し, 処理が苦境をもたらしたにもかかわらず, 正常な表現型を示したといえるかもしれない. 他のハエは不十分な反応を示した. これらのハエは培養瓶という閉鎖環境で生き延びることができたが, バイソラックスという非常に不完全な表現型を産生することしかできなかった. バイソラックス条件を好意的に選抜することによって, Waddington は, しかし単純で極端なある種の退化進化を作り出した. 彼は, 発生のキャナリゼイションのメカニズムのある種の不備を選択していたのである. 選抜によって生み出されたバイソラックス系統の遺伝情報は, 元の系統にあったものよりも少ないのではないかと私は疑ってしまう.

　Waddington は, 環境刺激への反応と環境から受ける干渉への感受性を区別する必要がないと考えているようだ. しかしこれらの現象は類としてまったく反対のものであり, これ以上ないほど根本的な区別であると私は信じている. 以下に, Waddington と私の論争を短くまとめる.

　反応と感受性を混同する可能性があるのは, どちらも生物とその環境が関与する因果関係のパターンに合致しているからである. しかし, 反応は適応的組織という稀有な生物学的特性を示すものであり, 感受性はこの特性の欠如や欠陥から生じるものであるため, 両者を混同しないことが重要である. 反応が起こるためには, 環境状況のある特定の側面を感知し, その環境要因かあるいは相関関係のある他の環境要因が, ある望ましくない効果を生み出すのを効率的に防ぐエフェクターを活性化する感覚メカニズムが存在しなければならない. 一

---

*9 訳注：痛快で重要な観点. 言葉遣いはとても重要.

方, 感受性とは, あらゆるエフェクターが活性化されたであろうにもかかわらず, 環境因子がそれらを乗り越えて効果を生み出すことから生じる.

　この区別はたいへん重要なので, 仮想的事例で説明する. たとえば, ヒトと大型爬虫類の2個体の実験動物に, 皮膚の水分量を記録するものと心拍数を記録するものの2種類の生理学的モニタリング装置をそれぞれ装着したとしよう. 次に, 温度が20℃ から 40℃ の間でゆっくりと振動する部屋の中に2個体を入れたとする. これで, 両者の室温による生理測定値の変動が記録されるだろうが, 種によって異なる生理的変数が変動するのがわかるだろう. 爬虫類では室温と心拍数の間に簡単な数学的関係が成立しただろうが, 皮膚の水分の変化記録からは室温変化の形跡が見つからなかっただろう. ヒトでは皮膚の水分は少なくとも調査範囲の大部分で環境温度の信頼できる指標となったであろうが, 心拍数から室温についてはほとんど知ることができなかっただろう. この違いの説明は, 今の議論の論点を示している. 室温の変動は爬虫類の身体に伝わり, 直接的な効果をもたらす. 心臓や体の他の部分の温度は環境の温度に従っており, 他の条件が同じならば, 心拍数は純粋に物理的な理由から心臓の温度の関数である. 対照的に室温の変動はヒトには直接伝わらない. 気温の変動は特殊なエフェクター (汗腺) を活性化させるセンサーによって感知され, 周囲の温度と生物の活動の両方にとって適応的な適切な度合いで調整される. 汗腺や温度調節の他のメカニズムは, 環境の変化が心拍に影響を与えるのを防ぐ.

　爬虫類の心拍の変化も, ヒトの皮膚の水分の変化も, どちらもある種の原因 (cause) の効果 (effect) であるが, 生物学者はこれらをまったく異なる種類の因果関係の例としてとらえるべきである. Waddington はこの区別を怠り, 感受性の進化的起源を使って反応の起源を説明しているのである.

　バイソラックス実験の進化との関連性は，バイソラックスが適応的であるのか，反応とよぶべきかという議論とは関係がないと反論されるかもしれない．エーテルや他の極端な処理の結果として生じうる表現型異常の大多数は，非適応的であると予想される．われわれは同様に突然変異の大部分が有害であると信じているが，これは進化的変化をもたらす変異の源泉としての突然変異を信じることを妨げるものではない．遺伝的同化がごくわずかな変化にのみ作用すると考えるのであれば，議論は有効になるかもしれない．初期の突然変異学派の「希望に満ちた怪物」の理論（訳者追補参照）は，おそらく信用されなくなったと思われるが，希望に満ちた怪物論に対する反論が，その怪物が遺伝的なものであろうとエピジェネティックなものであろうと，同様に当てはまると感じる．一方で，バイソラックスの実験は，環境の変化が遺伝子の発現を変化させることがあるという一般的に認められている原理の極端な例にすぎないという意見もあろう．この実験は，進化的に重要かもしれないプロセスに関する巨視的なモデルのミクロなスケールの詳細[*10]，とみなせるかもしれないというわけである．しかしこれは Waddington の提案の精神に反しているように思われる．彼は遺伝子同化が真に新しい適応の急速な発達をもたらすために第一に重要であると考えているからである．

> 訳者追補：Goldschmidt が唱えた理論．種分化のような大進化は形質の漸進的進化では説明できず，跳躍的な形質変化をもたらす大突然変異が必要であるとする考え．この説がネオダーウィニストに批判されたのは，「希望」が実現するには，本学説によれば大突然変異に続き発生を微調節する小突然変異遺伝子への自然選択が必要とされるのだが，「そのままでは有害な」大突然変異遺伝子が早々に選択で除去されてしまうことを防ぐ仕組みを説明し難いからである．しかし，現在にいたってもこの問題に関する議論は続いている．それは，新規な遺伝子が関与する体制変化とよばれるような身体構造

---

*10 訳注：つまり至近要因ということ．

の大きな変化や，ゲノム進化における倍数化（染色体の倍化）が，進化史上何度も生じてきたことが，現代生物学が明らかにしてきた事実だからである．この，Williams の「ごくわずかな変化にのみ作用する」という想像は秀逸かもしれない．「怪物化」はその名前に反し平均適応度にわずかな差（おそらく低下）しかもたらさないが，形質の分散を潜在的・顕在的に拡大することで，適応進化に貢献したかもしれないからである．

　個体が後天的に獲得した特徴で，明らかに適応的であり，バイソラックスのような単なる発生上の障害ではないものはいくらでもある．これらのうちのいくつかは遺伝的に同化され，進化において重要な役割を果たしている可能性はないだろうか？　最良の例は，実験的というよりは推論的なものであるが，擬似外因性適応とよばれるものである．たとえば，ヒトの皮膚がどこでも頻繁に摩擦を受けると厚く丈夫になり，カルス（たこ）を形成する．足の裏は最も摩擦の影響を受けやすい部位であり，適切にも最も顕著なカルス層が形成される．これは適応的な個体の反応の単純な例のように見えるが，実は足の裏が皮膚の他の部分に比べて厚くなるのは，摩擦による刺激を受ける可能性が生じる前の胎内で開始されるプロセスなのだ．通常，体の他の部分では個体の反応であるものが，遺伝的に固定された足の適応になっているように思われる．これはたしかに，部分的には遺伝的に同化した反応のように見える．

　ヒトの祖先のどこかに，ときどき陸上に出てきて鰭の水かきで自分の体と一緒に地面を押す原始両生類がいたと想定しよう．そのような動物は，われわれの皮膚が摩擦を受けるとどこでも厚くなるのと同じように，地面と接触した部分の皮膚がわずかに厚くなることで反応したかもしれない．この最も初期の段階では，われわれが見ているのは完全に後天的な性格のものである．しかし，後天的な特性を獲得した者のすべてが肥厚した"足の裏"を発達させる能力において，遺伝的に同一であるとは限らない．陸上での運動能力が重要になったとき，

また，足のカルスの発達がこの能力の重要な構成要素になった場合，この特性を発達させることができる最高の個体に有利な選択がかかるであろう．選択された系統では，足の裏の肥厚を促進する遺伝子がますます濃縮されていき，最終的には純粋にこれらの遺伝的傾向だけに基づいて，必要な刺激からの援助を受けずにこの形態形成反応を示す個体が現れることになるだろう．魚類の個々体が獲得した適応は，四足類の真正な適応となったのである．形態形成における遺伝的変異を伴うこの適応は関係する生態的要求と同時に生じたのであり，それ以前にはなかったと思われる[*11]．足の裏が厚くなるという形質は魚類には事前には存在していなかったし，その形質を発現させるために新しい突然変異の出現を待つ必要もなかったのである．バイソラックスの実験との並列性は明らかである．

　ここに描かれているようなプロセスは何度も起こっているように思えるが，私は適応進化の説明としての重要性に疑問を感じる．その理由は，条件的な反応から始まり固定的な反応で終わることで適応を説明することが，まったくの屁理屈だからだ．このプロセスは，「機械的な刺激があれば足の裏を厚くし，この刺激がなければ厚くしないでください」という生殖質細胞から始まり，「足の裏を厚くしてください」という生殖質細胞で終わるのである．これを進化的適応の起源と見なす人がどこにいるだろうか．これはもともとの適応の一部が退化したにすぎない．固定的な反応としての足の裏の肥厚の起源を説明するのが難しければ，条件的な反応の起源を説明することはもっと難しいに違いない．一般原理として，固定的適応よりも条件的適応の存在を認定するには，より多くの情報を特定しなければならない．

　このようにごく一般的な理論的観点からは，Waddington の遺伝的

[*11] 訳注：形質変異をもたらす環境要求（鰭の摩擦）がない状況では，潜在的遺伝変異には発現の機会がないから．

同化の例はすべて退化の例であり，適応的進化ではないといえる．すべての条件的反応がすべての固定反応よりも高いレベルの適応を表していると言いたいのではない．固定的なカルスを身体の特定の部分だけに特定のパターンで形成するには，かなりの量の遺伝情報を必要とするに違いないだろうと言いたいのだ．それでもなお一般的なレベルにおいては，条件的適応は固定的適応よりも進化的に困難な到達点を示しているといえよう．固定的適応を説明する際に条件的適応を公理として用いることは，問題全体をひっくり返すことになる．Warburton（1955）は，Waddington 的な意味での適応を獲得することは，「身体に冬の下着を縫い込まれるようなもの」であると述べ，反対意見を力強く表明した．Underwood（1954）も条件的反応と固定的反応の関係について，私と同様の意見を述べている．変動する環境下での形態形成反応の最適化に関する形式的な理論は木村（1960）が発表している．

　固定的ないし非条件的な形質という表現は，それが必然的ないし不変的であることを意味しない点には注意が必要である．すべての生命機能は，十分に大きなストレスを受けると環境の干渉を受けやすくなる．同様に，条件的反応における調整の可能性の範囲にも大きなばらつきがある．一般に適応的な調整は，生態的に正常な範囲の刺激に対して最もよく観察されるであろう．干渉への感受性は，普通ではない異常に厳しいストレスに対して一般的に顕著に見られるであろう．

　固定的適応の起源は単純である．個体群がたんに正しい一方向へ向かうための遺伝的変異をもつか，あるいは獲得する必要があるだけである．条件的反応の起源は，はるかに大きな問題である．このような適応は2つ以上の代替的な体組織の状態を指示するか，あるいは少なくとも適応的に制御された可塑的な形質発現を指示する仕組みをもつことを意味する．また，反応が生態環境に適応的に調整できるような性質を示すには，感知と制御のメカニズムを保持する必要がある．条

件的な反応は，同等の固定的な反応よりもはるかに繊細な遺伝子型の調整を必要とするだろう．ヒトにたとえるならば，皮膚の色が明るい人種と暗い人種の間の肌の色の固定的な違いは遺伝子の違いに基づいて簡単に進化でき，人種の放散はたまたま利用可能なさまざまな遺伝子に基づいて迅速に生じるのではないかと私は想像する．それとは対照的に，太陽照射の変化に応じて皮膚のメラニン含量を調整する能力は，すべての人種に見られる適応であるが，この進化にはもっと長い時間がかかり，より多くの遺伝情報の負担を必要としたいに違いない．

Waddington は彼が議論の出発点にする条件的反応の起源にはほとんど注意を払っていない．Waddington はある議論（1958, p. 17）のなかで，自然選択が「実際に，環境的ストレスの対処に有用な方向への修正が容易で，無用な道や有害な道への転用がより困難になる傾向を発生システムの中に組み込むだろう」と仮定することで，自分の態度を要約している．彼は自然選択の理論が条件的適応を完全に説明すると考えているようだが，この理論の固定的適応への適用には"大きなギャップ"があると感じているようである．

ある適応が固定的なものであるか，それとも条件的なものであるかを予測するのには，第2章で遺伝暗号に関連して論じた情報の経済性の原理が有用であるかもしれない．与えられた形質が個体群の中で多かれ少なかれ普遍的に適応的であると思われる場合はいつでも，それは固定的なものであると予想できる．不確実な状況への適応的な調節が重要な場合にのみ，条件的な制御の存在が期待される．固定的なほうが，もつ情報量においてより経済的なので，条件的な反応があまり効果的ではないという状況はつねに存在するだろうと想像できる．この原則は，環境を解釈するときの感覚的経験の使用に関する生得論者と経験主義者の間の現在の論争に関係する．ある生理的状態，たとえば物体に焦点を合わせたときに両目の光軸が平行な向きになること

が，物体に対し距離が大きく離れていることのような，ある環境状態をつねに示す場合，その反応は，ここでは距離の解釈であるが，本能的なものになると予想される．同様に，ヒトを含むどのような動物でも，断崖絶壁の縁に対して感じる恐怖は普遍的に適応的であると考えられるが，そのような恐怖は学習ではなく本能的なものであると予想できる．精巧な繁殖パターンのようなより複雑な行動システムは，学習された要素と本能的な要素の混合物であることが普通であろう．特定の仲間個体の特徴や巣の場所など，学習しなければならないものもある．しかし，本能的な要素でありうるものはすべて本能的なものになりえる．本能は遺伝情報という通貨において，学習した行動よりもコストがからないからだ（訳者追補参照）．

> 訳者追補：固定的反応と条件的反応に関するこの Williams の議論は，現在の進化発生生物学の立場からは異論もあろう．形態形成に関する遺伝子セットは，カンブリア時代の単細胞の段階ですでに出揃っており，少なくとも動物ではそれらを"ツールキット"として使う位置やタイミングを変え，使いまわすことで形態が多様化してきたと考えられつつある．そこでは条件的発現がまず先にあることの重要性も再評価されている（たとえば，West-Eberhard, M. J. 2003, "Developmental Plasticity and Evolution", Oxford University Press, New York）.

Darwin（1882, Chap. 27）は，高等動物のなかで最も再生しやすい部分は，シオマネキのハサミやトカゲの尾など失われやすい部分であり，再生能力の高さは個体の発生上の初期段階と系統発生上の低い位置とに関係することに気づいた．扁形動物は脊椎動物よりも再生能力が高く，脊椎動物はカイチュウよりも再生能力が高い．残念ながら，再生の進化的・生態的意義についてのわれわれの理解は，この伝統的な基本事項を超えてほとんど進んでいない．この結論は，このテーマの最近の総説（Needham, 1952; Vorontsova and Liosner, 1960）を見れば明らかである．

再生と進化論との関連づけが進んでいないことや，進化論が再生の扱いに不十分であるという意見が時折聞かれるが（後述），再生現象の系統的多様性を説明するためには，遺伝子選択とそれに付随する情報の経済性の原理が強力な味方になりうることを示唆したい．形態形成装置の巧みさと精度を高めるためには，遺伝情報への一定の負荷が必要である．情報の範囲が狭められると，その維持のための選択が緩和される程度に応じて，頼っていた装置が退化していく．このように遺伝コードの利用を節約すれば，他の用途のために利用できる余地が増す．多細胞動物の発生プログラムが進んでいくと，初期の段階を繰り返す能力は，その繰返しを要求される確率が下がるので低下する．ヒトの接合子には，右腕をつくるために必要な遺伝情報と体細胞装置の両方が備わっている．しかし，一度この四肢の原基が形成されると，胚は二度とこのような腕をもう1本育てるのに適した状態になることはない．だがその能力が即座に消えるわけではないだろう．少ないながらも必要性があるかぎりその能力保持を保証する安全因子は自然選択上有利だろうから，それゆえ通常，必要とされるよりもいくぶん長い期間，能力が保持されることになるであろう．このような理由から，胚の四肢芽は切断された後に再生することが多いのである．比較的短期間の安全マージンを過ぎると，子宮内での外傷で切断される可能性は非常に低くなるため，欠損したメンバーを再生する能力を長期間維持するための選択はほとんど作用しなくなるであろう．まもなく，そのような切断が致命的な出血をひき起こし，再生能力が発揮される可能性が皆無になるところまで発生は進むだろう．

しかし，魚類や有尾類のような他の生物では，上記と相同部位の切断は必ずしも致命的ではない．このような生物では，再生装置の完成度が，問題にしている部分の生態的重要性に対する切断の相対的な頻度を表す尺度となるだろう．再生の有利性とその機会の頻度，さらに情報の経済性の原理を考慮したこの単純な考察は，再生能力の系統発

生的・個体発生的分布の多くを説明するのに役立つ（訳者追補参照）．

訳者追補：動物の再生能力の進化に関するその後の研究では，系統発生上の
位置よりも自然選択による効果が重要だと議論されている．しかし重要性が
高い器官ほど再生能力が高くなるわけではないようだ．高度に重要な器官は
失われると死に直結するので，再生能力に自然選択がかかる機会を失う．結
果，再生能力が中間程度に重要な器官に自然選択で進化しうるのである
(Reichman, O. J., 1984, *Evolution of Regeneration Capabilities*
American Naturalist **123**: 752-763).

　無用な器官の退化の古典的な説明のひとつは，その構築に使用され
るであろう材料を節約して，よりよい用途に使うことができるという
ものである．このように抽象化された能力の退化は，実際にはそれが
適応的なものに使用されないかぎり節約にはならない．再生能力の喪
失が何らかの節約をもたらすとすれば，それは情報資源に違いない．
第2章で論じたように，遺伝情報を可能なかぎり最も効果的に利用さ
れなければならない必然的に限定された産物として考えることには理
由がある．

　ある種の再生能力は過去に生じたことがない状況への適応と考えら
れるので，自然選択によってつくられたものでない可能性があると主
張する人がいる．ラットの個体群の歴史のなかでどのくらいの頻度で
肝臓の部分切除が発生したというのだろうか．そしてそれがもし発生
していたとして，それは肝動脈や門脈からの致命的な出血を回避する
やり方で生じたのだろうか？　しかしラットは肝臓の欠落した部分を
急速に再生するのである．Russell (1945) は自然選択論のこの考えら
れる不備を多く指摘し，さらに体を囲む繭に与えた歴史的に初めて生
じた種類の損傷を修復するトビケラ幼虫の能力を引きあいに出してい
る．彼はまた，脊椎動物が歴史的にまったく新しく経験した種類の抗
原に対する抗体を産生する能力についても言及している．Huxley
(1942) は，ヤドカリはしばしば鋏脚を食いちぎられることがあり，
それゆえに自然選択は鋏脚を再生する能力に有利にはたらくが，腹部

の付属物を再生する能力は自然選択に先立って独立して存在する, ある種の絶対的な適応に起因するものに違いないと主張している. このような議論は, すべて俯瞰的見方と想像力の欠如を示すものである (訳者追補参照).

訳者追補：このあたりの Williams の議論は, bio-inspired robotics の研究者に聞かせたい. 人工物のロボットと違い, 生物は完全に新規な環境にも即座に適応する能力をもつと考える向きが多いと思うからだ. 真実は程度の差の問題であろう.

　適応には, その発達が有利にはたらいた細部にわたって正確に対応する歴史的状況が存在すると期待するのは非現実的である. そのような正確な適応には, 生態的な要求のカテゴリーを広く浅くカバーするものよりも, より多くの遺伝情報が必要になるかもしれない. 無菌・止血手術による肝臓の大きな塊の切断は, ラットにとってはまったく新しい外傷かもしれないが, さまざまな種類の肝炎による同等の塊の "切除" は, 何百万年も前から行われていたに違いない. そのような自然の切除は, 広範囲に及ぶかもしれない, ゆっくり進行するので大規模な内出血をひき起こさないかもれない, そしてそれは, 病原体自体を除けば, あらゆる手術と同様に無菌的である. 肝炎の影響を修復するように設計された適応的反応が, 部分的な外科的な肝切除術によってひき起こされることはとても理解しやすい. 同様に, Russell がトビケラで見出した再生適応は, 繭を修復するための一般的能力に起因するに違いない. イチハツの花形の切除[*12] は歴史的にまったく新規な経験のように映るかもしれないが, トビケラにとってはただの穴にすぎない. また, ある部分を再生する能力への自然選択が, その副産物として, 連続して存在する相同構造を再生する能力をある程度生み出すであろうことは理解できる. 遺伝子の突然変異は一般的に, 繰

---

*12 訳注：A *fleu-de-lis*-shaped excision. 刃物でする特殊な切り取り方.

返しの相同な構造に対して同様な効果をもち，その選択による蓄積で効果もパラレルに累積するであろう．

適応度ではなく偶然性が生存率を決定することを示す最もよく使われる例のひとつが，大量のプランクトンがクジラに飲み込まれる状況である．いわく，クジラはオキアミの個体群にとって重要な死因になるかもしれないが，オキアミへの自然選択にはほとんど，あるいはまったく役割を果たしていないということになる．しかし，この議論では適応度のある重要な側面が無視されている．それは発生の速さである．もし2匹の同じ日齢のオキアミがいたとして，一方がすでに繁殖していてもう一方が繁殖していない場合，クジラが両方を同時に飲み込むことで強力な選択的影響力を発揮することになる．他の条件が同じなら，自然選択はつねに急速な成長に有利にはたらくであろう．なぜなら速く成熟すれば繁殖前に死ぬ可能性が低くなるからだ．選択が幼虫期の延長に直接的に有利にはたらくことはありえない．ある系統が他に比べて長い幼虫成長期間を示すのは，つねにより重要な形質発達の代償と考えるべきである．この原則は自然選択の一側面としてのデモグラフィック（人口統計学的）な環境の重要性を示す．接合子が個体群に加わると，その接合子は生態環境によって課せられる死亡率の確率分布という現実に直面する．他の環境に対するのと同様に，この環境にも適応していくだろうと予想される．

Fisher（1930）は，理論生物学が明らかに未熟なのはその実践者が実証的に可能なことだけにしか目を向けていないからであると指摘している．たんに現実にあることだけを考え，それよりもはるかに大きな領域をほとんど探ろうとしないのが問題なのだと．Fisherは，なぜ一般的に性は2つなのかという問題で自分の立場を説明している．彼は，この問題の完全な理解は3つ以上の性が存在することで生じる結果を厳密に研究することによってのみ達成できると主張した．同じ

議論が現実の成長速度を理解するという問題にもあてはまる. この問題についても理解は明らかに不可能にみえるが, 理論的に想定可能な他の成長速度を考えることによって克服できるだろう.

たとえば, 成熟するまでに1年かかり, その間, 1週間に0.5の確率で死ぬ生物がいたとする. この種が急速に絶滅しないようにするためには, 1つのつがいあたり約10^{15}個の接合子という天文学的な繁殖力を与えなければならない. それができたとしても状況は非常に不安定である. しかしこの種では, 突然変異が発育をわずか2%加速させるだけで成熟期に到達する確率が2倍になる. 成長を加速させる選択圧は非常に強く, たとえそれが他の適応を著しく損なうことを意味していたとしても, 未成熟期の短縮がとても急速に進化すると予測される. 対照的に, 死亡率が月に0.5しかない場合, 2%の発育加速は適応度を約10%増加させるだけである. 幼若期の死亡率が高い生物はそれに対応して成長が速いという重要な一般法則は, 私は普遍的に認められるであろうと思う. 成長速度への選択は幼若期死亡率の変動にきわめて敏感であるに違いない.

成熟期に到達する確率は, 生物がそれに対し適応すると期待できる死亡確率分布の一側面にすぎない. 生物が死亡率が異なる段階を順に通過しながら成長するとき, 通常, 死亡率の高い段階を急いで通過し, 危険性の低い段階を (比較的に) ゆっくりと通過することが予想される. S_iを期間iの単位時間あたりの生存確率とすると, 期間iがt_i続くとき, n期まで生存する確率は次のようになる.

$$P_n = (S_1^{t_1})(S_2^{t_2}) \cdots (S_{n-1}^{t_{n-1}})$$

ダーウィニアンデーモンの目標は, どのような方法に訴えてでもP_nを最大化することであろう. それにより, あらゆる段階で生態的適応を最大化することが期待できる. これは, S_iを最大化することと同じである. またt_iの最小化も予測されるが, この最小化の程度はS_i

に応じて変化するであろう．高致死率の段階での成長を加速させると，低致死率の段階でそうするよりも適応度は高まる．死亡率の最も高い段階で成長が最も速くなると予想できるのである．

　この予測は多数の動植物のライフサイクルのなかで実現されている．たとえば，無脊椎動物のプランクトン性の幼生では急速な成長と高い死亡率が見られるが，定着的段階への変態に成功した後は死亡率や発育率が低い．もうひとつの興味深い例が鳥類に見られる．鳥類の飛行可能な成体期が，雛にその準備である形態形成の大きな負担をかけている．飛行の仕組みは，すべてが機能的であるためには正確に形成されなければならず，体のすべての部分で複雑な構造が必要とされる．雛鳥の生態的な適応度は，飛翔の仕組みの生産に体の多くが関わることで深刻に損なわれる．それゆえ雛鳥は生態的に無力であり，死亡率が高い．このことが飛行可能な段階に達するまでの成長の速さを説明するヒントになる．最低限度の飛行が可能になるための急ぎの仕事を終えた鳥は，その後，非常にゆっくりとした成長の時期に入る．数週間で飛翔能力が完成し，生態的に独立し，ほぼフルサイズになった鳥が，それにもかかわらず長い間，おそらく数年は性的に成熟しないことが多いことに多くの人が驚嘆してきた．私は，その答えは死亡率の分布にあると考えている．そしてその結果として，高死亡率の段階の成長を加速させ，低死亡率の段階がそれに比べて長時間続くようにする傾向が選択の結果生じるのだと私は信じるのである．飛ぶことができ，生殖する予定のない幼鳥は，死亡する確率が非常に低い．この段階で発育の加速への選択圧が大幅に緩和されるのだと理解できる．

　これらの考察は，成鳥では強い飛翔力をもつが，幼鳥は無力で非常に脆弱であるという典型的な鳥類には当てはまる．この典型的な状態から逸脱した鳥では，形態形成速度が典型的分布から予想されるような逸脱を示す．木の穴や崖の上，孤島など，とくに安全な場所に営巣

する鳥は他の鳥類に比べて発育が遅い．地上に生息する鳥類は非常に安全な幼鳥期を享受しておらず，その期間もそれに応じて短縮されている．最大の鳥類である飛べないダチョウは，体重がダチョウの1%に満たない小さな鳥に匹敵するほど速い速度で成長し成熟する．穴に営巣する鳥のすべてのグループにおいて成長速度が独立に減少していることについては，Haartman（1957）が総説を書いている．Wynne-Edwards（1962）は，鳥類のライフサイクルにおけるこれらの一般的な時間的関係を調査した．彼が下した結論の根拠は上記で述べたものとは根本的に対立するものであり，それはおもに pp. 215-216 で論じたい．

第4章

~·~·~·~·~·~·~·~·~·~·~·~·~

群選択

本書は，進化的適応を説明するための自然選択の伝統的モデルの妥当性に疑問を呈してきた人々への返答である．前の章で検討したトピックは，おもに生理学的，生態学的，発生学的メカニズムの領域でのこのモデルの妥当性であり，それらは主として個々の生物個体に関連していた．個体レベルでは，代替対立遺伝子の間の選択の妥当性に疑義がかけられることは比較的まれである．選択の重要性に疑念の声が上げられるのは，個体間の相互作用現象に関連してであることが多い．多くの生物学者が暗黙のうちに，そしてそれより少ないものの結構な数の生物学者が次のような明示的な反論を展開している．相互作用する個体のグループは，グループの利益への機能的従属によって個体の利益が損なわれることで適応的に組織化されているのではないかと．

　この問題に真剣に取り組んできた人々（たとえば，Allee *et al.*, 1949; Haldane, 1932; Lewontin, 1958B, 1962; Slobodkin, 1954; Wynne-Edwards, 1962; Wright, 1945）は，このようなグループに関連した適応の形成は代替グループ間の自然選択によるものと考えられるが，それは個体群内での代替対立遺伝子間の自然選択と対立するであろうということを普遍的に認めている．私はこの結論の背後にある推論に全面的に同意する．グループ間選択の理論によってのみ，グループに関連した適応を科学的に説明することができるだろう．しかし，私はこの推論の根拠となっている前提のひとつに疑問を感じている．第5章

から第 8 章までは，おもにグループに関連した適応は実際には存在しないというテーゼの弁護を行うことになる．ここでいうグループとは家族以外のものを意味し，必ずしも密接な血縁をもたない個体で構成されているものをさす．

　本章ではグループ間選択理論の論理構造を検討するが，しかしそのまえに個体間にはたらく自然選択ではグループに関連した適応は生じないというルールの，ある明らかな例外を考えてみたい．この例外は，安定した社会的グループの中で生活し，家族関係の枠を超えた個人的な友情や敵対関係のシステムの形成に必要な知能などの精神的資質をもつ動物に見られるかもしれない．人間社会はわれわれ一人ひとりがさまざまな隣人を知る能力がなければ成り立たない．われわれはX氏が高貴な紳士であり，Y氏が悪党であることを知る．このような関係性が進化の成功に大きく関与しているのではないかと，少し考えれば誰でも納得するはずである．原始人は安定的な個人間の相互作用が生態環境の一部である世界に住んでいた．原始人は他の要因と同様に，この一連の生態的要因に適応しなければならなかった．もし彼が社会的に受け入れられていたならば，病気や怪我で一時的に体調を崩したときに，隣人の何人かが彼や彼の家族のために食べ物を持ってきてくれたであろう．物資が不足しているときには強い原始人が隣人から食料を奪うかもしれないが，嫌な原始人のY氏とその厄介な家族から奪う可能性が高い．逆にかわいそうなX氏が病気になったとき，原始人は彼を養う余裕があるならば彼を養うだろう．X氏の温かい心は感謝の感情を知っているだろうし，恩人を認識し，差し伸べられた扶助を覚えているので，いつか恩返しするだろう[*1]．Darwin (1896, Chap. 5) をはじめとする多くの人々が，人間の進化におけるこの要素の重要性を認識している．Darwin はそれを，将来の恩返しを期待

[*1] 訳注：互恵性の理論を展開している．

して他人を助けるという"卑しい動機"として語っている．しかし私はそこに意識的な動機が関与する必要はないと考える．自然選択で有利になるには，他人に提供された援助がときとして互恵されることが必要なだけである．与える側も受け取る側も，このことを意識する必要はない．

　簡単にいえば，友好的関係を最大化し，敵対を最小限に抑える個人は進化的に有利であり，自然選択は対人関係の最適化を促進するような形質に有利にはたらくはずである．私は，この進化の要因は利他主義と思いやりのヒトの能力を増加させ，倫理的にあまり受け入れられない遺産である彼の性的および肉食的な攻撃性を和らげてきたと想像する．理論的には，この要因が作り出すことができるグループ関連行動の範囲と複雑さに制限はないので，そのような行動の即時の目標はつねに他者，しばしば遺伝的に血縁関係のない他人の幸福であろう．しかし究極的には，これはグループの利益のための適応ではないだろう．それは個人の生存率の差によって発生し，利益を他の人に与える個体の遺伝子の永続のために設計されているだろう．そこでは，後に返済される可能性が十分に伴うような即時の自己犠牲のみが正当化されよう．代替対立遺伝子間の自然選択は，子のために自分の命を犠牲にすることを厭わない個体の進化を促すことはあるが，それは決して単なる友人のためではない．

　この進化的要因が作動するための前提条件は，地球上の生物群のごく一部に限定されているであろう．多くの動物が順位制を示すが，ここから相互扶助の進化的有利性が生み出されるのはかなり難しい．畜舎でみられる雌鶏間の一貫した相互作用パターンは，個体間の感情的な結びつきを仮定しなくても十分に説明できる．1羽の雌鶏は，表示されている社会的リリーサー*2 に基づいて別の個体に反応し，ある

---

*2 訳注：社会行動の神経的反応をひき起こすための刺激のこと．

程度の個体認識能力があれば，近い過去の相互作用の結果に応じてその個体に対する行動を調整するだけである．雌鶏が他の雌鶏に恨みを抱いたり，友情を感じたりするとは考えられない．ましてや好意への報いなどという考えは論外であろう．

　社会的善意の獲得競争が人類の進化の要因であったことは間違いないし，私は他の霊長類の多くでもそれがはたらいていると想像している．Altman（1962）は，野生のアカゲザルの群れの中で半永久的な個体間連合が形成されており，文献を引用して他の霊長類にもこれがあてはまると述べている．このような連合のメンバーは，紛争の際にはお互いに助け合い，他のさまざまな相互扶助もよく行う．たしかにそのような連合を形成する能力に平均よりも長けた個体は，競争相手よりも進化的に優位に立つであろう．おそらく，この進化的な要因は，イルカの進化のなかでもはたらく可能性がある．それらがときどき他個体に対し相互に示す非常に気遣いに満ちたような行動（Slijper, 1962, pp. 193-197）を，これでよく説明できるように思われる．しかし，私はこの要因を哺乳類以外に認めることには消極的で，能力は少数派に限定されているのではないかと想像してしまう．地球上の生物群の圧倒的多数にとって，友情と憎しみは生態環境の一部ではないと考える．なぜなら社会的に有益な自己犠牲を進化させる唯一の方法は，生存と絶滅率の個体群間の違いを通したものであり，個体群内での選択的な遺伝子置換ではないからだ．

　これまで繰り返されてきた意味的な混乱を最小限に抑えるために，私はここで2種類の自然選択を正式に区別することにする．メンデル集団における代替対立遺伝子の自然選択*³は以後，遺伝子選択（genic selection）とよぶことにする．より包括的な存在にはたらく自然選

＊3 訳注：代替対立遺伝子の間にはたらく自然選択のこと．

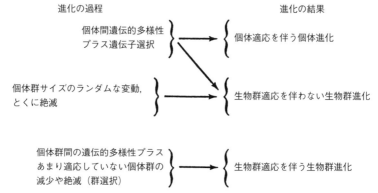

図1. 個体進化と生物群進化，個体適応と生物群適応の要約と比較.

択*4 は群選択（group selection）とよぶことにしよう*5. これは
Wynne-Edwards（1962）によって導入された用語である. イントラ
デミック（intrademic）選択とインターデミック（interdemic）選
択*6 という，ほかでもよく使われる接頭辞が同じ区別のために使われ
てきた. しかし私の経験では，同じ議論のなかで「inter（間）」と
「intra（内）」をとりわけ対照的な概念に繰り返し使用することは，
読者がスペルに面倒な注意を払うか，話者が非常に芝居がかった発音
をしないかぎり，混乱の原因となることがある.

　他の有用な用語の定義や，さまざまな創造的進化要因と適応形成の
間の概念的関係を図1に示す. 遺伝子選択は，よくネオダーウィン的
とよばれる自然選択の現在の概念を暗黙の前提としていると見なせる

---

*4 訳注：たとえばメンデル集団 vs. メンデル集団のような，個体グループと個体グル
　ープの間にはたらく自然選択のこと.
*5 訳注：遺伝子選択と群選択のこの定義は，メンデル集団の定義に依存する. Wil-
　liams は現実のメンデル集団の境界は生物学的に自明であると考えているようだ.
*6 訳注：デーム内選択とデーム間選択のこと. デームは個体群（population）あるい
　はメンデル集団と同義.

だろう．**個体適応**（organic adaptation）とは，生物体（個体）の成功を促進するために設計されたメカニズムをさし，それは属する個体群の後の世代に，その個体が遺伝子を残すことに貢献する程度によって測定される．それは，個体の**包括適応度**（inclusive fitness）（Hamilton, 1964A）という目標をもつ．**生物群進化**（biotic evolution）とは，生物群の任意の変化である．それは，1つかそれ以上の構成個体群の進化的変化によって，またはたんにそれらの相対的な数の変化によってもたらされるであろう．**生物群適応**（biotic adaptation）とは，生物群の成功を促進するように設計されたメカニズムであり，それは絶滅までにかかる時間によって測定される．ここでの生物群とは，他の生物群との比較を可能にするために，その範囲を限定しなければならない．それは，1つのバイオーム，生物群集，分類学的グループ，または最もよくあるものは，1つの個体群であろう．湖沼の魚類相の変化は生物群進化であると考えられる．それは，1つまたは複数の構成個体群の特性の変化，または個体群の相対的な数の変化によってもたらされる可能性がある．どちらも魚類相の変化をもたらすだろうし，そのような変化は生物群進化であろう[*7]．生物群適応とは，湖の魚類のような，またはそこに含まれる個体群のような，またはその湖と他の場所に棲んでいる同一種全体の生存のためのメカニズムであるといえる．

　私は，生物群進化と個体進化を正式に区別することは有用であり，その区別を念頭におくことで，ある種の誤りを避けることができると信じている．一般的に，化石の記録が個体進化に関する直接的な情報源となりうるのは，単一の個体群の変化を連続した地層のシーケンスに沿って追跡できる場合に限られることは明らかである．しかし通

[*7] 訳注：Williams の生物群進化の概念は広く，個体群や生物群集の動態はすべて biotic evolution になる．

常，記録は t' 時点の生物群が t 時点の生物群とは異なっていたこと，そしてその間に，ある状態から別の状態へと変化したに違いないということだけしか教えてくれない．残念なことに，このことを忘れて生物群の変化はすべて個体進化に起因するものであると思い込んでしまう傾向がある．たとえば，始新世のウマ相は鮮新世よりも小さい個体で構成されていた．この観察から，平均してあるいは少なくともほとんどの時間では，平均よりも大きいサイズをもつことがウマ個体にとって個体群の残りの部分との繁殖競争において有利であったと結論づけがちである．だから第三紀のウマ相では，それを構成する個体群においてほぼ恒常的に平均すれば，より大きなサイズが進化してきたと推定してしまう．しかし，実は正反対が真であることも考えられる．それは第三紀の間はどの時点でも，ウマの個体群のほとんどが小さい体サイズを進化させてきたのかもしれないのである．この状況下での大型化傾向を説明するには，群選択が大型化傾向に有利であったからという追加の仮定を立てる必要がある．たとえば，内部の選択でより大きなサイズを進化させた個体群は少数派だったかもしれないが，100 万年後の個体群はほとんどこの少数派の末裔であった可能性が考えられるのである．図 2 は，化石記録上の同じ観察が，2 つのまったく異なる基本的考え方でどのように合理化されるかを示している．生物群進化の説明として個体進化への保証のない還元の仮定は，少なくともダーウィンの時代から存在していた．『種の起源』の中で，彼は "組織の進化" とよばれる問題を扱っている．彼は化石の記録を，カンブリア紀から最近にいたるまで "より高度な" 形態に進化してきたことを示す生物群の変化だと解釈した．しかし彼の説明は，個体がより大きな脳，組織学的複雑性などによって，近くの同種個体に比べてもつかもしれない優位性という観点に重きをおいている．ここでのダーウィンのこの推論は，第三紀の間にウマの個体進化がもしサイズの大型化に向かって進んだのなら，この間にウマに起こったほとんどの

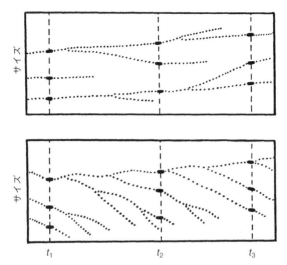

図2. 同じ化石記録データの異なる解釈の仕方. 3つの異なる時間 t_1, t_2, t_3 における, 仮想的なウマ種のそれぞれの平均身体サイズの観察データが垂直方向に ● で示されている. 上の図と下の図は同じ観察結果に基づいている. 上の図では, 仮説的系統は個体進化によるサイズの増加と時折の偶然の絶滅の結果としてデータを説明している. 下の図では, 仮説的系統図は, 個体進化はおおむねサイズが小さくなる方向を示しているが, 反対向きにはたらいた群選択の効果で, より大きな平均サイズの生物群が進化したとしている.

突然変異は, 影響を受けた個体により大きなサイズをもたらしたに違いないと想像する人のそれに類似している. ほとんどの生物学者は正反対に考え, 生殖質のランダムな変化は成長を増強するよりも成長を抑制する可能性が高いと予測するのではないかと私は思う. 個体進化は通常, 突然変異の圧力の方向に逆行する. 個体進化と群選択の間にも, 形式的には似たような関係があるのである. 個体進化は遺伝的に異なる個体群, すなわち群選択が作用する素材を提供する. この2つの力が正確に同じ方向を示すのが通常であると仮定する必要はない.

カンブリア紀以降の任意の時点で，生物の大多数はダーウィンが退行，退化，または狭い専門化とみなした線に沿って進化しており，少数派だけが進歩的進化をしていたとも考えられる[*8]．しかしこの少数派が，ほかより有意に長期間の個体群存続に成功したとすれば，生物群全体がある地質時代から次の地質時代へと"進歩"を示すかもしれない．私は，化石の記録は遺伝子選択と群選択の相対的な力を評価するうえで，実際にはほとんど役に立たないのではないかと思う．

　別の点では，多様性の源として突然変異と個体進化との関係のアナロジー（を個体選択と群選択の間の関係に用いること；訳補）は誤解を招くかもしれない．突然変異はランダムに生じ，通常はどのような適応にとっても破壊的であるのに対し，個体進化はおもに個体適応の創出か，または少なくともその維持に関係しているからである．どのような生物群にも内部に様々な適応が見られるであろう．もし群選択がないのなら，つまり絶滅が純粋に偶然の産物である場合，そこで示される適応は遺伝子選択によって生成されたもののランダムなサンプルとなるであろう．たとえ弱くても群選択があった場合は，そこで見られる適応は，遺伝子選択によって生成されたものの偏った標本になるであろう．しかし，もしこのような偏りがあったとしても，実際に見られる類いの適応は遺伝子選択によって生み出されたものだと，われわれは判断することになるだろう（訳者追補参照）．群選択が，特定の有利な方向以外のすべての個体進化をつねに抑制し，その影響力によって複雑な適応の機能を細部にわたって蓄積することができるほど強力な場合にのみ，適応が群選択によって生み出されたといえるのである．個体適応を示す複数のものからなる生物群の生成と，生物群自体の適応の生成との間のこの区別は，いくつかの文脈で再度強調する

[*8] 訳注：むろん，第 2 章で詳述されたように，Williams は生物進化には進歩の意味は含まれないとの立場であるので，ここでの進歩は文献中で進歩といわれているものをさす．

ことになるだろう*9.

> 訳者追補：ここは，群選択が生物群進化への効果をもつだけでは，生物群適
> 応とはいわないという Williams の適応的デザイン論に基づいた重要な主張
> である.

生物個体の適応と一般的な意味でのフィットネス*10 を議論する際
に，ある程度の自信をもって価値判断ができることが，われわれには
しばしばある．われわれはその生物の生理と生態を十分熟知している
ときには，同じ個体群の他の個体と比較して，その生物個体がどの程
度適応しているかについての意見を述べることができるだろう．その
個体が重要な既知のメカニズムに重大な障害を示している場合には，
とくに自信をもって判定ができる．足を骨折したウマは，その群れの
無傷のメンバーのほとんどと比較して，非常に低いフィットネス（適
応度）をもっているといえる．しかし，体力が低いというわれわれの
判断の直後に，ウマの群れが火事に巻き込まれ急峻な峡谷に迷い込ん
でしまい，2 頭を除き死んでしまうということが起きるかもしれな
い．偶然にも逃げた 2 頭は脚を骨折したウマの息子と娘であることが
判明したとしよう．そうなれば，骨折したウマは非常に成功したとい
えるが，不利だという適応度に関する判断は無効にはならない．ただ
このウマの体力は非常に低いが，すこぶるラッキーだったといえるの
である．適応度は遺伝的な生存率とは決して決定論的にはつながら
ない．偶然性も重要な要素である．1 個体をベースにした進化の成
功によって適応度を測ることはできない．生存のための設計の程度
やその効果について，複数個体の観測に基づいて判断すべきなので

---

*9 訳注：このパラグラフは，原著に行飛びのような大きな印刷ミスが明らかにあり，
　訳者はそれを復元しながら翻訳した.

*10 訳注：第 2 章で示したように，日常語的な意味で fitness（身体能力が高い，健康
　なこと）が使われている場合は，適応度とはせずカタカナでフィットネスと表記した.

ある*11. 足を骨折したウマは，そのような損傷が適応上の設計の重
大な障害であるため，かなり適応度が低いと判断できよう．そのよう
な判断が多数の事例における進化の成功や失敗の事実と矛盾している
ときにのみ，われわれの判断は間違いだと証明されるだろう．しかし
われわれの判断はほとんどの場合，疑いようなく正しいのである．ウ
マの個体群についていえばわれわれは，俊足，病気への抵抗性，感覚
の鋭敏さ，生殖能力によって特徴づけられた個体は，鈍足なもの，抵
抗力が低いものなどよりも適応していると断言できる．ウマの生理に
関する科学は進歩し，すでにわれわれはウマに見られる生存のための
デザインの詳細を十分理解しており，そのデザインの重要性と有効性
に合理的な疑いをもつことはできないからだ.

　理想的には，生物群適応の対象にも同じようにアプローチすべきで
ある．残念ながらわれわれは，個体群やもっと包括的なグループの生
理学や生態については個体に匹敵するほどは理解していない．ウマの
個体群の生物群的な適応メカニズムとは何であるか言えるだろうか？
骨折を個体の障害として認識するのと同じように，生物群適応メカニ
ズムの障害を自信をもって認識できるだろうか？　このような疑問は
おもに後の章で述べることにする．いまここで私が指摘したいのは，
多様な分類群で万一個体適応がいっさい存在しないのが明白ならば，
遺伝子選択の理論は必要ないということである．同様に，生物群適応
のようなものがもし存在しないのであれば，群選択の理論は必要ない
のである.

　成功のためのデザインを検出し，測定することが十分にできないの
であれば，あまり興味がわかないやり方だが，おそらく成功そのもの
と必然的に相関関係のある要因を測定することもできる．適当な条件

---

*11 訳注：適応度は，Williams の考えではパラメータであり，統計量ではない．これ
　は標準的な集団遺伝学モデルに則った見解であろう.

の下で，1個体の生物の進化的成功を測定することはたしかに可能である．われわれはたんに2世代後，3世代後のその子孫を数えて，同世代の平均値と比較するだけでよい（訳者追補参照）．多くの場合，非常に成功した生物は平均以上の適応度を示すであろう．成功と最も強く相関しているものに注目することで，どのような形質が適応度に最も貢献しているかを判断することができる．この方法を個体群間に適用する場合，より長い時間が必要となるため，より難しくなる．おそらく，「今，その個体群はどのくらい成功しつつあるだろうか？」という質問のほうが，「今から1000年後に見たら，その個体群がどのくらい成功できたといえるだろうか？」という質問よりも意味ある答えをもたらす希望が少しはもてるかもしれない．われわれが健康で活力があると判断し，健康な子孫を生んでいると知っている成体の動植物を見たとき，それは現在成功していると考える．同様に個体群に対しても，現在成功しているからおそらく適応しているのだという根拠に基づいて，個体群の健康さと活力を測る指標がないだろうか．これは，メンデル集団における生物群適応の存在を調べるという問題に対して，最も頻繁に行われているアプローチであるように思われる．

> 訳者追補：この方法論は，量的遺伝学の選択測定法である．この場合の適応度（子孫数）は現実のデータから計算する統計量であり，それは偶然の効果も含む．

　一般的に，個体群の成功と健康度を測る指標として，単純に個体数が想定されている．このパラメータは，たとえば同一環境下で遺伝的に異なるショウジョウバエの個体群を比較する場合などには満足できる有用な結果をもたらす場合もある（Carson, 1961）．しかし，荒っぽく使われた場合，この定義が多くの人に一貫して受け入れられるとは思えない．キツネの個体群は餌となるウサギの数と比べて数が少ないので，成功度が低いのだろうか？　しかし，適応の指標としての単なる個体数の使用は，さまざまな"調整"を導入することで，より一

般的に妥当なものになるかもしれない．数ではなく重量を個体サイズ
が異なる種に使用することもできるし，比較対象を生態的に同等の種
類に限定したり，同じ面積に限定したり，ライフサイクルの類似した
段階に限定したりすることもできる．この方針で，ある個体群を他の
個体群よりも適応度が高い個体群と見なす比較が可能な例が沢山ある
だろうが，しかしそれをすると個体群の適応度の直感的判断に反する
ことになる．北大西洋の珪藻類の個体群は，レマン湖の珪藻類の個体
群よりも適応度が高いのだろうか？　北大西洋の珪藻類は，どの季節
でも個体数が多く，密度も高い．調整や補正要因のリストの作成をど
こで止めればよいのか知るすべはない．

　別の方法として，成功の指標として個体数ではなく現在の個体数の
変化率（フィッシャーのマルサスパラメータ）を用いることがあるだ
ろう．これは Odum と Allee（1956），木村（1958）や Barker（1963）
が行った．急速に増加している個体群は，サイズが静止している個体
群や減少している個体群よりも成功していると考えられるというので
ある．ここでもまた，このアプローチがわれわれがそうだと感じる個
体群の本当の健康状態とは意味的な違和感を生じさせる状況がある．
この基準では，北大西洋とレマン湖の珪藻類の個体群は，ヒトの個体
群よりもはるかに高い適応レベルと低い適応レベルを交互に繰り返す
ことになる[*12]．この問題に取り組んだ多くの研究者（たとえば，Pi-
mentel, 1961；Brereton, 1962A；Wynne-Edwards, 1962）が，実際に
は数の減少が適応的である時期があるのだとも考えている．この結論
は第8章で取り上げるが，レギュレーションという語を「個体数の適
応的制御」という意味で使っていることからもうかがえる．一方，
Brown（1958）は，最も適応した個体群は安定性ではなく，大きな個
体数の変動を示し，それによって種が新しい生息地に進出することが

────────────

*12 訳注：プランクトンは夏に大増殖し，冬に減るからである．

可能になるのだと主張している.

　Lewontin（1958B）は，生態的多芸性によって測定される個体群の適応度というものを提案した. たとえば，ある個体群が 2 つの環境のうち 1 つの環境でしか生き残れず，別の個体群が両方の環境で生き残れた場合には，後者のほうがより高い適応度をもつと考えるのである. この提案は最初は合理的に見えるが，ここでもまた実際には破綻してしまう状況がいくつもある. われわれが陸上，淡水，海洋という 3 つの生息地を一般的に認識していることを前提にすると，ある種の好塩性動物や両生類の個体群は，大多数の鳥類や哺乳類よりもより適応していると考えなければならなくなる. 同様に，多くのバクテリアはどの被子植物よりよく適応していると考えられる，という具合である. 生息地の多様性に基づく判断は，個体群の特性と同様に，生息地の分類の仕方にも大きく依存するだろう.

　Lewontin が明確に認識していたのは，簡単に測定できる変数が理論的に重要な変数ではないという非常によくある基本的問題である. 重要な要因とは，とくに生物群適応によってもたらされるところの，長期的な個体群生存の保証の程度である. Thoday（1953, 1958）はこれを個体群の適応度の定義として提案したが，その客観的な測定のための簡単な式をいっさい提案していない. このような個体群適応度の達成は，しばしば進化的進歩における重要な要素だとほのめかしている（pp. 42-45 参照）. 実際には，現在の個体群の成功の推定値[*13]（それ自体は適応度あるいは成功のためのデザインの粗い推定値である）は容易に測定可能な人口統計学的な変数に基づいているが，それは長期的な生存や絶滅とは，とても不完全な相関関係しかもたないに違いない. "大規模個体群" は "小規模個体群" よりも 10,000 年以内の絶滅

＊13 訳注：前述のように，ここで言いたい推定値とは，現在の個体数増加速度やもっと単純に個体数などである.

率が低いというのは事実かもしれない．同じように，個体群が増加しているほうが，減少している個体群よりも明るい見通しが与えられる可能性が高い．しかし，このような特性が長期的な生存や絶滅を予測するうえできわめて信頼性の低い根拠であることは，ほとんどの生物学者が認めるところであろう．

私自身の好みとして，現在の個体群の成功の指標としては，絶対数ではなく，その数値的な安定性に注目したい．この指標は，Pimentel (1961)，Brereton (1962A および B)，Dunbar (1960)，Wynne-Edwards (1962) によって最も妥当であるとされている．この尺度は好ましい点がいろいろあるのだが，個体群の絶対的な大きさやその瞬間的な変化率よりも推定がいくぶん難しいので，利点は部分的に相殺されるかもしれない．安定性は，長期的な平均値に対する変動の振幅によって評価できる．揺らぎの振幅が非常に小さい個体群は，大きな浮き沈みがある個体群よりも成功していると考えられる．重要なのは浮き沈みである．長期平均の半分以下にはならない個体群は，長期平均の3分の1以下になることが多い個体群よりも，おそらく健康的な状態にあると考えられる．重要なのはゼロになる可能性であり，絶対数に関係なく，比較的変動の大きい個体群ほどその可能性が高いと私は推測している．このような安定性の原因として，Brereton (1962A) と Wynne-Edwards (1962) はほとんどの場合，生物群適応の存在があると考えている．ただし，揺らぎを測定する方法にはいくつかの制限を加えなければならない．通常のライフサイクルの一部[*14]であるものは含まれるべきではない．比較は，サイクル全体の平均値，または連続するサイクルの似たような点（たとえば，最小値[*15]）の平均

[*14] 訳注：たとえば，同じ世代の子どもの時代の個体群サイズと大人になったときの個体群サイズの違いは，いま注目している変動ではないと言いたいのである．

[*15] 訳注：同時出生群（コホート）であれば，最後の齢である性成熟時の個体群サイズが最小となるはずである．性成熟の個体数を世代間で比較すればよい．

値の間で行われるべきである.

　上述したさまざまな基準はどれも, 異なる著者によるグループの成功の信頼できる尺度であり, 生物群適応の明白な目標であると仮定されてきた. よって読者は, どのような適応が想定されたのかについて議論する次の章まで, これらをよく覚えておいていてほしい. 本章では, 生物群適応の扱いはその生成の理論だけに限定し, 群選択がその重要な創造的要因であると期待する確固たる理由がないことを示したい.

　まず第一に, 議論を進める前に読者が生物群適応の一般的な意味をしっかりと把握しておくことが不可欠である. 読者は, "適応した昆虫" [*16] の個体群と, 昆虫の "適応した個体群" [*16] とを概念的に区別できるようにならなければならない. 昆虫の個体群が何世代にもわたって生存しているという事実は, 生物群適応の存在を証明するものではない. 個体群の生存は各昆虫個体が自らを存続させ, 繁殖しようとする個体適応の付随的な結果にすぎないのかもしれない. 個体群の生存はこれらの個々体の努力に依存する. この個体群の生存が正当な (個体群全体がもつ) [*17] 機能の結果なのか, それとも個々体の努力の付随的な副産物にすぎないのかの判断は, 繁殖過程の精査によって決定されなければならない. われわれは以下の判断をせねばならない. これらのプロセスは, 個々の個体が子孫の数を最大化するための効果的な設計によるものなのか, それとも個体群やより大きなシステムの数や成長率, 数値的安定性を最大化するための効果的な設計によるものなのかと. 個体適応として説明できないグループの生存を促進するシステムの特徴は, すべて生物群適応とよぶことができる. もし個体群がそのような適応をもつならば, それは適応した個体群とよぶこと

---

*16 訳注：" " は訳者が入れた.
*17 訳注：( ) は訳者が入れた.

ができる．そうでなく，もし個体群が生きながらえていることが個体
適応のはたらきにたんに付随するものであるならば，それは単なる適
応した昆虫の個体群にすぎない．

群選択の理論は，遺伝子選択の理論と同様に，論理的には同語反
復*18 であり，その過程の実在性についてはまったく疑問の余地がな
い．合理的な批判は，その過程の重要性とそれに起因するとされる現
象を説明するうえでの妥当性に焦点を当てねばならない．進化理論の
重要な考え方は，自然選択は選択された主体の変化率に対して選択係
数が高い場合にのみ，有意な累積的変化をもたらしうるということで
ある．遺伝子選択係数は突然変異率に対して高いので，代替対立遺伝
子間の自然選択が重要な累積効果をもたらすことは論理的にありう
る．pp. 18-19 で，個体には効果的な選択はありえないことを指摘し
た．個体の寿命は限られており，（多くの場合）その生物群適応の潜
在力はゼロである．個体の集団（個体群；訳補）にも同じことがいえ
る．私は遺伝子型もまた，クローン生殖が可能な場合を除き限られた
寿命しかもたず，自己複製不能である（減数分裂や組換えによって破
壊される）ことを指摘した．これは，遺伝子型の集団（個体群；訳
補）についても同様である．現在生きているショウジョウバエの個体
群の遺伝子型はすべて，数週間後には存在しなくなっている．個体群
内で，遺伝子だけが効果的に選択されるのに十分安定しているのであ
る．同様に個体群間の選択においても，必要な安定性に関しては遺伝
子の個体群（遺伝子プール）のみが適合しているように見える．しか
し遺伝子プールであってもつねに適格であるとは限らない．もし個体
群が急速に進化していて，絶滅や個体群の置換の率が低い場合には，
個体群の内的変化の割合が大きすぎて，群選択が累積的な効果を発揮

---

*18 訳注：トートロジーの日本語訳．ここでの主張は論理に矛盾がないということ．

することができないかもしれないからだ．この議論は，遺伝子選択が効果的であるためには，突然変異率が選択係数に対して低くなければならないことを示した議論と正確に並行している．

もし適度に安定した個体群があれば，遺伝子選択が個体適応を生み出すことができるのと同じ理由で，群選択は理論的には生物群適応を生み出すことができる．第三紀のウマの大きさの進化をもう一度考えてみよう．ある時代にあるウマの属に 2 種がいて，片方の平均体重が 100 kg で，他方が 150 kg だったとする．両種とも遺伝子選択によって小さいほうが有利になり，100 万年後には大きいほうの平均体重が 130 kg になり，小さいほうは絶滅したが，その前に 20 kg 軽くなっていたとしよう．この場合，種は両方とも小型化したが，属は大型化したといえる．小型種の絶滅が単なる偶然の出来事ではなく，小型化に起因するものである[*19] ならば，大型化は単純な生物群適応の類いであるとよべるかもしれない．しかし重要な論点は，機能的設計の概念を適用する説明は複雑な適応の起源に対してであるということである．

代替遺伝子プールそれ自体が安定していない場合でも，変化率が多少とも一定であれば，変化率に対し群選択がはたらくことは考えられる．個体群の遺伝子頻度が比較的安定した変化率を示す系統を，進化軌跡とよべるかもしれない．進化軌跡は n 次元空間のベクトルとして記述することができ，n は関連する遺伝子頻度の数である．数世代が経過するなかで，遺伝子プールにある変化がある速度で生じたかもしれないが，これは無限にある他の進化軌跡のひとつにすぎないであろう．ある進化軌跡は他のものよりも絶滅につながる可能性が高いとする．もしそうであるなら，群選択は異なる種類の進化的変化が個体群の平均存続時間の差をもたらすことで作用するだろう．地質学的ス

---

*19 訳注：偶然ではない点が重要．

ケールでのかなりの長い期間続く進化的変化はたしかにあるようだとする古生物学的な証拠がある．しかし，当初想定された例のいくつかは否定された．証拠が蓄積し，実際の進化の道のりが最初に見えたよりも複雑であることが示されたからだ．他の例は実在したように見え，Simpson（1944, 1953）は，これはある方向への継続的な遺伝子選択，つまり彼が「定向選択」とよぶプロセスに起因しているとしている．

Wright（1945）は，群選択がとくに効果的なのは，完全ではないがお互いにかなり孤立している多くの小さな個体群に分割された種であろうと提案した[20]．このような種の進化的変化のほとんどは遺伝子選択係数に従うことになるであろうが，個体群が十分に小さいので，個体群内では選択上不利な遺伝子がたまに遺伝浮動で固定されると考えられる．このように固定された遺伝子のなかには，個体群内では競争上不利であったとしても，個体群全体に利益をもたらすものがあるかもしれない．そしてその恩恵を受けた個体群は規模が大きくなり（Wright の議論では利益と見なされている），数が増加した分を近隣の個体群へ送り出すことになる．これらの移住者は，近隣個体群内ではたらく遺伝子に対する不利な選択を，部分的に，あるいは完全に打ち消し，遺伝子の偶然固定の機会を繰り返し与えることになるだろう．このプロセスが繰り返しはたらくと，最終的には個体群の利益をもたらす複雑な適応を生み出し，それは個体には競争上の不利益をもたらすことになる．この理論によれば，選択は既存の変異に作用するだけでなく，好ましい遺伝子を異なる個体群に繰り返し送り出すことで，群選択が作用する変異の生成を助ける可能性があるのである．

Wright はこのモデルを G. G. Simpson による書籍の書評のなかで正式に導出した．その後 Simpson（1953, pp. 128; 164-165）は，Wright の理論は個体群の大きさ，数，孤立の程度，遺伝子選択と群

---

[20] 訳注：ライトのシフティングバランスモデル．

選択の両係数のバランスなどのパラメータの結合に，あまりにも多くのことを任せすぎていると指摘し，Wright の理論を簡潔に批判している．たとえば，個体群は遺伝浮動の効果が重要になるほど小さくなければならないが，絶滅の危険があるほど小さくてもいけない．ある種の遺伝子置換が，個体群の大きさや移住率を決定するうえで，偶然の要因よりも重要になるように十分大きくなければならない．移住率は，個体群にとって望ましくない遺伝子が浮動によって失われた後の再確立を防ぐほど，十分小さくなければいけない．仮定されたプロセスがさまざまな遺伝子座で機能するためには，個体群の数は十分に多くなければならず，またそれぞれの個体群は必要な大きさの範囲内に収まらなければならない．最後にこれらのさまざまな要因のバランスが，進化的変化が起こるのに十分な期間，維持されなければならない．今のところ，必要な条件がどれくらいの頻度で実現されるのかについて，高く信頼できる推定が可能とは私にはとうてい思えないが，条件が成立する頻度は比較的低く，発生したとしてもかなり一時的なものに違いないと私は思う．Simpson はまた，Wright の理論が説明するとされた生物群適応の実在に疑問を呈している（訳者追補参照）．

訳者追補：これらの議論は，適応進化に関して遺伝浮動の役割を重視しない Fisher 流の大域選択理論 *vs.* Wright の遺伝浮動を重視したバランス揺らぎ理論の対立として位置づけられる（Rosales, A., 2017, *Studies in History and Philosophy of Science Part A* 62: 22-30）．しかしながら，Wright の理論は複雑すぎ，その後大きく発展したとは言い難く，20 世紀末までは理論的観点から否定的見解のほうが多かったように思える（たとえば，Coyne, J. A. *et al.*, 1997, *Evolution* 51: 643-671）．とくに疑問視されたのがモデルのフェーズⅢ，すなわち高適応度の個体群からの移住で低適応度の個体群の状態がグループに有利なように "改善される" という仕組みであった．しかしこれらも含め，支持者は今も多い．M. Wade は昆虫を使った室内実験で，かねてより Wright を擁護している（たとえば，Wade, M., 2012, *Evolution* 67: 1591-1597）．チョウの警告色の進化パターンにもあてはまるという見解もある（たとえば，Mallet, J., 2010,

　それ以来多くの著者が，種のなかでの代替個体群の選択（訳者追補
1 参照）がさまざまな“利他的”な適応を生み出す役割を担っている
と主張してきた．しかし，これらの文献のほとんどは，Wright が解
決するために苦労した問題を完全に無視している．彼らはまずはじめ
に，個体群全体がどのようにして必要な遺伝子を高い頻度で獲得でき
るのかという問題を無視しているのである．獲得した個体群と獲得し
ない個体群がないかぎり，群選択が作用するための選択肢のセットは
存在しない．Wright は，後のいくつかの研究者が明らかにそうでは
なかったように，中程度の大きさの個体群において遺伝子に対するわ
ずかな選択的不利ささえも，その遺伝子を無視できるほどの頻度にま
でほぼ決定論的に減少させる可能性をたしかに認識していた．これが
彼が彼のモデルの適用を，多くの小さな局所的な個体群に細分化さ
れ，局所個体群間の移動が時折しか起こらない種に明示的に限定した
理由である．他の人は明らかに必要な個体群構造をもっていない種の
進化的要因として，そのような群選択を仮定している．たとえば
Wynne-Edwards（1962）は，産卵のための単一の集合でさえ数万の
個体で構成されているらしいキュウリウオの個体群間の選択が，個体
に不利で個体群に有利な生物群適応の起源だと仮定した（訳者追補 2
参照）．彼は 1 mile^2 あたり 100 万匹単位で繁殖する成体が存在し，生
まれた場所から何百マイルも移動する幼生の段階をもつ海洋無脊椎動
物についても，同じプロセスを想定している．

　訳者追補 1：Williams のこのくだりからわかるように，群選択理論の伝統的
　な適用範囲は，同種のなかにある多少とも隔離された，したがってふつう異
　所的なものと考えられる個体群間にはたらく選択である．異種間の競争や，
　個体群内で一時的に形成される D. S. Wilson らが trait group（形質グルー
　プ）とよぶようなものの間にはたらく競争的相互作用は，群選択とはいわな
　いというわけだが，これは現在でもたぶん標準的見解だといえよう．

訳者追補 2：まずはじめに，グループに有利で個体には不利な遺伝子型がいかに高い頻度で存在するグループを形成しうるかに関しては，現在ではこれらに加え，似た者どうしが集まる傾向（同類集合性 trait-assortative grouping）や，新規な小個体群が同じ親個体群出身者だけから形成されるむかごモデル（propagule-pool model）が提案されている．

生物群適応に寄与するかもしれない遺伝子の固定を，小さな個体群における遺伝浮動に求めずにすむ説明は，そのような遺伝子が競争的な個体間関係において一様に不利なものではないと仮定することで可能になる．もしそのような遺伝子が何らかの理由で，10 個の個体群のうちの 1 個の個体群のなかで個体レベルで有利であったとしたら，100 万年後にはその個体群の子孫がその種の唯一の代表者となることで群選択が機能する可能性がある．しかしこのプロセスもまた，よく考えてみると信憑性が低い．選択係数に対する内生的変化の割合が低いことが，選択が効果的になるための必要な前提条件である．必要な安定性は遺伝子たるべき一般的なルールなのだ．遺伝子プールあるいは進化軌跡が，個体群が絶滅したり入れ替わったりする長い期間を経ても，ほとんど変化せずに持続する可能性はあるだろうが，それが一般的なルールである根拠は示されてないのである．したがって，群選択の有効性は，ほとんどすべての生物のグループについて，公理的なレベルでは疑問の余地がある．群選択が有効にはたらく可能性は，多くの生物がそうであるように，単一の個体群で構成されている種であればいかなる場合も否定できる．同様に代替種間の群選択による進化は，単一種からなる属で起こることはない（訳者追補参照）．

訳者追補：このくだりからもわかるように，種間の群選択の可能性を認めているが，それは生態学の種間競争モデルの適用範囲よりはるかに狭く，近縁種間にはたらくものだけが群選択だと述べているに等しい．これは文脈的には，自然選択がメンデル集団内での遺伝子選択であることから，その拡張が

しやすいものに限定しているのであると思われる．まず，選択がはたらく外枠となる遺伝子プール（種とか属）を決め，その内部の構成要素間の競争を選択とよんでいるのである．Williams は後の著書でクレード選択（clade selection）という群選択の概念の妥当性について検討しているが，群選択を近縁系統間（それもたぶん異所的に存在する）に限定するこの論法には，文脈によっては議論の余地はあるだろう．

　もし群選択に必要な条件がすべて実証されているグループがあったとしても，その条件がずっと長続きする保証はない．最も単純な個体適応の進化でさえ，何世代にもわたり多くの遺伝子座で選択がはたらく必要があるのと同様に，生物群適応の生成にも多くのグループの選択的置換が必要となる．これは理論的には大きな問題である．繁殖速度が最も遅い生物でさえも，個体群が互いに入れ替わる速度と比較して個体の世代交代がどれほど速いかを考えてみてほしい．これゆえに，生物群適応の発生は個体適応の発生よりも桁違いに遅いはずである[*21]．遺伝子選択においては，ある対立遺伝子の 1 世代あたり 0.01 の割合での別の対立遺伝子への置き換えは，十分に高い数字である．群選択が同じ力をもつためには，たとえばある個体群のほうが 0.01 倍大きいとか，0.01 倍速く成長しているとか，ある世代で絶滅する可能性が 0.01 倍低いとか，他の個体群よりも移住率が 0.01 倍高いとか，そういうことを意味するのだろうか？　どのような意味を採用しようと，遺伝子レベルでは強力な選択力となるものがグループレベルでは些細なものであることは明らかである．群選択が遺伝子選択と同じくらい強力であるためには，その選択係数は，個体群の絶滅と入れ替わりの率の低さを補うために，はるかに大きなものでなければならない．

　世代交代の速さは，遺伝子選択を強力にする決定的に重要な要因のひとつである．もうひとつ，比較的小さな個体群であっても個体の絶

[*21] 訳注：本書の一番の確信的洞察部分．

対数が多いこと，これが群選択，とくに種レベルでの群選択に大きな
困難をもたらす．遺伝的に有意な差異を生じさせるほど十分に隔離さ
れている 100 個の異なる個体群からなる種というのは，ほとんどの生
物分類群のなかでは例外的な存在であろう（訳者追補参照）．しかし，
このように複雑に細分化されたグループでさえ，個体群の絶滅と入れ
替わりのバイアスが 0.01 という状況は，遺伝子選択係数が 0.01 の差
をもつ 50 個体の二倍体個体の個体群と同じ状況にあるかもしれない
のである．この 50 個体からなる個体群では，偶然の要因である遺伝
浮動が，進化の力として選択よりもはるかに重要であることをわれわ
れは認識するであろう．種のなかの個体群の数や，より高次のカテゴ
リーの下の分類群の数は通常，非常に少ないので，グループの生存を
決定するうえでは，グループ間の比較的顕著な遺伝的差異よりも偶然
のほうがはるかに重要になるであろう．集団遺伝学の結論から類推す
ると，群選択は検討対象となる分類群のなかに少なくとも数百の個体
群が存在する場合にのみ重要な創造的な力となるであろう．

> 訳者追補：Williams のこの洞察に反し，チョウの個体群ではこの状況があ
> てはまるのではとする見解が複数ある．前述の擬態問題（p. 99）以外にも，
> チョウにはメタポピュレーションモデルというものがよく当てはまるとする
> 個体群動態論の研究もある（Hanski, I., 1999, *Metapopulation Ecolo-*
> *gy*, Oxford University Press）．

　上記の考察が，群選択の論理的に適切な評価を意図したものでない
ことは認めねばならない．遺伝子選択に関する結論からのアナロジー
はアナロジーにすぎず，厳密な理由に基づく関係づけではない．しか
し私は，これらがこの進化的力の有効性について懐疑的にならざるを
えない合理的根拠を提供していると言いたいのである．しかし逆の意
見が頻繁に表明されている．生物学者が論理的かつ経験的に，進化の
過程が非常に複雑な適応を生み出しうることに気づくことはよくあ
る．彼はその後，これらの適応は個体だけでなく，通常「種の利益の

ため」のような用語で語られるところの，生物群の適応が含まれるに
違いないと仮定するのである．典型は Montagu（1952）に見られる．
彼は現代の自然選択理論を要約し，個体の生殖的生存の差異に基づい
た選択的遺伝子置換に関する本質的に正確な図式を提示している．し
かしその後，同じ仕事のなかで彼は述べている，「進化は本来，非協
力よりもむしろ協力的なグループを支持するプロセスであり，"適応
度"は，個別の個体ではなく，グループ全体としての関数であること
をわれわれは理解し始めている」と．この進化と適応度という概念は
先に述べたように，個体の自然選択に関係するものである．個体群内
における選択的な遺伝子置換の可能性の分析に基づく結論を，このよ
うに個体群の生物群適応の生成へと外挿することは，まったくもって
正当化できない．Lewontin（1961）は，今日知られているような集
団遺伝学は個体群の遺伝的プロセス（genetic processes of popula-
tions）ではなく，個体群内における遺伝的プロセス（genetic pro-
cesses in populations）に関するものであるということを指摘してい
る．

Lewontin（1962; Lewontin and Dunn 1960）は，私が見たところ，
群選択がはたらいた唯一の説得力のある証拠と思われるものを発表し
た．ハツカネズミの個体群には，精子の分離率に著しい歪みをもたら
す t という記号で表される一連の対立遺伝子が存在する．この遺伝子
をヘテロ接合でもつ雄の精子の 95％ 近くがこのような遺伝子をもつ
のに対し，野生型の対立遺伝子が入った精子はわずか 5％ である．こ
の顕著な選択的優位性は，この遺伝子がホモ接合体になると起こる他
の悪影響，すなわち胚性致死または雄不妊によって阻まれる．致死
性，不妊性，測定可能な分離比などの特徴は，仮想的な個体群におけ
る遺伝子頻度の関数としての選択の効果を計算する絶好の機会を提供
する．このような計算は選択の決定論的モデルに基づいており，これ

らの対立遺伝子はそれらが存在する個体群において一定の平衡頻度を
示すはずであると予測する．しかし，野生個体群の研究では，計算で
予測された値を下回る頻度が一貫して示されているのである．
Lewontin は，この不一致は遺伝子選択に拮抗する何らかの力に起因
するものに違いなく，それが群選択である可能性が高いと結論づけ
た．彼はモデルを自然選択の確率モデルに変えることで，家族グルー
プや小規模な局所個体群において，どちらかの対立遺伝子が一定率で
固定できるように設定すれば，観察された t-対立遺伝子の低頻度が
説明できることを示した．

　この例が，致死性または不妊性，およびきわめて顕著な分離歪みを
特徴とする遺伝子に関するものであることは強調すべきである．その
ような遺伝子への選択は，ありうるなかで最大級の強度である．激し
い頻度変化が遺伝子選択の結果として非常に少数の世代で起こる可能
性があり，長期的な隔離は必要ないのである．そのように変化した個
体群はその後，尋常でなく激しい群選択の対象となるであろう．分離
歪み因子が高い頻度に達した個体群は，すぐに絶滅する．その遺伝子
を低頻度でもっている小さな個体群が遺伝浮動によってその遺伝子を
失い，その後，絶滅した個体群に取って代わりうる．関わっているの
は 1 つの遺伝子座だけである．この例から，多数の遺伝子座の遺伝子
の頻度が密接に調整された複雑な適応を生み出すのにも，群選択が有
効であると論じることはできないだろう．この事例では，群選択は生
物群的に有害な遺伝子の頻度を非常に低く抑え続けることはできな
い．なぜなら，たった 1 個体のヘテロ接合性の雄の移住が，遺伝子プ
ールを急速に "毒する" 可能性があるからである．これらの遺伝子に
かかる選択についての最も重要な疑問は，なぜそのような極端な効果
を生み出す必然があるのかということである．分離比の歪みをもたら
す遺伝子を低頻度に保つことは，遺伝子選択でも群選択でもきわめて
困難である．なぜこの歪みを軽減する修飾因子が効果的に選択されて

こなかったのだろうか？ また，なぜ致死性や不妊性を修正するような修飾子が効果的に選択されてこなかったのだろう（訳者追補参照）．t-対立遺伝子は間違いなく，個体群内の他のすべての遺伝子にとって遺伝的環境の重要部分を構成しているはずである．他の遺伝子がその存在に適応するようになることは当然予測されるであろう．

訳者追補：この質問は鋭い．訳者が研究するアミメアリの社会の癌でもよく同じ質問が寄せられる．アミメアリの社会の癌も毒性は強い．実は，群選択がはたらく状況では，利己的遺伝因子は強毒性であるほうが維持されやすい場合があることが理論的には判明している（佐々木 顕，2006，第5章．石川 統ほか 編，シリーズ進化学6，『行動・生態の進化』，岩波書店）．

　自然個体群では，分離比の歪みは比較的珍しいものである．私は，そのような効果が低頻度でしか観察されないのは，各遺伝子がそれがおかれた遺伝環境で（効果が：訳補）調節されるためだと考えたいと思う．分離歪み遺伝子が現れた場合，t-遺伝子のように，発生の特定の段階で適応度を劇的に低下させないかぎり，対立遺伝子を置換すると予想される．その有害効果が軽度であれば，個体群はおそらく生き残り，有害効果を減少させる修飾因子を徐々に組み込むことになるであろう．言い換えれば，他の遺伝子は新しい遺伝的環境に適応すると考えられる．しかし，マウスのt-遺伝子のような遺伝子が導入されることで，個体群や種全体が絶滅してしまう可能性も十分にある．このような出来事は，遺伝子選択が種の生存に非常に不利な性質を産生することがあるのを，わかりやすく示している．問題の遺伝子は配偶子の段階では高い表現型適応度を生み出すだろう．しかし他の段階では低い効果をもたらすかもしれない．選択係数は，個体群の生存への影響に関係なく，これら2つの効果の平均値と代替対立遺伝子の効果の相対値によって決定される．ある地域のネズミの個体群を，t-遺伝子をもつ個体を大量に導入して駆除しようと考えたことがある人はいないだろうか．

私は，ある個体群において進化した適応の類い，たとえば分離比の
歪みなどが個体群の存続可能性に影響するかもしれないことを全面的
に認めようと思う．私が疑問に思うのは，適応メカニズムの生成と維
持において，この絶滅バイアスが名前をつけるにふさわしいほど有効
であるかどうかということだけである．これは，絶滅が生物群進化の
重要な要因となりうることを否定することと同じではない（訳者追補
参照）．結論からいえば，絶滅が今日のような地球の生物群を生み出
すうえで非常に重要であることは認めざるをえない．おそらくデボン
紀の脊椎動物のうち，せいぜい数十種だけが現在に子孫を残している
と思われる．もし，このうちのいくつかの種が生き残らなかったとし
たら，今日の生物群の構成は大きく違っていたであろう．

> 訳者追補：Williams は本章の冒頭で定義したように，生物群集動態も個体
> 群動態もすべて生物群進化であると見なしている．生物群進化が起こること
> はほとんど自明であるという立場なのに対し，他方で生物群適応の認定には
> 厳密で高いハードルを設けている．これが彼の立場である．

　絶滅の重要性を示すもうひとつの例は，人類の進化において見出せ
る．現代の種族と過去の絶滅したさまざまなヒト科の動物は，100万
年かおそらく数百万年前に他の真猿亜目から放散した系統に由来す
る．ヒトの祖先には，現代の類人猿の祖先とまだ同属であるが，別種
になっていた段階があったに違いない．この時点でこの属には，おそ
らくほかにももっと沢山の種がいた．しかし約4つ以外はすべて絶滅
した．たまたま生き残ったものは，テナガザル，オランウータン，ゴ
リラとチンパンジーで，そしてもうひとつがヒト科の動物を産み出し
た．これらは鮮新世の生き残りのうちの4つ（あるいはおそらく3
つか5つ）にすぎない．かりにこの数が1つ少なく，ヒトの祖先がそ
の絶滅したグループに割り当てられていたとしよう．ヒトの系譜に
どれだけの多くの絶滅からの抜け道があったかはわからない．しかし
絶滅は珍しいことではなく，それどころか統計的に最も可能性の高い

発生率だったのだ．しかしこの系統が絶滅していたら，今日の世界には驚くほど異なる生物群がもたらされただろう．このサルの1種は二足歩行の運動傾向が平均よりもやや高く，最近の見解によれば，捕食的な群れ行動の傾向をもっていたに違いないが，進化によって普通の存在である普通の動物から文化的な連鎖反応へと移行したのである．肥大した脳，手先の器用さ，弓形の足などの助けになる適応の生産と維持は，遺伝的，個体的，生態的な環境の変化に応答して，各遺伝子座の遺伝子頻度が徐々に変化することでもたらされたのである．獣から人間を形成したのはこのプロセスであった．この形成は，ある種の動物が生き残り，他の動物種が絶滅することで達成されたのではない．

　絶滅や生存の問題が生物群進化において非常に重要であることは私も認める．任意の100万年の間に個体進化によって生み出された適応のシステムのうち，数百万年後にもまだ存在しているのはごく一部にすぎない．生き残った系統は，遺伝子選択によって実際に生産された系統のうち，組織全体が別のものよりも適応的だったサンプルに偏っているかもしれない．しかし系統の生存は，つねに歴史的な偶然の問題に大きく左右されることになる．このような偶然の絶滅の生物群進化における重要性を，認識さえしない人もいるかもしれない．生態学的決定論者は，ニッチ要因をより重視する．つまりヒトはある生態的ニッチを占めているが，もしヒトの先祖サルがそのニッチを埋めるのに失敗したら，別のサルがそのニッチを埋めていたであろうと．このような考え方にはある程度の妥当性があるものの，歴史的偶発性もまた確実に進化の重要な要素であるに違いない．そもそも地球自体が一回性の歴史的現象であり，多くの一度きりの地質学的・生物学的事象が，世界の生物群の性質に大きな影響を与えてきたに違いないのである．

　考察すべき例がもうひとつある，なぜならそれは真逆の観点を説明

するために使用されてきたからだ．それは，恐竜の絶滅はゾウやクマ
のような哺乳類を作り出すために必要な前提条件であったかもしれな
いというものである．しかしこの絶滅が，これらの哺乳類の運動性と
栄養上の特殊化をデザインした創造的な力ではない．力は哺乳類の個
体群の遺伝子選択のなかに見出されるものである．人間の出来事にも
アナロジーがある．第二次世界大戦では天然ゴムの輸入が制限された
ためにゴムが不足していた．それにより科学者とエンジニアが適切な
代替品を開発する動機にかられた．結果，今日われわれは彼らの発明
品を沢山使用しており，そのなかには使い勝手が天然ゴムよりも優れ
ているものが多いのである．必要は発明の母であったかもしれない
が，彼女は発明者ではない．私は輸入品の不足を恐竜の絶滅にたとえ
たが，それを創造的なプロセスとはふつういわないだろう．真に創造
的であったのは科学者やエンジニアの努力で，それは哺乳類の個体群
内の代替対立遺伝子にはたらいた選択に似ている．この立場から私は
Simpson（1944）を支持し，恐竜の絶滅は哺乳類の適応放散を助けた
かもしれないので創造的なプロセスとみなすべきであると主張した
Wright（1945）の主張には反対である．

群選択は，生物群適応を生み出す，考えられる唯一の力である．し
たがって，今回の生物群適応の議論では，群選択の性質を検討し，そ
の力を予備的に評価する必要があった．しかしこの問題は，仮想的な
例を挙げて，何がありそうで何がありそうでないか，直感的な判断に
基づいてでは解決はできない．群選択の重要性を直接的に評価するに
は，個体群内のさまざまな原因による遺伝的変化の割合，個体群やよ
り大きなグループの増殖と絶滅の割合，個体群間の移動と交雑の相対
的および絶対的な量，遺伝子選択と群選択の係数の相対的および絶対
的な値などについての正確な知識に基づかねばならない．それには現
在および過去の分類群の大規模で偏りのないサンプルにおける，これ

らの情報が必要となる．明らかにこの理想は満たされないので，何ら
かの間接的な評価方法が必要になるだろう．私が信頼できると考える
唯一の方法は，動植物の適応性を調べて，それらが設計された目的
（goal）の本質を見極めることである．採用されている戦略の詳細に，
その採用の目的が書かれているだろうからだ．私が思いつくその究極
の目的とは，遺伝子的な生存とグループの生存の2つだけである．た
とえば個々の個体の生存のような他のすべての種類の生存は，より高
次の戦略で使用される戦術[*22]のようなものであり，そのような戦術
は，実際にはより一般的な高次目的の実現に貢献する場合にのみ採用
されるだろう．

　ここでの根本的な問題は，生物は大まかにいえば遺伝子の生存のた
めの戦略だけを使っているのか，それとも遺伝子の生存とグループの
生存の両方のための戦略を使っているのかということである．両方の
場合は，どちらが支配的と考えられるかである．遺伝子選択に基づい
て説明することができない明らかなグループ利益的な適応が数多くあ
る場合は，群選択が有効かつ重要であったと認めねばならない．その
ような適応がない場合は，群選択は重要ではなかったと結論せねばな
らず，進化における創造的な力として認識する必要があるのは，遺伝
子選択，つまり最も簡素なかたちでの自然選択だけであると結論づけ
ねばならない．群選択や生物群適応は，遺伝子選択や個体適応よりも
やっかいな原理であることを，われわれはつねに念頭におかねばなら
ない．これらは，もっと単純な説明では十分に説明できないことが明
白な場合にのみ発動されるべきである．われわれは，グループの生存
を促進するがグループ内競争において個体の生殖生存には明らかに中
立か有害である適応を見つけることに，注意を全集中せねばならな

[*22] 訳注：「個体は遺伝子の乗り物だ」と Dawkins が『利己的な遺伝子』で述べたこ
　　とを，Williams は別のレトリックでこう表現した．生存のための「より高次の戦略」
　　が遺伝子，「戦術」が個体である．

い．生物群適応を認める基準は個体適応と本質的に同じである．くだんのシステムが経済的かつ効率的な方法でグループの利益を生み出し，単なる偶然では説明できないほど，潜在的に十分独立な要素を含まねばならない．

　第 5 章から第 8 章までは，生物群適応の可能性が高いと思われる例の総説である．私は，これらのさまざまな例についてその実態を見極め，遺伝子選択を補完する創造的な進化的力としての群選択の重要性の評価を試みたい．

第5章

遺伝システムの適応

高等動植物の有性生殖の仕組みは，紛れもなく進化した適応である．それは複雑であり，驚くほど規則正しく，明らかに両親2個体の遺伝子を用いて多様な遺伝子型の子孫を生産するという目標に向けられている．均一ではなく多様な子孫をつくることが生殖的な生存という究極の目標にどのように貢献するのかは，すぐには解明されないかもしれないが，仕組み（machinery）は親の遺伝子型をもつ子孫の生産ではなく，親の遺伝子をもつ子孫を生産することの効率にかかる選択に基づいてのみ説明できる．

　有性生殖を論じるときいつも直面するのは，厄介な専門用語の問題である．ここで使用する定義は，上の文に暗示したが，以下のものだ．親の遺伝子の新しい組合せで子孫を生み，そのような結果を生み出すように設計された仕組みによってそれが行われるならば，有性的生殖である．無性のクローンにおける突然変異は，最終的には遺伝的に多様な子孫を生み出すかもしれないが，後述するように，それは決して設計されたものではない．つまり，突然変異は有性生殖のメカニズムではないのである．これから述べる議論では，メンデル集団とは，少なくともときどき有性生殖があることによって，共通の遺伝子プールをもつ生物の個体群であると考える．狭義（訳者追補参照）のカテゴリーとしての厳密な性的個体群とは，ヒトと同じように性的な手段でのみ生殖を行う個体群をさす．

訳者追補：煩雑性から，完全に無性的に生殖する生物は議論から除外している．これらの生物では，交配個体群としての遺伝子プールを認識できなくても，実際には系統や生態の情報から同種個体群ないし遺伝子プールが容易に認識できるものが大半であることを彼は知っているのだ．たとえば，アミメアリやクビレハリアリ，欧州に侵入した雄株だけのイタドリの個体群などがその例である．Williams の群選択批判は，種や個体群といった遺伝子プールの"外枠"の定義に依存することを前章の訳注＊5 と訳者追補 1（p. 100）に書いたが，この判断において形式的論理（たとえば，生物学的種概念に立てばクローン個体は全部別種というような主張）ではなく，生物学的な情報を重視している点が控えめで思慮深い．

　　二倍体の生物が遺伝的に多様な一倍体の配偶子を生産し，やがてそれが他の配偶子と結合して接合子を形成することは，単一の有性生殖のプロセスと考えることができる．しかし，前の段落の定義によれば，この知られている一連の工程には，2 つの性的メカニズムが含まれることになる．減数分裂と配偶子合体の両方が，直前の段階とは異なる核組成を生成するからである．たとえばシダなどの生物では，2 つの性のプロセスがライフサイクルの異なる部分で現れる．減数分裂してつくられた一倍体は，生理学的には配偶子ではない．それは散布段階の休眠胞子であり，親から離れた場所で発芽し，それを生産した胞子体とはまったく異なる"成体"の配偶子体に成長する．そして，配偶子体は機能的な配偶子を形成し，それが他の配偶子と結合することで接合体を形成するが，これが成長し，花屋がふつう認識するところのシダになるのである．ここで私は胞子の生産と接合体の生産の両方を性的なプロセスとして認識したいと思う．シダの胞子体もまた，地下茎から親と遺伝的に同一の新しい個体を成長させることで，無性生殖を行う．

　　この定義では，二倍体の単為生殖＊1 は有性生殖の範疇から除外さ

＊1 訳注：二倍体の単為生殖でも減数分裂を伴うオートミクシス（automixis）のなか

（次ページに続く）

れる．しかし，Boyden（1953, 1954）は，分芽や分裂とは異なり，他
の有性生殖生物の配偶子（卵母細胞；訳補）と相同であることが明ら
かなものから始まるので，分芽と区別するためには単為生殖は有性と
見なさなければならないと主張している．なぜ性を構造的要素に基づ
いて定義しなければならないのか，私には理解できない（訳者追補参
照）．卵細胞を利用しているから，そのプロセスは性的なものでなけ
ればならないと主張することは，足を使って行われることはすべて運
動とよばなければならないと主張したり，口を使って行われることは
すべて摂食とよばなければならないと主張したりするのと同じであ
る．有性生殖は運動や摂食のように，もたらされた効果であって構造
的な相同性の問題ではない．ヒドラの原始的な無性生殖とミジンコの
二次的な無性生殖を，必要に応じて適切な用語を用いて区別する必要
はあるだろう．しかし，二倍体の単為生殖は真の有性生殖であると述
べることは，フジツボの成体は明らかに脚をもっていて，それを利用
しているから真に運動性があると言うようなものである．これらの構
造は他の甲殻類の構造と相同性があり，たとえばカイメンのような原
始的に固着的な状態と，フジツボ成体の派生的な状態を区別すること
は重要である．この区別は，フジツボの固着的な状態を二次的，派生
的などの形容詞で表現することで容易にできるので，単為生殖と分芽
も同様に区別できると思う．

訳者追補：訳者も同感である．しかし Williams が批判するこの考えは，日
本でも普及しているようだ．『生物学辞典』（岩波書店）でも発生学的定義で
は，単為生殖は有性生殖のひとつとされている．

生物学者は，有性生殖を生物群適応だと広く一般的に考えているよ
うだ．性が進化の可塑性を提供する機能をもつと頻繁に認識されてい

には，Williams の定義でも有性生殖と見なせるものがある．

ることが，これを物語っている．有性生殖によって生産される多様な遺伝子型はおそらく，起こるかもしれない変化のなかでうまく生き延びられる個体を少なくとも少数は種のために残すと想像されている．表明されているこれらの視点は極端なものを含み，評価が困難である．自然選択自体が，種が絶滅を回避したり，適応的放散の可能性を開拓するための適応的なメカニズムであると見なしているように思える節があるからである．

　地質学的な時間スケールでの将来の不測の事態への備えが，ある進化した適応であると考えるならば，そこにはある種の目的論的な思考が存在することになる．ただし，性が絶滅の可能性を減少させるという信念を表明している著者のすべてが，必ずしもそのような考え方を暗黙の前提としているわけではない．絶滅を回避する必要性が性の発達や保持の原因になっていると考える場合にかぎって，彼の思考はおそらく目的論的なのである．この場合でも，進化の可塑性を発達させる力としての群選択に何らかの言及をすることで，この汚名を免れることができよう．しかし，ときとして紛れもない目的論的な推論が行われていることがある．たとえば，Darlington は，予見の進化要因について話し，例として減数分裂の起源と有性生殖を用いている．彼は遺伝システムに作用する自然選択の進化的力により，「比類のない贈り物，先見性の自動特性が賦与されている」(1958, p.239) と結論づけている．彼は，「適応的価値をもつ個々の変化の漸進的な蓄積の結果として "有性生殖" を想像することは不可能である」(1958, pp. 214-215) という仮定を彼の主張の根拠にしている．これは驚くべき発言である．なぜなら Boyden (1953) や Dougherty (1955) が，まさにこの "ありえない" 仮定に基づいた慎重な理論をすでに発表していたからである．実際，Boyden は，減数分裂と合体は一度ではなく，無関係な生物系統のなかで何度か独立して，徐々に（それぞれの段階が所有者にとって有益であるように）進化したと主張しているの

である.

Huxley（1958, p. 438）は，進化における予測的要因を認識した Darlington に同意した．彼は，有性生殖における交配は精密な適応の即時的犠牲を意味するが，結果として生じる変異によって個体群が将来起こりうるニーズを満たすことができるために維持されると主張した．Huxley によれば，適応は二重の意味，すなわち即時的な成功だけでなく，長期的な個体群生存のためのメカニズムを含まねばならないという.

私は，Boyden と Dougherty の研究は，将来のニーズではなく，目の前の状況に対応する進化の力を探究しようとする学問の，最近の健全な傾向を示していると考える．遺伝子の組換えがおもに将来のニーズに関連しているという信念は，しかし，いまだに普及している．この手の典型である最新の研究は，高等植物における性のプロセスの系統間変異は，進化的可塑性の必要性と関係しているのではという仮定をおき，一般的な総合を試みた Stebbins（1960）のそれである．Stebbins の議論がどのくらいの時間で確認できる遺伝的可塑性を扱ったのか，私は完全には把握していないが，彼は生物群適応を念頭においているように思われる．もしそれが個体群ではなく個体に適用されるのであれば，私は彼の推論を完全に受け入れたい．ある種の個体群が他の個体群よりも遺伝的可塑性を必要とする理由として彼が提唱しているものは，それら個体群の個体にも同様に当てはまるからだ．たとえば，彼が認識した組換え率と環境安定性や世代交代率などの要因との相関は，どちらのレベルでも等しく重要である．連続した世代が非常に類似した環境で育つ可能性が高い場合は，支配的な条件への正確な適応は，一度達成されたら維持されたほうがよいであろう．適応が，多くの遺伝子座で起こる雑種強勢でもたらされる不安定なシステムに大きく依存している可能性があるからだ．このような状況下では，組換えの抑制は個体群の生存に有利である．しかし，ある世代が

直面している条件から次の世代が直面する条件が予測できない場合，最良の戦略は多様な種類の能力をもつ新しい世代を産み出すことであり，そうすれば実際の条件がどうなろうと，少なくともそのうちの誰かが適応するかもしれない．この場合，個体群にとっての最善策は，多様な遺伝子型を生み出すように組換え率を最大化することである．同じ議論は個々の植物個体についてもいえる．特定の環境で成熟することに成功した個体は，おそらくその環境に対する平均以上の遺伝子型適応度をもっている．もし，子孫が同じ条件で育つ可能性の高い場合は，できるだけ自分自身に似た子孫をつくるのがよいだろう．一方，自分の生活条件が子孫が直面する条件の目安にならないのであれば，組換えを利用して子孫の総合的な能力を広げたほうがよいであろう（訳者追補参照）．

> 訳者追補：この遺伝子型を多様にする両がけ戦略に関する科学的議論には，後に日本の研究が大きく貢献した．これは雌の複数回交尾に関しての議論であるが，子孫の遺伝子型を多様にすることが親個体にとって適応的なリスク分散（bet-hedging）であるという原理は，複数世代にわたるサブ個体群間の競争を前提とする（Yasui, Y. and Yoshimura, J., 2017, *J. Theor. Biol.* **437**: 214–221）．大きな単一個体群内での競争では成立しない（Yasui, Y., 1998, *Trend. Ecol. Evol.* **13**, 246–250）．1回交尾でも多数回交尾でも，適応度の期待算術平均は同じだからである．

　このような議論があるレベルでも別のレベルでも同様に有効なとき，あるレベルを受け入れ，別のレベルを拒否することは好みの問題であり，あまり意味がないように思えるかもしれない．しかし，オッカムの剃刀を用いねばならないのは，まさにこのような状況においてである．適応の原理は，絶対的に必要なレベルより高次のレベルの組織では適用してはならない．ある現象が個体適応として説明できるのであれば，それを生物群適応として説明することは許されない．

　しかし，有性生殖の問題に関しては節約性原理に頼る必要さえもない．なぜなら，高等植物や同様のライフサイクルをもつ動物の生殖に

は，進化的可塑性のための生物群適応としては説明がつかないが，個
体適応としては容易に理解できる重要な現象が存在するからである．
どのような現象かは，ライフサイクルのなかでの有性生殖と無性生殖
が起こる場所に目を向けると見えてくる．長期的な個体群の可塑性の
観点から見れば，重要なのは単位時間あたり，あるいは 1 世代あたり
の遺伝子組換えの量だけである．生殖サイクルのどこで組換えが行わ
れても，効果は変わらない．たとえば，性的なアブラムシの出現が
春，夏，秋，あるいは複数の季節にあったとしても何ら違いはない．
しかし，個体の繁殖の生存という観点から見れば，それは大きな違い
をもたらす．有性フェーズは，条件が変化する可能性が最も高い世代
に先行しているはずである．たとえば，高等植物では親のすぐ近くで
子を残す無性生殖過程と，移動性の高い花粉の粒や種子を産み出す有
性生殖過程の両方が広く見られる．シダ植物は近傍の土壌に栄養生殖
した自身のコピーを生産するが，遺伝的に多様な胞子は必然的に親胞
子体とはまったく異なる生き方をする子を生産するための散布段階で
ある．後に生産される遺伝的に多様な接合子は，親の配偶体からかな
り異なる生態環境で生きることになる子孫のグループである．同じ結
論は形式的に類似したライフサイクルをもつ動物の間でも当てはまる
ようである（Suomalainen, 1953）．アブラムシやミジンコ，その他多
くの無脊椎動物の個体群は，親のごく近くの同じ生息地で育つ子は無
性のクローン生殖で生産され続けるが，長距離または長期間にわたっ
て分散していく子は有性生殖で生まれる（訳者追補参照）．動物の内部
寄生虫は与えられた宿主内で無性クローンとして繁殖するが，他の宿
主に分散するときは遺伝的に多様な接合子がつくられる．これらの現
象は，各個体の生殖は成功した子孫の数を最大化するように設計され
ているという原理で容易に理解できる．しかし，進化的可塑性を確保
するための生物群適応としては説明がつかない．生物群適応として
は，次世代の個体群サイズを最大化する機能をもつのだと解釈できる

かもしれないが，この解釈は節約性に基づいて拒否できる．性は個体群のサイズを大きくするように作用するかもしれないし[*2]，進化的可塑性を付与するように作用するかもしれないが，これらは効果であって機能ではない．

> 訳者追補：無性生殖と有性生殖のこのような適応的な使い分けの実例は，近年，アリやシロアリで多数見つかった．たとえば，訳者らの研究成果（Matsuura, K. *et al.*, 2009, *Science* 323: 1687）がある．

　子孫が直面するであろう条件を予測するための情報源として，親世代の生態条件がどの程度頼りになるかは，ライフサイクル上の性と無性の段階の位置を説明したり，性的な過程のなかで見られる組換えに対する諸制限を説明するうえで，一般に重要であると証明されるだろうと私は思っている．Stebbins は，染色体数の減少とその結果としての連鎖の増加は組換えを減少させるメカニズムであり，安定した生息地と関連しているはずだと考えた．もしこれが本当ならば，安定した環境である熱帯低地に棲む魚類は，変動のある高緯度や高海抜の生息地の魚類よりも染色体数が少ないのではないかと予想されるが，Stebbins によればそのような傾向は見られないという．牧野（1951）の染色体数のリストを見ても，そのような傾向は見られない．染色体数はほとんどすべての生物がもつ重要な基本的適応メカニズムの一側面であり，容易に定量もできる．にもかかわらず，染色体数の一般的な重要性について，われわれがこれほどまでに無知なのは驚くべきことである．おそらくそれと関連していると思われる連鎖現象に対するわれわれの理解もまた貧弱である．たとえば教科書では連鎖は有利な遺伝的組合せを安定化させるために機能すると主張されているが，この説明はコインの裏側を見落としている．もし連鎖が好ましい組合せ

[*2] 訳注：この部分が，後に Williams 自身が認めた性の2倍のコストについて気づいていなかった証である．性があると，他の条件が同じならば，次世代個体数は性がない場合の半分になるはずだからである．

を維持するのなら、それは同程度に好ましくない組合せも保存してしまうのである。交差率が選択の強さに比べて非常に低いときにのみ、連鎖が独立した遺伝子型の頻度によって生じうるものからの有意な逸脱をもたらすことになるだろう。このような効果の実例が、一例だけだが確実に知られている（Levitan, 1961）。交差率はそれ自体が自然選択によって調整されうるのだが（Kimura, 1956）、その適応的な意義については何も理解されていないのである。

バクテリアやウイルス、そして高等生物の主要なグループの間で遺伝子組換えが存在することは、性の分子基盤が古代に進化したものであることを示している。DNA分子の構造を理解することで、このレベルでの組換えは容易に可視化できるようになった。ある意味で、性は少なくともDNAと同じくらい古いものだが、DNAが生物進化の初期段階から存在していたとは考えにくい。DNA分子は進化した適応産物のすべての外観を備えているからだ。それは情報をコード化するための非常に精密で効果的なメカニズムである。この正確さと有効性は、情報伝達の完璧さを求めて長い間選択されてきたことに起因すると考えられる。遺伝子は化学的に非常に特殊な存在である。遺伝子に許容される変化は、変化しても遺伝子として機能するような、厳密に指定された化学基の間の非常に限られた数の置換だけである。それ以外の種類の変化があれば、それは遺伝子ではなくなってしまうのである。このような特殊化の度合いは酵素のなかには見られない。アミノ酸の多種多様な置換は酵素活性を破壊することはなく、酵素活性の量的側面を変化させるだけである。

ほとんどの生物学の教科書に書かれている伝統的な見解は、生命は一度だけ誕生したもので、それ以来、よく知られているネオダーウィン的なやり方で進化し続けてきたというものである。生命の起源は有機スープの中で遺伝子が偶然に合成され、その後突然変異が起こり、

遺伝的に隔離された系統が急速に確立され，それぞれが独自の進化した適応システムをもつにいたったと，そんな風に想像もされている．遺伝子がタンパク質だと考えられていた時代には，このような見解も許されたのかもしれない．しかし，DNA 分子が極端に特殊化していることがわかり，核遺伝子は後から発生したと考えざるをえなくなった．隔離された別々の系統が早期に確立されたというのは最も考えにくい．同一の適応が独立して進化することはめったにないはずだからだ．この考え方に沿うと，DNA，ATP，さまざまな酵素システムなどの基本的な生化学的仕組みが（ほぼ）普遍的に存在することはジレンマを提起する．それらは最初の生物種にすぐに完璧なかたちで進化したのか，あるいはそれらはすべて独立して別々の系統で進化したのか．どちらの考えも，真面目なバイオポエシス（生命の起源と初期発生）の学徒には受け入れられないものである．効率的遺伝メカニズム，そして個体性の維持をもたらす構造的・免疫学的メカニズムは，進化に長い期間を要したに違いない．これらのメカニズムが登場する前には，遺伝的に隔離された進化の系統も，物理的に定義可能な個体も存在しなかったかもしれない．Ehrensvärd（1962）がそれを「生命は生物よりも古い」と表現したように，長い間，生命は単系統でも多系統でもなく，非系統であった．Ehrensvärd は水域全体が単一の拡散性生物として考えられる段階を想定していた．隣接する生物は隣接する水域と同じように容易に融合可能である．この段階では代替個体や子孫の家系の間の選択は存在しなかった．選択は代替の自己触媒プロセスのレベルでのみ作用し，今でもまだこれは自然選択の基本的な性質である．最初から生命は化学エネルギーの放出に有効な有機触媒の構築のため，利用可能な化学エネルギーを必要としていたに違いない．もしある分子がこのエネルギー変換の効率を上げると，Ehrensvärd の生きている水たまりの中の特定の場所で，自分自身の合成を含めた有機活動の速度を上げることになる．最初期の遺伝メカ

ニズムとは，たんに分子が他の代謝効率の高い分子の合成を若干助ける傾向という程度のものだったに違いない．そしてそれは，たまに生じる水たまりの干上がりのような，支配的な生態環境変化に耐えられるだけの安定性をもった分子だったに違いない．そのような原始遺伝子は，プロセスが定期的に中断されたときに重要な機能の迅速な回復を可能にしたであろう．新陳代謝が活発なフェーズでの自分自身の合成の速さが有利に選択され，最も効率的なプロトゲネス*3が徐々に数と地理的分布を増やしていくことになる．このようにして，生物圏のどこででも進んだ進化的進歩は，生物相全体の特性となるのである．Ehrensvärd が暗示したように，この段階での有機体的進化は，ほぼ決定論的なプロセスであった．

　選択はやがて，遺伝子をとりまく体細胞の恒常性を促進し，かつそれを，その遺伝子に非常に特化したやり方で効率的に実行する遺伝的システムを生み出した．その結果，多少とも異なるシステムの融合が，適応的に劣った組合せを生み出すことになってしまった．こうして個体性の維持が選択されるようになり，生命は生理学的に隔離された個体と，遺伝的に分離された系統に細分されるようになった．非系統的生命が多系統をもつように変わったのは，競合するプロセス間の自然選択が，代謝ツールとしてのポリペプチドの間と，生態学的に有効な情報のアーカイブとしてのポリヌクレオチドの間で起こるように，不可逆的なほど固定された後になって初めてである．進化が多系統的になったとき，それは決定論的な側面を失い，とても確率的になった．

　遺伝子は，現代生物の細胞質遺伝子やウイルスの一部に似て，もとはなかば独立した存在であったに違いない．各種の遺伝子にはそれぞ

---

*3訳注：当時の分類にあったバクテリアのグループ．Williams は原始生物の意味で用いている．

れ最もよく生き残る特定の限られた細胞条件や生態条件があったであろうが，それを最適な条件に正確に制御するための伝達メカニズムが存在せず，その結果，高度に特異化した遺伝子は不利な立場に立たされたであろう．必然的に広い条件で生存し，増殖ができる遺伝子が成功した．Dougherty（1955）は，「この段階で起こっている進化は単一の細胞家系の子孫継承ではなく，細胞間の遺伝物質交換が複雑な方法で絶えず行われている多様な細胞個体群における子孫継承として，われわれは捉えることができる」と述べている．おそらくわれわれは，この進化の段階のわかりやすい例として，バクテリア間のウイルスの伝播を考えることができるだろう．

　しかし，少なくともいくつかの生態条件下では，特殊化が有利になるだろう．遺伝子 a と遺伝子 c は遺伝子 b と結びつくとわずかによく機能するが，それどうしではよく機能しないということが起こるかもしれない．そのようなときは，結びつきを形成しやすい a と c の変異型への正の選択によって，a–b–c という結びつきが選択上有利になるだろう．b の遺伝環境のこの変化は，a および c と結びつくことで最もよく機能する b 対立遺伝子の変異型への有利な選択をもたらすであろう．この結びつきが有益であるかぎり，結びつきを永続的なものにするよう進化が進むはずである．しかし進化系統によっては，通常の生態環境では結びつくのが有利だが，たまにそうでなくなる場合もあるだろう．原始生物はそのような状況にも適応することが予想される．生態的変化に対し結びつきが適応的な場合には a–b–c 結合を安定化させ，そうでないときには分裂させるような適応的反応をひき起こす可能性がある．つまり，安定した遺伝子連携の期間と，解離と組換えの時期とが交互に繰り返されることになるだろう．こうして栄養成長と有性生殖というサイクルが始まると同時に，最初から環境変化と性の間の観察される結びつきが確立されることになったと思われる．

　このようなサイクルを安定化させ環境条件に合わせて調整するメカ

ニズムが完成すると，各遺伝子の遺伝環境がより安定し，遺伝子の特
殊化が進むことになる．a や c との連携は b にとってますます信頼で
きる環境側面となり，この遺伝子はその遺伝的ニッチでの効率を高め
るために，もっともっと専門化していくであろう．この特殊化が，今
度は安定性と組換えのより精密なメカニズムをもたらすことになろ
う．有糸分裂，減数分裂，二倍体の発生の考えられるステップの詳細
については，Dougherty (1955) と Boyden (1953) が議論している．

　したがって私は，最も原始的な生命システムが自己触媒粒子の融合
と連携と組換えの能力をもっていたという点で，有性生殖は生命と同
じくらい起源が古いとする Dougherty の意見に同意したい．現代の
生物は組換えのこの原始的な力を調整し，そこから得られる利益を最
大化するための精巧なメカニズムを進化させている．この体細胞装置
は，自己複製する能力の高さに対する遺伝子間の自然選択によって
徐々に完成していった．体細胞装置の効率に遺伝子の再生産は大きく
依存するようになったのだが，その体細胞装置自体が遺伝子自身の大
きな影響力下におかれるのである．

遺伝子の繁殖上の適応度のもうひとつの側面は，その安定性である．
遺伝子の適応度は複製の成功によってのみ測定できる．もしある遺伝
子をもつ個体が繁殖前に死んでしまった場合，その遺伝子は繁殖に失
敗したことになる．A による a の産生は，A にとって失敗と同じくら
い，あるいはそれ以上の失敗である．それにより競合する対立遺伝子
の頻度を直接増やしてしまうからだ．最適な程度の安定性とは，絶対
的な安定性のことである．言い換えれば，突然変異率への自然選択
は，突然変異の頻度をゼロにするという，ひとつの方向しかありえな
いのである（訳者追補参照）．

訳者追補：論理的には反論の余地がないが，なかなか気づかない視点であ
る．一般に流布されている適応の意味とは正反対に，〝変われること〟は

|個々の遺伝子にとって利益ではありえないのである.

　何十億年にもわたって不利な選択がはたらいた後も突然変異が起こり続けるということに特別な説明は必要ないだろう. 自然選択はしばしばきわめて正確なメカニズムを生み出すことはあっても，決して完璧なメカニズムを生み出すことはないという，疑う余地のない原則を反映しているにすぎない. 生物学者が注目すべきは突然変異が起こることではなく，突然変異がめったに起こらないことである. 複雑で生化学的に活発な分子が何百年，何千年もの間，地表温度や水系の中で変化することなく持続できる例が，自然界でほかに見られるだろうか？　持続するだけでなく，非常に精密に複製しているのである. これらの特徴はむろん，安定性を促すよう長い間絶え間なく作用した選択を仮定することによってのみ理解ができるのである.

　自然選択が低すぎる突然変異率を生み出すことはないとよく耳にする. それは種の進化的可塑性を低下させるからだという. 進化的可塑性は自然選択によって生み出される適応ではないということは，上で述べたとおりである. 進化はおそらく，すべての個体群において突然変異率ゼロを求めて容赦ない選択がはたらいた結果，突然変異率を種の最適値をはるかに下回るまでに減少させてきたのではないだろうか. 突然変異はもちろん，進化的変化を続けるための必要前提条件である. つまり，進化は自然選択のせいではなく，自然選択にもかかわらず起こるのだといえる部分がより大きいのである.

　突然変異率への遺伝的影響に関する現象には重要な証拠がある. 特定の遺伝子座に帰属し，他の遺伝子座での突然変異率を大幅に増加させる効果をもつ"突然変異誘発遺伝子"の例が知られている. これらの遺伝子は"通常の"突然変異率との比較測定によって検出されるのだが，高い突然変異率を許容する遺伝子は自然個体群ではまれのようである. この希少性が，通常の条件下では不利な選択がはたらいていることを論証している. また，遺伝子型の残りの部分は，突然変異誘

発遺伝子座に存在する正常な対立遺伝子に調整されている（訳者追補参照）ことを示している．ある遺伝子の遺伝的環境の変化，たとえば他種へのその遺伝子の導入，あるいは外交配から同系交配への移行，あるいはその逆の変化によって誘発遺伝子がはたらいて，その遺伝子の突然変異率を増加させるのではと予想される（Darlington, 1958; McClintock, 1951）．突然変異率が通常の遺伝環境で最小になっていることは，その環境ではこの最小化のための選択がはたらいているという仮説でしか説明できない．

> 訳者追補：突然変異誘発遺伝子はまれな変異型遺伝子なので，この遺伝子をもつ個体の遺伝子座はヘテロ型で，通常の突然変異を誘発しない遺伝子とセットでもつ状況を考えている．このセットとなる遺伝子が突然変異誘発効果を抑えているというわけである．

　突然変異率に対する選択がつねに同じ方向を向いている[*4]のだとしても，その強さや効果はつねに同じである必要はない．急速に進化している個体群では環境の変化，とくに遺伝環境の変化によって妨害されるかもしれない．半数体の個体群では，有害突然変異は優性[*5]対立遺伝子によって隠されることはない．不利な選択はまれなホモ接合体だけではなく，どこでもその遺伝子に継続的にはたらく．したがって，低い突然変異率をもたらす選択は，半数体ではより強くなるはずある．Catcheside（1951）のリストによれば，半数体の突然変異率は 10^{-7}〜10^{-10} の範囲である．二倍体のヒトやショウジョウバエの遺伝学の教科書に載っている突然変異率は 10^{-4}〜10^{-8} である．しかし，決定的な証拠とするには，時間スケールと遺伝的変化の大きさの合理的な調整が必要であろう．

　半数体であれ二倍体であれ，どのような生物でも，1世代あたりの

[*4] 訳注：小さくする方向だというのが，Williams の主張．
[*5] 訳注：顕性というのが，現在は正しいかもしれない．

突然変異頻度が高ければ高いほど個体の適応度を低下させてしまう．もしゾウの単位時間あたりの突然変異率がショウジョウバエと同じだったら，ゾウの個体群は毎世代，新たな突然変異の大きな負担を負うことになるだろう．突然変異は適応度を低下させる原因となることが多いので，突然変異率を低下せせるような激しい選択がかかることになる．これが世代あたりの突然変異率が多種多様な生物の間でほぼ同程度である理由を説明する．言い換えれば，繁殖の遅い生物は，世代交代の速い生物に比べて，絶対時間あたりの突然変異率が低いのである（訳者追補参照）．

訳者追補：これに反し，DNA置換のデータからは突然変異率は世代あたりでなく，時間的に一定であると議論された．しかしこれは注目する突然変異が完全に中立ではなく弱有害性を示すという考えで説明されている．

　反対の見解，すなわち突然変異は生物群適応であるとか，少なくとも突然変異率は選択によって最小化されるのでなく，安定性の必要性と進化の可能性を確保する必要性との間の妥協点であるという考えを支持する人が数多くいる（Auerbach, 1956; Buzzati-Traverso, 1954; Ives, 1950; Darlington, 1958; Kimura, 1960; ほかにも多数）．Ives (1950) は，突然変異誘発遺伝子座における遺伝子の正常な機能とは突然変異を産生することであると具体的に主張している．

進化論の文献，とくにこのテーマを扱った入門書では，遺伝子の優性劣性現象[*6] が進化の可塑性のための適応であるとして，頻繁に言及されている．それらは，環境の変化が個体群に急速な進化的応答を要求する場合に利用される備えとして，二倍体の生物のなかに未発現の状態で保持されているのだと論じている．しかし，遺伝学者の間で受け入れられているフィッシャーの理論とライトとホールデンの理論

[*6] 訳注：顕性潜性現象．

という厳密な理論の両方が，優性は代替対立遺伝子の間の選択によって進化したとし，進化的可塑性への影響に言及することなく説明している．これらの理論とそれに関係する証拠については，Sheppard（1958, Chap. 5）がよく検討している．

フィッシャーの理論では，ヘテロ接合のもともとの正常な表現型効果は，その効果が選択によって修正されるまでは中間的な効果であると提唱している．代替対立遺伝子のホモ接合体間の適応度が大きく異なる場合は，ヘテロ接合体の表現型をより有利なほうのホモ接合体の方向に修正する他の遺伝子座の遺伝子に対し有利な選択がはたらくだろう．つまり，優性現象は多くの遺伝子座における修飾遺伝子の蓄積によるものであろうと考えた．これに対し Wright と Haldane は，一遺伝子座モデルを提案した．野生型遺伝子の他の劣性有害対立遺伝子に対する優性は，最も頻度の高い対立遺伝子とヘテロ接合になったときに十分正常な表現型を作り出す力をもつ対立遺伝子が選択されることに起因するという代替の見解である．

異常対立遺伝子に対する正常遺伝子の優性が，個体群内では見られる現象であるが，種間の交配や強く放散した亜種間交配では見られないという事実（Dobzhansky, 1951, pp. 104-105 に証拠がまとめられている）は，"修飾因子"の作用の重要性を示している．しかしこれらの観察では，問題の遺伝子が個体群において正常になった後に修飾因子が蓄積されたという証拠が示されていないので，これはフィッシャーの理論を支持する実証にはならない．しかし他のタイプの進化的変化と同様に，優性の生成に対して遺伝環境が決定的な要因であることを示すものである．はじめに新しい対立遺伝子が受ける選択要因のひとつは，支配的な遺伝環境の中でそれがどれだけ確実に有利な表現型反応をもたらすかということであろう．支配的な遺伝環境には，高頻度の代替対立遺伝子や他の遺伝子座で以前に確立された修飾因子が含まれる．そしていったんその新しい対立遺伝子がその遺伝子座におけ

る正常なものになれば，その遺伝子座は遺伝環境の一部となり，他の遺伝子座における修飾因子を含む遺伝子が選択を受ける背景になる．この対立遺伝子の存在により，他の遺伝子座では選択のバランスがひっくり返るかもしれない．それは，ヘテロ接合体の表現型をより有利なホモ接合体の方向に，あるいはそれを超えてさらにシフトさせる追加の修飾因子の蓄積をひき起こすであろう．木村（1960）は，さまざまな条件下での最適な優性の度合いの問題を正面から分析している．Fisher のプロセスも，Wright と Haldane が想定しているプロセスも，この優性の最適化に必然的に寄与するように思われる．胚発生学的考察に基づく最近の議論（Crosby, 1963）は，Wright と Haldane の見解を強く支持している．

　どちらの局面を強調したいかに関係なく，どちらのプロセスも支配的な遺伝環境，体細胞環境，生態環境下での代替対立遺伝子の間の選択を超えた何かを伴うものではない．どちらのプロセスも，結果として個体の適応度を高めることになる．進化の可塑性を達成するための生物群適応としての優性現象の理論を定式化しようとする真剣な試みはこれまでにない．そのような考え方は一般向けにおおざっぱに要約された進化原理のレベルで見られるにすぎない．

　実際には，進化的可塑性が二倍体個体群のヘテロ接合体で見られる優性現象の付随的な効果として生じるかどうかさえ疑わしいのである．Lerner（1953）は，まれな劣性遺伝子は進化的にはほとんど意味をもたないと主張している．彼は，環境が変化したときに重要になる変異の"貯蔵庫"は複数の対立遺伝子がかなりの頻度で存在し，検出可能なヘテロシスを示すヘテロ接合が存在する遺伝子座上に存在するものであるはずだと信じた．そのような遺伝子頻度は，突然変異圧によってではなく，ヘテロ接合体の優位性によって維持されることになる．Lerner は，このような遺伝的構造は急速な進化的変化に抵抗する効果をもつのであり，ヘテロ接合性がひき起こす効果としては入門

的教科書で通常書かれているのとは正反対のものであると主張している．それぞれが異なる対立遺伝子でおおむねホモ接合性を示す生態的に分化した多数の個体群に種が分割されていることが，広範囲にヘテロ接合性が広がることよりも絶滅に対するよりよい保険になる生態的状況もあるかもしれない（Lewontin, 1961）[*7]．変化する環境への迅速な進化的反応を可能にするためであれ，長期的な変化への耐性を高めるためであれ，その他の何のためであれ，ヘテロ接合性が生物群適応としての価値をもつという一般的な結論を支持するものは何もない．

遺伝システムの生物群適応と考えられているもののもうひとつに浸透交雑がある．Anderson（1953）は，自然交雑は，たとえ非常にまれで結果として得られる子孫が通常は致死や不妊であっても，進化的変化の重要な原因になると主張している．雑種と親種との間の戻し交配で，親種個体群に新しい遺伝子を導入する可能性がある．そのような導入率は突然変異が新しい遺伝子を導入する率よりもはるかに高いとはいえ，自然個体群では検出が困難なほどまれかもしれない．浸透交雑が，いくつかのグループにおいて重要な進化要因であることを疑う理由はないと私は考える．Anderson は，しかし，さらに議論を進めて浸透交雑の選択上の利益に言及し（1953, p. 290），進化的可能性の強化はたんに浸透交雑の効果ではなく，その通常の機能であることをたびたびほのめかしてる．私にはこの解釈は考えられない．高等植物（Anderson のおもな関心事）の全体の生殖装置（machinery）は，明らかに同種のメンバーとうまく交配することに向けられている．この装置が時々失敗することを意図したものだと仮定するのは，まった

[*7] 訳注：これが前章の p. 103 の訳者追補で触れたメタポピュレーションモデルのプロセスのひとつである．

く無意味なことである．どのような機械であっても，たまに失敗する
ものである．Anderson のアプローチは生物群適応の原理を包含して
いるが，そこに必要なのは個体適応の時折の失敗に関する機械論と，
その統計的結果の仮定だけである．これらのメカニズムの生成に個体
レベルの自然選択が重要な役割を担ったことは明らかである．それは
最近の Ehrman（1963）の議論にあるように，これまで何度も説明さ
れている．他種の植物と交配した植物が，同種のみと交配した植物に
比べて成功裏に残す子孫の数が少ないかぎり，この低下が雑種の部分
的不稔性に起因するものであれ，他の要因に起因するものであれ，交
雑傾向に対し不利な選択がはたらくことになる．このような選択
は通常，同種交配を確実にする装置を進化させるであろう．Spieth
（1958）は，交雑を回避するための行動メカニズムの発達の程度は，
それがないと交雑する可能性のある同所的近縁種の発生率の関数であ
ることを示している．このようなメカニズムには，他のメカニズムと
同様に，時折誤作動が生じるに違いない．しかし，その機能不全が長
期的には利益をもたらすかもしれないということは，適応の証拠には
ならない．ここで適応を認識することは，有益な効果があれば，それ
は必ず機能であると仮定する誤りを含意する．浸透交雑から生じる進
化的利益は，自然選択にもかかわらず生み出されるのであって，自然
選択ゆえに生じるのではない．

　小規模個体群における有益な突然変異の発生率の低さと遺伝浮動と
が，それら個体群が環境条件に適応的に対応する能力を制限している
可能性は以前から認識されていた．Wilson（1963）は最近，小さな個
体群であることがずっと続くことは一種のストレスであり，小個体群
化の遺伝的影響を打ち消すように設計されたメカニズムにより個体群
は適応しているに違いないという説を提案した．彼は，有効集団サイ
ズが数百個程度のアリの種でそのような効果を探した．彼が予想した
適応の一タイプは異形交配傾向であった．もうひとつは，コロニーあ

たりの繁殖個体数を従来の単一受精・単女王より増やすことであった. 彼は複数女王性が一般的であることを発見したが, 異系交配傾向を見つけることはできなかった. それどころか, 兄弟姉妹交配が頻繁に行われていることを発見した. Wilson は, 持続的な小個体群化に対する彼の個体群の適応説は, 彼の調査では十分に証明されなかったことを認めた.

遺伝的システムで最後に議論したい話題は, 性比と性を決定するメカニズムについてである. 最初の質問は, なぜあるグループには別々の性別が存在し, 他のグループには存在しないのかということである. この問題は, ある種が雌雄同体で他の種が雌雄異体である近縁種群の研究によって, 最も容易に攻略することができるであろう. 高等植物の多くの属や科は, このような調査に適していると思われる. 雌雄同株または雌雄異株と生活史上のさまざまな特徴との関連は, これらの条件を決定するうえでの自然選択の役割についての手がかりを与えてくれるかもしれない. ある種の生態的・人口統計学的な状況に対しては, 性別をもつほうが雌雄同体よりも効果的に対処できるのかもしれないし, あるいはこの問題は親と子の生理的な関係にもよるかもしれない. ここでは単純に, 通常の雌雄異体の生物を仮定して議論しよう.

　この状況を前提に考えると次に, 個体群の存続に最適な性比とは何かと人は問うであろう. まず, 厳密な有性生殖個体群を想定し, 1個体の雄が多数の雌の卵を受精させることが可能という一般的な状況を想定しよう. もし, 次世代個体数をできるだけ多くすることで個体群の生存が有利になると仮定すると, 雌が大多数である個体群が適応した個体群であると考えられる. しかしこれは, 個体群密度が低く, 配偶相手を見つけることが深刻な問題となる場合には当てはまらないかもしれない. 個体群密度が低い場合は, 異性の個体間で偶然の出会い

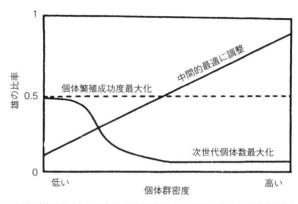

図3. 個体群密度に対する性比の適応的反応. 実線は性比が生物群適応であると仮定した場合に予想される反応であるが, 適応の直接的な目標が異なる. 破線は個体適応の統計的帰結として期待される性比を示す.

が生じる確率を最大にすることが有利かもしれないからだ. これは, 1.00 の性比 (慣例に従い, 雄/雌で表す) で達成されるであろう. これらの仮定では, 生物群適応としての性比は, 図3の「次世代個体数最大化」と記された曲線のパターンを示すことが予測される.

　個体群の適応度についてのいくつかの議論では, 中間的な次世代個体群密度が最適であると仮定されている. この目標を達成するために個体群を適応させた場合, 個体あたりの繁殖力は, 個体群密度が低い場合には高く, 高い場合には低くなると予想される. 完全有性生殖と雄の大きな受精能力を仮定した場合, 図中の「中間的最適に調整」と書かれた曲線で示されたパターンが予想される. 高い個体群密度では, ほとんど雄ばかりが産生されるだろう. すると, 子どもを産むことができる雌が少数であるという制限により, すぐ後の世代の個体群サイズは小さくなるであろう. 低い個体密度ではほとんど雌ばかりが生産されるだろう. 雄の受精能力がとても高いという仮定のもとでは, ほとんど雌ばかりの世代はその繁殖力の和により, 個体群を最適

な大きさに戻す方向に向けて，次の世代の個体数を大幅に増加させることになる．これらの予測は個体群の生活史に関する最初の仮定が異なれば違うであろうから，それ自体は重要ではない．これらの結論は，もし性比が個体群のニーズに対応するとしたら，どのようなものがありそうかを示しているだけであり，性比が生物群適応であると仮定した場合に予想されるさまざまな事柄をたんに示しているにすぎない．

　しかし，性比が個体群の適応度を考慮して決定されるのでなく，たんに遺伝子選択によって決定されると仮定したらどうなるのか．このような選択の帰結は，状況に関するいくつかの仮定修正に依存するだろうが，考慮すべき主要な事柄は，R. A. Fisher（1930）によって最初に認識された次のようなものであろう．全個体が有性生殖する個体群では，少数派の性が次世代への遺伝子の継承において有利に立つ．すべての個体には父親と母親が1個体ずつおり，前世代の両性は現在の世代に等しく貢献しているはずである．前の世代に雄が1個体だけで，雌が100個体いたとすると，その1個体の雄は平均的な雌の100倍の繁殖の成功を享受したはずであり，現在の世代では彼の遺伝子は平均的な雌親個体の遺伝子の100倍多く存在することになる．この100：1で雌が多いというのが世代共通のルールであるならば，その持ち主が雄になる可能性を増大させたり，子孫の雄の割合を増加させたりする遺伝子が選択上有利になる．その結果，この遺伝子への選択が累積的な変化をもたらし，雄は増えていくだろう．雌雄間の数の違いが消えるまで，この進化は続くだろう．1.00の性比が，たんにある性であるからというだけで得られる利点がなくなる，安定した平衡点となるのである．われわれは，個体の繁殖成功に基づく自然選択が決定要因である限りにおいて，この1.00の性比が完全有性生殖個体群においては普遍的であろうと予測できる．

　両性の死亡率は，さまざまな発生段階で異なることが多い．このこ

とは，どの発生段階を 1.00 の性比で特徴づけるべきかという問題を提起する．受精時の雌雄の数は同じであるが，雄が雌の半分しか性成熟まで生き残れないとすると，性成熟に達した雌の数は雄の 2 倍になる．そうすると，性成熟した雄は平均すれば，性成熟した雌の平均の 2 倍の繁殖成功率を得る．しかし性別は接合子において決定される．この仮想個体群において，雌の接合子が生殖の役割を果たす確率は雄の接合子の 2 倍である．したがって，接合子の段階では，雄であることで最初に被る欠点は後の利点で相殺されるので，見通しは似たようなものになると思われる．したがって，遺伝子選択によって等しい両性の数が実現されるのは接合子の段階であるに違いない．

　上に示した単純な図式を変える複雑な要因がいくつかある．そのなかでも最も重要なのは，受精後の親への依存期間である．接合子の観点からは，発育のどの時点で死亡が発生しても違いはない．重要なのは成熟年まで生き延びる確率である．しかし，死亡の個体発生上の確率分布は，親にとっては重要な違いをもたらす．上に示した雄と雌の死亡率の差がすべて出生前のものであったとすると，雄だけを妊娠した母親が有利になる．自立するまで育てる子どもの数は少なくてすむが，雄であることの成熟時の利点があるゆえに，この少ない数の子どもは，もっと数が多い子どもたちを男女混合で産んだ母親と，合計で同じくらい孫を残すと期待できるからだ．つまり，雄であることではなく，雄を出産することにアドバンテージがあるのである．よって，子どもが親から独立する段階での性比が個体群において 1.00 になるまで雄の数が増えていくであろう．私は，ヒトの場合，同様の時期は思春期の後半であろうと想像し，10 代の男女の数はほぼ同数であるはずだと予測する．男性は出生時にはわずかに多数派であり，おそらく受胎時にはもっと多数派であるが，幼少期の死亡率が高く，文明国では大人になると少数派になる．原始的な状態でも同じ傾向が支配的であり，ヒトの個体群の性比がフィッシャーの理論の予測とよく一致

していることを疑う理由はない．他種の比較可能なデータ，とくに性
が顕在化するずっと前に親から独立する種のデータは取得が困難であ
る．

　正確で信頼性の高いデータ取得が難しいにもかかわらず，一般的な
答えは明らかである．ヒト，ショウジョウバエ，家畜など，完全有
性生殖種で，かつよく研究されたすべての動物では，ほとんどの個体
群におけるほとんどの発生段階で，性比は1に近いことが明らかにな
っている．フィッシャーの理論とほぼ一致するのは一般則であり，対
して性比が生物群適応として機能しているとする説得力のある証拠は
ない（訳者追補1参照）．Andersen（1961）は，性比による個体群の
密度調節の可能性についての証拠を検討した．その結果，雄がヘテロ
接合体であるすべての生物について否定的な証拠を得た．個体群密度
が性比に影響を与えているように見えた唯一の種群（ウスグロショウ
ジョウバエ *Drosophila pseudoobscura* とその近縁種）では，その影響
は個体群密度が高いと雌の割合が増加するというもので，密度調節の
メカニズムとして期待されるものとは逆であった．他のいくつかの昆
虫では，密度が低いほど雌が多くなるという実証的な傾向が見られ
た．しかしこれらのなかには単為生殖するものもあるので，後述す
る．ほかでは，ミツバチのように，性比が雌親の選択肢よって決定さ
れる（訳者追補2参照）が，それは雌親の繁殖成功のための適応とし
て容易に解釈できるものである．他の例では，人為的な高い個体群密
度ストレスの下で成長したときに，雌に大きな死亡率が見られた．こ
れらの現象がどれも個体群のニーズに合わせ適応的に調整しているよ
うには見えないのは確実である．私は性比に関するデータからは，生
物群適応概念を裏づける証拠は何もないと結論したい．

訳者追補1：その後，性比バイアス現象の実在が明らかになり（Hamilton,
1967），Williams の 1.00 の性比が高度に一般的だという見解は修正を要
するが，性比現象が個体ないし遺伝子適応でほぼ完全に理解可能という見解

に修正の必要はないだろう．完全有性生殖個体群において任意交配という仮定が崩れると，1.00からずれた性比が個体適応で進化しうるのである．むしろ性比バイアス現象は，個体適応としての自然選択理論の理解をさらに深める契機になった．West（2009）が"*Sex Allocation*"（Princeton University Press）という教科書を書いている．（Hamilton, W. D.,1967, Extraordinary sex ratios. *Science* 156: 477-488.）

訳者追補2：半倍数性生物，たとえばハチの仲間では，受精卵（染色体数 $2N$）からは雌が，未受精卵（N）からは雄が生まれる．通常，雌は卵を受精させるかさせないか，自身で決定できる．ミツバチでは産卵性比は女王にとって明らかに適応的に調整されている．はたらきバチの巣室と王台には受精卵を，雄の巣室には未受精卵を産むからだ．

　また，フィッシャーの理論から，親から独立した直後の段階で雌雄の数が等しい個体群においてはつねに，いかなる性比も個体適応（形質：訳補）とはならないと結論できる．性比は，自然選択が適応を生み出す代わりに，その機能を停止してしまうという不思議な状況をもたらすからだ．10代の男子が女子の2倍いる仮想的ヒトの個体群では，あるヒトが示す娘だけをもつという傾向は，進化上有利な適応（形質：訳補）であろう．この利点から生じる自然選択の結果として，この傾向が広がっていけば，しかし利点は減少していく．思春期の性比が男女同数になるほどにこの形質が広がると，それは適応的意義を完全に失い，選択上中立的な性格をもつようになるのである．性比が個体適応としての意味をもつのは，性比が均衡から外れた個体群においてのみであり，これはおそらく珍しい状況である．ほとんどの個体群では，個体の性も子孫の性比も，繁殖の成功には何ら影響を与えない．

　それにもかかわらず，長期的な平均として，各個体が同数の雄と雌の子孫を産み出すように設計されているように見える．異型接合体の性は通常，ほぼ同数の雄性配偶子と雌性配偶子を生産する．同型接合体の異性は中立な配偶子を生産する．両性にとってこの仕組み（machinery）は，子孫の性比を 1.00 にするために選択された適応だとつい思いたくなる．しかしおそらく，これはたんに性染色体の進化の偶然の副産物として説明できるのではないか．1.00 の性比が個体適応であるとするならば，私が思う唯一の機能は有性生殖の主要な機能に関連したものである．もし，私が先に主張したように，子孫間の遺伝的多様性の最大化が性のおもな機能であるならば，1.00 の性比はこの効果に寄与するであろう．もし雌雄の差を量的変数として想定でき，"男性性"[*8] の程度が測定可能であるとするならば，息子と娘の数が同じであることが，この変数の分散を最大化する条件となるからだ．性染色体の正確な分離は，これにより常染色体遺伝子の正確な分離と同じ意義をもつことになる．

　少ないほうの性であることの利点，そして自分の子孫に少ないほうの性を増やすことの利点の関数としての個体群性比の理論の基本的な概要は，Fisher（1930）によって提案された．最近の詳細な研究が，Bodmer と Edwards（1960）と Shaw（1958）にある．Edwards（1960）は，性比が個体適応の結果なのか生物群適応の結果なのかという問題を端的にまとめている．Lewis と Crowe（1956）が，雌雄異株および部分的雄性不稔の植物個体群における性比への自然選択の問題について検討している．

　個体適応を例証すると考えられる環境性決定の例がいくつかある．性が不可逆的に決定される前に，成熟時の生息地での性比をある程度把握し，その情報に基づいて自分の性を決定することは個体にとって有利であろう．そんなことが，ボネリムシ *Bonellia* というユムシの仲間で実際起こっている（Borradaile *et al.*, 1961）．これは性的に中立である幼生が，定着時に雌と接触することで起こるのだが，接触した個体は雌に付着し，雌に寄生する雄に成長する．雌が産む卵はその

---

*8 訳注："　" は訳者が入れた．

寄生雄によって受精される．これは雌が多い場所に定着したとき起こりやすい状況である．雌と接触しない状況は雌が少ない場所で起こる可能性が高いのだが，その場合は幼生は雌に成長する．このようにして各個体は，その人口動態環境によってもたらされた機会に応じて，その性別を調節する．

　このような人口統計環境への適応のもうひとつの例は，雌雄異株植物メランドリウム *Melandrium*（Correns, 1927）にある．雌が雄の多い地域にいると，その柱頭は花粉を大量に受け取ることになる．すると，その花柱の中にある雄性決定花粉管と雌性決定花粉管の成長速度に差をつけることで，雌性種子を大量に生産する．このような環境では，娘の生産を優先させるのである．しかし，局所的に雄が不足していることを暗示する花粉粒が数粒しか柱頭に着かない状況では，雄の種子の割合は増加し，全体の半分に達することさえある．このようにして，植物はその子孫の性比を，その子孫の予想される人口統計環境に対し最適化するように振る舞っている．これは雌雄異株植物に共通する適応である可能性がある（Lewis, 1942）．Lewis は，雄株が異型接合なのは雌雄異株植物に共通の条件であるが，これはメランドリウムで示されたように，子孫の性比の制御を可能にするという点で適応的形質であると推測している．

　前述の例はすべて，新しい個体をつくるために雄と雌が必要な個体群であった．雌が単為生殖で生存可能な子孫を産み出すことができる種では，選択は異なる結果を生むと予測される．この能力は逃亡種とよばれてきた種（Slobodkin, 1962）ではとくに重要である．それらはきわめて少数の個体で新しい生息地に頻繁に侵入する．サンプリング誤差により，そのような移住者は有性的には生殖できないことが多いが，それは移住者がすべて同性である可能性があるからである．雄はこの困難から逃れることはできないが（訳者追補参照），単為生殖能力

をもつ雌ならば，一人で個体群を形成し，繁殖成功も可能である．この利点は Stalker（1956）によって指摘されたが，それは移動性の個体がすべて単為生殖能力をもつ雌になる個体群となるよう，進化を誘導する効果がある．このような雌であることの利点は，定着に成功した後も，単為生殖が有効な生殖方法であるかぎり長い世代にわたって存続し，選択はそのような条件の下で雌になる可能性を高める遺伝子に有利になるようはたらくであろう．

訳者追補：Williams の好みに反し，性を身体構造的に定義すれば例外もある．日本から欧州に侵入した雌雄異株植物のイタドリでは，侵入地の個体群がすべて雄株である．侵入したのがたまたま雄株だったからだが，雄だけでも繁殖できたのは，本種が切れた根の一部からクローン繁殖ができるからである．雄だけで構成されるヒトデの個体群もある．これらも分裂で増える．

　もちろん，これはまさにわれわれが現実で見ていることである．アブラムシやミジンコのような動物では，分散ステージはつねに雌であり，長い単為生殖の期間に雌比が 1 に近づくことがある．しかし，本章で述べたような有性生殖に有利な条件がひとたび出現すると，その様相は一変する．雌は生理的にも行動的にも有性生殖のために再調整され，雄であることはその希少性と雌の多さによって有利になる．雄は，条件が変化して有性生殖が適応的になるたびに，大量に生産されるのである．

　性決定メカニズムは，遺伝システムの他の側面と同様に，多くは子どもたちの性比を最適化するために設計された個体適応として解釈でき，親の繁殖に関する適応度に基づいた代替対立遺伝子間の選択の効果を明確に示すものであると私は結論づけたいと思う．生物群適応を示す確固たる証拠はどこにも見当たらない．この章で議論されているさまざまな現象についての私の結論を一般的に受け入れることは，これまでの伝統から大きく逸脱することになるだろう．生物群適応を認識することに一般に反対していた R. A. Fisher でさえ，性を「個体の

利益のためではなく，何か特別なもののために進化した」（1930,
Chap. 2）唯一の例外的な適応と見なす傾向があったからである（訳者
追補参照）．

> 訳者追補：有性生殖の2倍のコストの重要性についてこの時点でWilliams
> が認識していなかったと序文で吐露したのは，この部分にも表れている．一
> 方，Fisher はこれを認識していた．完全有性生殖の個体群に無性戦略突然
> 変異が生じたとき，2倍のコストをいかに乗り越え有性戦略が維持されるの
> かは，まったく解決されていないのだ．Williams はクレード選択（clade
> selection）という群選択を他書や本書の序文でもほのめかしているが，個
> 体適応として解釈する方法は，「赤の女王説」の理論を待たねばならない．
> (Hamilton, W. D., 1980., Sex *versus* non-sex *versus* parasite. *Oikos*
> 35: 282–290.)

第6章

~·~·~·~·~·~·~·~·~·~·~·~

繁殖生理学と行動

将来の世代に平均よりも多くの数の遺伝子を残す可能性があるような適応形質を示す個体は，適応（フィット）しているといえる．適応度（フィットネス）は，「繁殖的生存のための有効な設計」と定義できるであろう．より挑発的な代替の定義を，Medawar（1960, p. 108）が示している．

> "適応度（フィットネス）"は遺伝学的には，通常よりも極度に狭い意味で使用される．それは実質的に，子孫という通貨で，すなわち正味の繁殖能力の観点から，生物のもつ能力に価格をつけるシステムである．これは能力の遺伝的評価であって，その特性一般についての描写ではない．

適応度を測定する方法とは，正味の繁殖能力を測定することであろう．過去の個体については，その個体の現在の子孫を数え，その個体と同時代の個体が残した現在の子孫の平均値と比較することで，そのような測定値が得られるかもしれない（訳者追補参照）．このようにして，個体群の過去のメンバーがどれだけ適応しているかを知ることはできる．しかし，われわれに予知能力はないので，現在のメンバーがどれだけ適応しているかを知ることはできない．私はこれは適応を議論するうえでのハンディキャップのようなものだと思う．

訳者追補：パラメータとしての真の適応度（Williams のいう有効な設計）に対し，この測定値は実現された統計量としての適応度（realized fitness）であり，真の適応度±誤差となる．つまり偶然の効果を含む．

　Medawar の定義に対する，より深刻な異議があるとすれば，適応度の重要な要素として運を暗黙に含めてしまっている点であろう．ある遺伝子型は他の遺伝子型よりも生存する可能性が高いとして，個体は遺伝子型だけでなく，自分が置かれている瞬間瞬間の複合的な状況においても異なる．この，適応度と偶然性と生存の関係については，第2章で詳しく述べた．私がMedawarの主張を批判する主要な点は，生物が実際に繁殖的生存を達成する程度という，かなり些細な問題に注目していることについてである．中心となる生物学的問題はそのような実際の生存ではなく，生存のためのデザインなのである．

　しかしながら，Medawar の定義は，自然選択がはたらく唯一可能な基礎として繁殖の成功に注目している点において大きな価値がある．この点は単純で明白なのだが，著名で有能な生物学者のなかには見落としている人もいるようだ．たとえば，Cole（1954）と Emerson（1960）は，乳腺は他個体に栄養を与えるための器官だから，個体の適応度への選択に基づいて乳腺の起源を説明することはできないと述べている．しかし，乳腺は雌の哺乳類にとって"子孫という通貨"を直接的に増加させようとする行動と関係している．個体の適応度に貢献する形質の例として，これより明らかなものがほかにあるだろうか．

　適応には，個々の生物個体の生存に関わるものと，繁殖に関わるものの2つのカテゴリーを認識することができ，この区別は便利なことも多い．しかし基本的には，すべての適応は繁殖に関係しなければならない．生物個体の生存が選択で有利になるのは，生物個体の生存が繁殖の必要条件である場合においてのみである．心不全と乳腺不全は，雌の哺乳類の適応度にまったく同等の影響を与える（哺乳瓶を製

造する1種を例外に[*1]）．同様に，胚，幼虫，幼生，成虫のすべての
適応は，それらの形態形成を指示する遺伝子が生き残るためのメカニ
ズムとしてのみ意味をもつ．

　この章では，繁殖に直接関係する適応に注目していきたいと思う．
これらのプロセスは本書の主題にとって非常に重要である．呼吸や栄
養などの生物個体のメカニズムは，通常，個体の生存のための個体適
応といわれており，繁殖プロセスは種の生存に関係しているといわれ
ている（訳者追補参照）．たしかに種の生存は繁殖のひとつの結果であ
る．しかし，この事実は，種の生存が繁殖の機能であるということの
証拠にはならない．もし繁殖が個々の遺伝的生存のための適応に基づ
いて完全に説明可能であるならば，種の生存は単なる付随的な効果と
考えねばならない．この問題は，繁殖のメカニズムがグループの生存
のためのデザインを示しているのか，それとも繁殖する個体の遺伝子
の生存のためのデザインを示しているのかの詳しい検討から判断され
ねばならない．

> 訳者追補：これは以前よりはまれになったが，いまだに生物学者の間にさえ
> 普及している誤った考えである．間違えていた方はぜひ本章を精読された
> い．

　個体の遺伝的生存のための設計は，親とその子孫の間の相互作用の
例で簡単に説明できる．このような相互作用は，親の繁殖的生存と子
の個体的生存（後の繁殖のための）に直に関係する適応であると見な
すことができ，種の生存という付加的な機能を仮定する必要はない．
もしこの解釈が正しければ，すべての適応は他の個体と比較して計算
上その個体の繁殖成功を最大化するものであり，この最大化が個体群
にどのような影響を及ぼすかには関係ないことが示せるはずである．
ライフサイクルのあらゆる重要な側面が，この目標に効率的に貢献し

---

*1 訳注：いうまでもないが，文明人のこと．

ているに違いない．個体の繁殖の試みがそのような適応であるなら，グループの福祉を考慮して妥協しないに違いない．同じ家族の一員ではない個体を巻き込んだ組織的なチームワークもあってはならない．しかし，もしそのような妥協や協力的なグループがあったのなら，それは生物群適応であると解釈せねばならないだろう．

まずはじめに，個体の繁殖成功の最大化に産卵数の最大化が必要条件となる場合はほとんどないことを，理解しておく必要がある．成虫のサナダムシでさえ，その資源の一部を自らの成長のために利用しているのである．もし配偶子の生産のために体細胞組織をすべて犠牲にした場合，今日の子孫の生産量は増えるかもしれないが，明日以降に生産しうる分をすべて失うことになる．明日まで生き延びる可能性がない場合に限って，今日の資源をすべて使ったほうが有利になるのである．サナダムシの例は，他の生物にも適用できる別の一般原理の説明に適している．同じ材料を使っても，宿主の腸内に放出される卵（実際には殻に包まれた休眠幼虫）の平均サイズを半分にするだけで，産卵数を倍にできる．しかし，各幼虫に与える材料資源のこのような削減が，幼虫の平均生存率を半分より下げてしまえば，産卵数の増加は繁殖成功の減少を意味するだろう．サナダムシの卵の大きさには，産卵数増加という利点と，幼虫への十分な栄養供給という利点との間で，最適な妥協点があるのではないか（訳者追補参照）と私は推測する．

> 訳者追補：外来種が大増殖するのは産卵数の多さが原因だとする昨今のメディアでしばしば見られる報道も，この誤謬の例である．たしかに産卵数が多いほうが可能な増殖率の最大値は高いだろうが，そのために卵サイズが小さくなれば，他の条件が同じなら，生存率や成長速度を犠牲にするであろう．

　接合子の数をそれぞれに与えられる資源との関係で最適化するというこの原理は，Lack（1954B）が実例を用いてとても明快に議論して

いる．彼は，いくつかの鳥類の種について，1腹の卵数が平均以上になると，通常，巣立ちに成功する子の数が平均以下になることを示した．同様に，一腹卵数が平均以下だと接合子あたりの生存確率は高いかもしれないが，生存した雛数は平均以下になった．個体群平均値は，通常の条件下で最も多くの巣立ちに成功する子数をもたらすものであった．この平均的な産卵数が，各つがいが産み出すことができる接合子の数をかなり下回っていたことは，卵が失われたときにはすぐに補充されるという事実から明らかである．どうやら産卵数は，親が子に十分に餌を与えることができる子の数に応じて最適化されていたようである．平均的な一腹卵数を超えると，各雛鳥の栄養状態が悪化し，雛鳥の総生存率は最初の産卵数が少なかった場合よりも低くなった（訳者追補参照）．

訳者追補：その後の研究で，シジュウカラでは一腹卵数は1シーズンあたりの生存雛数を最大化するものよりもやや少ないものであったことがわかっている．1シーズンでなく，生涯の生存雛数の最大化で説明できるのではといわれている．

Lack が指摘したように，繁殖は個体群のニーズに合わせて調整されるという前提に立った無批判な思考が後を絶たない．彼は，幼若期の死亡率が高い種では，損失を補うために親が非常に多産になるのだという効果に関する言説（訳者追補参照）に，頻繁に遭遇すると言及している．逆に，若い段階での死亡率が低い種は多産である必要はなく，それに応じて繁殖力が低いとわれわれは教えられる．

訳者追補：わかっていても，こういう言い回しをつい使ってしまうことがある．訳者自身の経験でもそうであるので，肝に銘じる必要がある．

たしかに産卵数と死亡率の間には相関関係があるが，因果関係は通常認識されているものとは逆であるという Lack の解釈を私は支持したい．種はその産卵数の多さの結果，幼若期の死亡率が高くなる．逆に死亡率が低いのは，産卵数が少ないからである．

　死亡率の産卵数依存性には2つの要因がある．第一に，どんなに適応した種であっても，限られた環境の中で無限に増加し続けることはできないことは明らかである．これは個体群の大きさを決定する要因について，どの学問的流派（訳者追補参照）の考えを支持するかとは関係がない．遅かれ早かれ，環境の収容力に達するか，あるいは他の要因で増加が抑制されるだろう．この条件に達するか，あるいはそれに近づくと，高い産卵数は単純に，死んでしまう個体数を増やすことにつながるだけである．

> 訳者追補：個体群生態学には，個体群の大きさは密度依存的な競争の効果で制御されるとする生物学派と，密度とは関係のない環境撹乱やストレスで変動し続けるのだとする気候学派がある．平衡群集理論と非平衡群集理論というのも，これを複数個体群に拡張した，生物群集バージョンである．

　第二の要因は，片親または両親が限られた資源しかもっていないことである．子どもたちに提供できる資源や努力は限られている．子どもが少なければ，餌や保護または他のサービスをより多くそれぞれの子に提供できる．しかし子どもが多い場合には，個々の子どもが危険やストレスに耐えるために提供できる資源は，非常に限られた量になってしまう．このような初期のアドバンテージの違いは，必然的に死亡率の違いをもたらす．Lack の研究は，接合子あたりの資源の減少が死亡率の増加につながることを示した好例であり，この現象は明らかに一般的な意味をもつ．Lack は，このことが他の多くのグループにもあてはまることを発見した．たとえば哺乳類では，一腹産子数が多くなるにつれて子の死亡率が上昇し，少なくとも1種では一腹産子数が最大値より低い値のところで繁殖成功度の最大化が見られた．彼はまた，多くの動物が食料供給に合わせて産卵数を調整できることも指摘している．この能力は，社会性昆虫において最も顕著である．

　魚類の卵のなかには，板鰓魚類にとくに見られるように，数グラムの卵黄を蓄えたものがある一方で，他の多くの魚類では卵の重さは1

mg にも満たない．しかし，小さな卵から生まれる小さな稚魚のほう
が，大きい卵から生まれるものよりも死亡率が高いことには，理解に
苦しむ要素などまったくない．植物の間でも並行現象が見られる．コ
コヤシとブナの実生の死亡率の違いは，初期資源の違いによるところ
が大きいに違いない．

以上のように考えた産卵数の制限はいずれも，親から一定量の栄養
が与えられ，その栄養が最適な数の子に分配されている状況と関係す
る．しかし，餌を与えることだけが親の仕事ではない．たとえばキジ
目の鳥の場合，餌の代わりに母鳥が十分な卵黄を与え，雛は孵化する
とすぐに自分で食べ始める．この場合一腹卵数は，Lack が他の晩成
型の鳥で想定したような自然選択により制限されることはない．キジ
目で産卵数が多いのは，地上での生活や営巣による死亡率の上昇に対
し産卵数を適応的に調整したためだと Emerson (1960) は解釈して
いる．しかし私は，死亡率の増加は産卵数の増加に伴う生態学的に不
可避の結果であると解釈している．キジ目の鳥類の一腹卵数が多いの
は，親が早生型の幼鳥に餌を与える必要がないことが直接の原因であ
ると考えられる．私は，それでも一腹卵数は部分的には制限されてい
ると想像している．その理由は，早生型の雛を産むためには各卵をか
なり大きくする必要があること，雌親鳥の下に収まる以上の卵を産む
のは無駄であること，そして後述するような主として親の繁殖努力の
最適化にある．

　繁殖を生物群適応と考える傾向は生物学者の思考を曇らせ，確固た
る証拠が何もない，過大な一般化を受け入れる原因となっている．そ
れは，魚類における産卵数と親の世話との間にどういう関係が想像さ
れているのかを見ればわかる．たとえば，Lagler, Bardach と Miller
(1962) による，ブルーギルは巣の中で卵を守り，それによって胚の
死亡率を下げているので，膨大な数の子孫を産む必要がなく，結果と

してつがいあたり数千個にまで産卵数を低下させているという趣旨の記述である．文献にはこのような記述が溢れている．対照的に，タラやオヒョウのように卵を守らない種は，膨大な数の卵を産むことで，この不足分を補わなければならないといわれている．しかし引用された"証拠"と思しきものとしてはつねに，親が世話をする例に小型の魚類を，親が世話をしない例に大型の魚が挙げられている．もし，チャンネルキャットフィッシュ（親が子の世話をする大型の魚）とサンドシャイナー（親が世話をしない小型の魚）を比較したならば，逆の関係を示す"証拠"を見つけることになるだろう．

　魚の大きさや卵の大きさの違いを考慮して適切な統計的補正を行えば，親による世話と産卵数には関係があるとする証拠はいっさい見当たらなくなる（Williams, 1959）．魚類の産卵数は明らかに，餌の供給，有利な産卵期の持続期間，そして最終的には，雌の体内に卵を貯蔵するために利用可能なスペースによって制限されているのである．

　親による世話に関連して自然選択が産卵数を低下させる唯一の道筋は，配偶子生産のための物質的支出を減らすことで，残ったエネルギーで（訳補）親がすぐに卵や子どもの世話ができるようなる利点を通してであろう．しかし，ほとんどのグループでは，配偶子の生産に資源の大部分を費やすのは雌だけである．雄の物質的貢献はわずかであり，多くの魚類では（訳補）*2 受精後の卵の世話の全責任を負うのは雄である．このような種では，産卵数の低下は幼魚の世話には役立たないだろう．シクリッドのように雌が幼魚の世話を分担し，ときには責任の大部分を担っているような少数のグループでのみ，産卵数の低下が見られるのではと，私は予想する．

　最適な子孫の数の問題は，後述するような子孫の最適な重量の問題と関係がある．ある最適総重量を仮定しても，その重量をどのように

---

*2 訳注：これがないと理解できない．

分割すれば生き残る子孫の数が最大になるのかという問題が生じるのだ．体重 1000 g の雌にとって，200 g が繁殖への最適な総支出だとすると，1 mg の卵を 20 万個産むか，100 mg の卵を 2000 個産むか，あるいは 10 g の子を 20 個産むか，どれが彼女の繁殖上の利益になるのだろう．私は，個々の配偶子の大きさに関係なく，総重量が同じならほぼ同じ物質的支出が必要だと仮定しているが，200 g の成長した稚魚を出産することは，おそらく母親にとってはるかに大きな負担を強いることになるだろう．そのような稚魚は，必然的に母体の中で長時間留まり代謝するため，母親はより多くの食料と酸素を与えられなければならない．

　最適な努力量の問題と，最適な配分の問題は，別個に考えることができる．私はまず配分の問題を扱い，1 mg の卵を 20 万個産むのと，より少ない数の大きな卵を産むのとでは，どちらが成功するかを考えてみたいと思う．この問題は Hubbs（1958）や Svärdson（1949）によって研究されている．おもな要因は間違いなく，通常の環境における稚魚にとっての潜在的な餌の得やすさと，捕食などの損失を最も左右すると思われる卵のサイズである．稚魚の餌が供給されない状態が長く続く環境で産卵が起こるならば，卵は大きくて卵黄が多く，そのため発育が遅く，数が少なくなると予想される．同様に，1 mg の卵をたやすく食す捕食者はいるが，その数倍の大きさの卵を食べる捕食者はいないということが環境によってはあるかもしれない．一方，1 mg の卵から孵化する魚に適した餌が通常豊富にあり，そのような卵やそれに続く微細な幼魚に対する捕食圧力がない環境ならば，その種は小さなサイズの卵を進化させて維持すると予測できるだろう．そのような種にとって産卵数は多いのが最適であろう．Gotto（1962）は，寄生性カイアシ類の数と大きさの問題は，宿主発見確率など，幼生が直面するであろう生態的な問題によって決定されるのではないかと推論している．彼はまた，卵の数と大きさへの自然選択について，いく

つかの有望な研究指針を指摘している.

　繁殖成功の最大化には卵がそのような（最適な：訳補）大きさであり，かつ卵への投資が可能なかぎり急速な有効成長をもたらす状況下で産卵される必要がある. 有効成長とは，構成個体の合計重量から死亡による減少分を差し引いたものである. 産卵後は子孫のグループの個体数はつねに減少し続けるので，生き残った個体が全体としての重量増加をもたらすのに十分な速さで成長しないかぎり，親の投資は子孫の世代では目減りしてしまう. これは，個体群サイズが急速に変化する場合を除き，どの個体群においてもつねに当てはまるに違いない.

　この成長，死亡率，繁殖成功の関係は，1歳のときに体重100 gの魚が10 gの卵を産んで死んだと仮定して説明することができる. 親ペアが平均的な繁殖成功を収めるためには，この10 gの卵が1年で合計200 gの2個体の魚に成長しなければならない. これが3個産んだ卵のうちの2個なのか，1000個産んだ卵うちの2個なのかは問題ではないし，死亡や成長がおもにその年の早い時期で起こるのか，遅い時期なのかも問題ではない. 重要なのは最終的な結果だけである.

　第3章で説明した理由から，死亡率が高い時期に成長が最も急がれるであろう. そして，ほとんどの種では，初期の段階で最も高い死亡率に見舞われる. おそらく，死亡率と成長率の間のこの逆の関係ゆえに，グループ全体で見た成長は，年間を通して多かれ少なかれ一定に見えるであろう. しかし，卵の段階ではそうはいかない. 卵は一定の死亡率にさらされるものの，環境から食物を吸収して成長できない. まず，彼らは効果的な消化システムと摂食に必要な複雑な感覚と運動能力を自分自身に提供するという，非常に困難な形態形成のタスクを実行せねばならない. 産まれた卵は成長開始前に必ず総重量が減少する. この状況を図4に示す. これは，合計10 gになる1000個の卵を産卵したと仮定した場合の，1年間の重量の変化の履歴を追跡したも

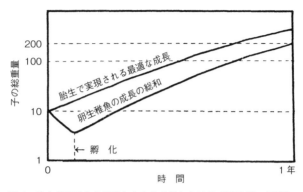

図4. 体内受精能力を獲得したある魚種における産子時期の最適化.

のである. この図から明らかなように, 母親は10gを卵としてではなく, もし総重量の増加が期待できる段階である10gの稚魚として産めたとしたら, より成功するのがわかる. 他の条件が同じなら, その後は実際のものと架空のものは平行なコースをたどることになるが, 後者がすべての段階で高くなる（図の上の線）. しかし, 体内受精の前適応が存在しないかぎり, これは実現不能である. 体内受精ができなければ, 魚は受精のために配偶子の段階で子孫を産み落とさなければならない. 結果として生じる接合子は必然的に捕食者に対して非常に脆弱で, しばらくの間食物を同化することもできない. 後世への投資は, 成長が始まる前に必ず減価する運命にあるのである.

　もし体内受精が進化したならば, 死によって失うよりも成長の総和によってより多くのものを得ることになるその瞬間まで, 稚魚を体内に保持するような選択がただちにはたらくことになる. これは, 魚類や他の動物のほとんどのグループで, 体内受精と胎生が高確率で結びついていることを説明している. 自然選択は, 成長率と死亡率という人口統計的要因によって決定されるある発育段階に達するまで, 接合子を保持するよう作用するであろう. この変化は胎生への最適なシフトとよぶことができる. もちろん, 同じ量の卵を生産するために必要

なものと比較して，成長した稚魚を産むために母親が必要とする物質的な犠牲の増大によっても影響を受けるであろう．

　胎生と体内受精という相関関係には，鳥類と昆虫という2つの顕著な例外がある．なかでも鳥類における胎生の欠如を，私は最も不可解に思う．ほとんどの種で卵の死亡率が非常に高いことから（Lack, 1954A），たとえ胎児の重量が飛行の妨げにならないよう産卵数が大幅に減少したとしても，鳥類は胎生の恩恵をおおいに享受できる可能性があると考えられる．繁殖習性や個体群構造の大きな多様性を考えると，少なくともいくつかの種では胎生が有利になるのではないかと想像する．おそらく鳥類は，初期の哺乳類がもっていた胎生に伴う免疫学的障害を克服するための重要な前適応のいくつかを欠いているのではないだろうか．

　昆虫の場合にはそのような言い訳はできない．昆虫が胎生になれることは，多様な分類群において一部が実際に胎生であることから明らかである．主要な目の約半分には胎生のグループが含まれているが，その属や種の相対的な数は少ない．昆虫で胎生がまれなのは，おそらく幼虫を高度な発達段階まで体内に保持することによる産子数の低下に起因しているのではないだろうか．たしかにこれは社会的昆虫には当てはまる．ミツバチの女王が，もし幼虫あるいは他の高度な発生段階になるまで彼女自身の体の中の彼女の子孫の一人ひとりを収容し，養わなければならなかったら，彼女はいまほど多産ではいられないだろう．

　胎生の第一の利点はそれが発生の最も早い段階で，通常経験する損失を格段に減らすことである．昆虫，とくに社会性昆虫は，保護されたニッチに卵を産むのが特徴で，そのニッチでの死亡リスクは成虫自身が経験するものよりも低いことが多い．それゆえ，胎生の選択上優位性がないのかもしれない．もしこの説明が正しければ，胎生になった昆虫は，卵の段階で保護されたニッチを利用できないか，その有効

性を低下させるような生活史をもつ昆虫であることが示されるはずである（訳者追補参照）.

|訳者追補：この問題は訳者の知るかぎりまだ何も解決されていない.

こ　ここまでの議論は，母親の側に何らかの最適量の物質的支出があると仮定している. 考察した問題は，物質の最適な使用がどのように達成されるかであった. しかし，どのくらいの物質を使うべきかの決定については何も言及していない. これは，生物が繁殖にどれだけの努力を費やすべきか，そしてそのことで自身をどれだけの危険にさらすべきかを決定するものは何かという，より大きな問題の一端なのである. 明らかに，親の犠牲はときにばく大であることもあれば，非常に軽微であることもある. この問題を扱う際には，個体自身を生理的ストレスや危険にさらすことで繁殖の成功確率が高まるという状況下で，自然選択が現下の繁殖努力量を調整するということを，基本公理として考えてみたい. ほとんどの種において，個体の身体は遺伝的生存のための主要な資源であり，無駄に危険にさらしてはならない投資である. よく適応した個体とは，成功の可能性があるピーク値にあるとき，そしてコストと危険性がある低い確率であるときにのみ繁殖に従事する個体のことである.

　生理的コストの客観的評価の可能性は，Barnes（1962）や Crisp と Patel（1961）の研究によって示されている. 彼らはフジツボの成長に対する産卵の効果を測定できたとし，産卵が成長をかなりの程度犠牲にして行われることを示した. 成長がこのように抑制されると，次の繁殖期の産卵数が低下することになる. 私は，繁殖が死亡率に及ぼす影響についての研究例を知らない. このような効果は，営巣性鳥類の野外調査で研究できるかもしれない. 多かれ少なかれ繁殖が隔年になる傾向を示す種が少数いるが，これらはとくに好適な材料となるだろう.

　現在の繁殖機会と比較した"親自身の身体への投資"の相対的な価値は，人口統計的環境によって決定されるだろう．その関係は，次のような仮想例で明らかにできる．ある種が年に一度，春に繁殖するとしよう．この季節的な条件は，繁殖コストに対する繁殖成功が春の間に確率的にピーク値になることに起因しているであろう．さらに，とても単純な繁殖習性をこの種がもつと仮定しよう．個体は生涯を通じてサイズが大きくなり続け，その結果，潜在的な繁殖力が高まると仮定しよう．さて，来るべき春に繁殖するかしないかを決める段階が近づいている2羽の若い個体を想像してみよう．この2羽は，すべての点（大きさ，齢，健康状態，栄養状態，遺伝子型）で同じであるが，1点だけ異なる．すなわち，一方は「はい，この春に向けて配偶子をつくり始めましょう」という遺伝子をもっており，もう一方は「いいえ，もう1年待ちましょう」という対立遺伝子をもっているとする．どちらの個体（と遺伝子）の適応度が高いだろう？　答えはすべて人口統計的環境に依存する．現在の繁殖の生存価は，年間の死亡率が高く（来るべき春が最後のチャンスかもしれないほど死亡率が高い），年間の繁殖力の上昇が低いと増大する．年間の死亡率が低く，年間の繁殖力の上昇率が高ければ，繁殖を遅らすことの生存価はより大きくなり，より遠い将来の見通しと比較して，現在の繁殖機会の価値が大幅に低下する．もし年間死亡率のようなものが変化しやすい個体群であれば，長期的な平均値が決定要因となる．重要な生態要因が変動しやすい場合は，最適な遺伝子とは，生殖を引き受けるかどうかの質問に答えて，適切なif句を付けて「はい，もし…ならばやります」という遺伝子であろう．このような"もしも"遺伝子が選択上有利になるのは，繁殖するかしないか，あるいはその量を，個体の健康状態や栄養状態，天候などの，繁殖成功の確率や必要とされる親の身体的犠牲の大きさに影響する時間依存性の要因の関数として決定するときだろう．

　上で考えたように，齢に依存した繁殖力と成体死亡率の人口統計的
要因が繁殖努力を決定するとすれば，次のような一般予測が導ける．
成体寿命が長く，継続的に繁殖していることが特徴の種は，どの繁殖
期においても繁殖努力のレベルが低いはずである．一方，成長が確定
的[*3]で，ある繁殖期から次の繁殖期までの死亡率が高い種は，しば
しば大きなリスクを負ってでも繁殖のために多大な努力を払うはずで
ある．極端な状態は，一度しか繁殖しない種に見られるであろう．そ
れらのなかには，繁殖の過程で最大のリスクを負い，最大の生理的支
出をする，最も極端な例があると予想される．魚類のなかに，その例
がいくつかある．パシフィックサーモンは一度しか産卵しないが，親
の身体を犠牲にしてまで繁殖機能を重視する傾向があると予想され
る．サケ科や他の溯河性魚類では，よく知られるように，最長級の移
動を行うものもいる．それらは産卵準備の段階で消化器系が萎縮して
生存不能になるが，この萎縮は生殖器官に物質とスペースを供給し，
たった1回の繁殖機会を目指した上流への旅で，余分な体重が魚に負
担をかけないようにする．雄の口には性的な戦いで魚を有利にする変
化が生じるが，餌の効率的な摂取には不向きになる．縄張りや雌を奪
い合う雄の好戦的な行動は，同程度の大きさの魚ではほかに類を見な
い．このような極端な繁殖努力は，一度の機会が最後の機会となる魚
の適応的な行動であることは明らかである．一回繁殖生活環の起源
は，老化の進化の一側面である（Williams, 1957: 408）．

　このようなライフサイクルはほかの魚類にも見られる．ヤツメウナ
ギはその一例で，繁殖行動や生理機能においてパシフィックサーモン
と似ている．熱帯アメリカやたぶん他の地域でも一年魚とよばれる魚
類がいるが，これらは池が干上がる前に乾燥に強い卵を産む．卵は休
眠するが，雨でふたたび池ができると孵化し，次の乾季までに成長す

---

*3 訳注：成体になると成長が止まること．

る．Myers（1952）はこれらの魚の一般的な特徴を述べている．この
グループの特徴は，性差が大きく，雄の色が非常に鮮やかであること
である．また，雄は他の雄に対して非常に好戦的である．このよう
に，明らかに多年性の近縁魚類よりも好戦性と色の両方において極端
であり，ここで述べた予想を裏づけるものである．もちろん，これら
の要素を厳密に評価するには，主観的な判断による不確実性を排除せ
ねばならないが，残念ながらこれらの魚については，わずかな情報が
あるだけである．

　一度しか繁殖しない生物は，上述のスペクトルの一極をなす．もう
一方の極には，成体での死亡率が非常に低く，多くの繁殖シーズンを
生き，年を追うごとに繁殖力が増す種がいる．その中間には，個体の
将来的な全繁殖機会の見通しと比較したときの現在の繁殖の価値に応
じた，幅広いさまざまなタイプのライフサイクルがある．どの種で
も，繁殖努力量はつねに，この2つの数字の比率を反映しているはず
である．理論的には，その期待値は

$$E = \frac{F_0}{\sum\limits_{i=1}^{\infty}(F_i S_i)}$$

となる．ここで，E は生理的ストレスや生命のリスクの観点からの最
適な繁殖努力の指標であり，F_i は別の繁殖効率の指標で，ある i 回目
の繁殖期に期待される繁殖量（現在または間近の繁殖期は 0 回目とす
る），S_i は i 回目の繁殖期まで生存する確率である．

　この比率は，間違いなく極端に変異幅が大きい．何年にもわたって
着実に繁殖力を高めていく魚がいるが，それらでは多くの場合，単純
直線的に増加するというのがよい近似となるだろう．たとえば，最初
の産卵期には約 1000 個の卵を産み，2 回目の産卵期には 2000 個の卵
を産むのである．成体の生存率が毎年ほぼ安定して 0.8 というのが種
によってはかなり正確な値だと思うが，それ以上の生存率の種もいる

かもしれない．このような種の E の値は，成体の繁殖力が一定で，生存確率が1年あたり 0.5 しかない種の E 値の約4％にしかならないだろう．間違いなくもっと極端な E もある．一度繁殖すると死んでしまう種では，分母の値がゼロになることに注意されたい．このような種では，上述したように，利用可能なすべての資源を1回の繁殖に費やすことが選択上有利になるだろう．

　魚類は繁殖行動や個体群構造が非常に多岐にわたるため，この手の理論を検証するのに最適なグループだが，残念ながら自然個体群の E, F, S に関する信頼できる指標はほとんどない．われわれがもつ情報の多くは商業的に利用されている種に関するもので，それらは通常の野生のものとはまったく異なる個体群構造をもつかもしれない．とはいえ，魚たちが期待どおりの結果を示しているとする証拠はあると私は思う．示唆は，E, F, S と体の大きさに関係があると考えることで導かれる．

　因子 F に関して，成熟した後に繁殖力がほぼ一定になる確定成長は，ほんの数種類の魚でしか知られていないが，どれも非常に小さな魚である（Wellensiek, 1953）．水族館でよく飼われている他の多くの小魚でも，成熟後はほとんど成長しない．私が集めたいくつかの統計によると，最大サイズが 50 mm 未満の魚は通常，最大サイズの2分の1から4分の3程度で性成熟する．一方，500 mm を超える魚の多くが通常，最大サイズの5分の1から2分の1の間に性成熟する．これをみると，大型魚は小型魚に比べて非確定的な成長パターンをとるのが一般的なようである．このことから，小型種では1回の繁殖努力が大きいに違いないと予測できる．

　大型の生物は小型の生物に比べて死亡率が低いというのが，一般的に予想されるパターンである．漁業統計によれば，最大体長が数センチメートルの魚の年齢が3，4年を超えることはほとんどないが，チョウザメ，ガーパイク，オヒョウなどの大型種については，自然界で

の寿命が15年, 20年というデータがよく出されており, この予想を
裏づけている. 大型種に比べて小型種の1回の繁殖努力を高くする要
因が, ここでも見出せるのである.

　次の問題は, 一般的に小型種が大型種よりも繁殖に力を入れている
かどうかを判定することである. 繁殖努力を数値で表す方法は存在し
ないが, さまざまな種類の繁殖習性を, 努力や犠牲が大きいものと小
さいものとにランクづけることは可能である. 繁殖努力や親が払う犠
牲は, (1) 1回で産む卵総量が多い種のほうが, 少量な種よりも大き
い, (2) 繁殖期に何度も産む種のほうが, 年に一度しか産まない種よ
りも大きい, (3) 繁殖期に目立つ体色を示す種のほうが, 繁殖期も通
常の体色を示す種よりも大きい—そして体色が目立つほど身体的危険
性も大きいと考えられる, (4) 非常に単純な産卵前行動をとる種より
も, 目立った求愛行動をとる種のほうが繁殖努力は大きい, (5) 同性
間で非常に競争的な関係にある種, とくにその競争が効果的な武器を
使った実際の戦闘を含む場合に大きい, (6) 縄張りをもたない種より
も, 縄張りをもつ種のほうが大きい, (7) 卵を単純に産み散らす種よ
りも, 保護された場所に卵を産みつけたり, 巣の中で卵を守ったりす
るなど, 卵保護行動がある種のほうが大きい, (8) 卵生種よりも胎生
種のほうが大きい.

　魚類学者にアンケートを取れば, いくつかの優れた例外については
誰もが思いつくだろうが, 上記の基準のほとんどにおいて, 小型魚類
は大型魚類よりも大きな繁殖努力をするのが普通であるということ
に, ほぼ全員が同意すると, 私は確信している. だし, 第一番目に
挙げた点については, 若干のコメントが必要である. 相対的な卵巣重
量に関する文献の予備的調査 (Williams, 1959) によれば, 小型種の
卵総重量が相対的に大きいことを示すものがある. マグロの一種の詳
しいデータでは親の体重の5% を超える卵塊をつくるものはいなかっ
たが, 小型の魚類では20% を超える相対卵巣重量はよく見られる.

ダーターやトゲウオなどの小型魚類に見られるような，卵塊を腹にもつことで起こる極端な体の歪みは，大型種では決して見られないといってもよいと思う.

　その他の点についても私は証拠を集めたのだが，ここで詳しく扱うと議論が長くなりすぎる. 結論からいえば，魚類学者が列挙したどの観点においてもサイズによる偏りを見出し，小さな種に，より大きな繁殖努力が見られることが特徴的であると，彼らが経験上感じているとわかった. 本書の目的のためには，私はこれを信頼し，仮定として議論することにする. ただし私が相談した魚類学者たちによれば，最後の2つの点については証拠は半々か，小さな魚類で繁殖努力が大きいとする予測に反するものがある. トゲウオやグラミーのように，卵をよくできた巣に入れて捕食されないように守る極小型魚はたくさんいるし，魚類学者が卵を守る行動について言及するときに，まず思い浮かべるのはこれらの種である. しかし，それに匹敵する習性をもつ大型種もかなりの割合で存在する. ブラックバス，ボウフィン，そして大型のナマズは，アメリカ大陸の大型魚類のなかでもかなりの割合を占めており，いずれも巣の中で卵を守っている. 他の多くの大型淡水魚も同様で，とくにハイギョ *Protopters* やピラルクー *Arapaima* の仲間のような古風なタイプにこの習性が多いようだ. 巣作りをする少なくとも1つの科，サンフィッシュ科では，大型の種は小型の種よりも発達した保護行動を親が見せる（Breder, 1936）.

　口内保育もまた，明確なサイズ依存性を示さない特殊な卵保護習性のひとつである. 最も小さい口内保育魚は，たぶん体長約70 mm のベタ *Betta brederi* である. 口内飼育するシクリッドやテンジクダイ科の魚は分類群のなかで平均的な大きさの魚で，口内飼育のナマズはやや大きめの種と考えられる. これと同じことが胎生についてもいえる. 発達した胎生はかなり小型の淡水魚のいくつかの科で知られており，そのほとんどが近縁種である. しかしまた，中程度の大きさの海

洋性のウミタナゴ科や，非常に大きなサメでも知られている．

　証拠をまとめると，予測は一般的に支持されたと私は言いたい．小型種は通常，大型種よりも大きな繁殖努力を示すのである．ただし，子どもを保護する特殊な習性をもつ種では，サイズに関係なく繁殖努力が増大しているという例外を認めねばならないかもしれない．親による巣内卵保護の発生率に明確なサイズ依存性が見られないことの暫定的な説明として，小型の魚は子どもに対する保護の必要性が高いが，サイズが小さいために，そのような保護を効果的に行えないのではないかと考えられる．口腔内での孵化や育児には通常，産卵数をある程度低下させる必要がある．このような状況が，小型の魚にとって口内保育の価値を下げる傾向をもたらすのかもしれない．

　鳥類も，サイズなどの死亡率の指標と，繁殖努力との間の予測される関係の検証ができる，もうひとつの動物グループである．望ましい精度での人口統計的情報はもちろん不足しているが，一般的には予測どおりの結果が得られている．最も繁殖努力をしていないのは大型の海鳥や捕食性の鳥類で，これらの成鳥の死亡率は非常に低いようである．それらは営巣シーズンを頻繁にスキップし，一般的に非常に少ない子どもしかもたず，卵が失われたときに産み直す傾向がほとんどないようである．卵は数が少ないだけでなく，成鳥の大きさに比べて小さい．成熟した鳥は，顕著な色彩の性的二形性や手の込んだ求愛行動を示すことがほとんどない．しかし，小型の鳥類や地上で生活する鳥類は，精巧な求愛行動を頻繁に行い，大きな卵を比較的多く産み，卵が失われたとき通常は産み直し，Mottram（1915）によれば，色に性的二形をもつことが多い．各個体が繁殖行動を個体の死亡確率分布に対し適応的に調整しているというのが，これらの観察結果に対する明白かつ節約的な説明となる．Wynne-Edwards（1962）は，鳥類の生殖生理・行動の系統間変異に関するこれらのさまざまな側面について総説している．しかし彼の解釈は私とはまったく異なる．

最適な繁殖努力は種によって異なるだけではない．性成熟後の数シーズンの間に繁殖力やその他の繁殖パフォーマンスの指標が大幅に増加する種では，少なくとも時間とともに変化するはずである．10回目の産卵期のオヒョウは，将来の繁殖力の増加をある程度は期待できるが，1回目の産卵期のオヒョウほどではない．これにより，繁殖努力方程式の E は年齢に依存する変数となる．繁殖努力の大きさは年齢とともに増加するが，最大の増加は最初の産卵と2回目の産卵の間にあるはずである．どのような生物でも，最初の繁殖の試みは低強度の傾向であるというのが一般的な観察結果であり，これはここで示した予測と一致する．このような増加が予測される種において，年齢が上がるにつれて繁殖努力がわずかに増加し続けるかどうかは，答えがすぐには明らかにならない問題であるが，一部の大型海洋魚ではこの予想を支持する証拠がある．Hodder（1963）は，モンツキダラの個体群において，雌の産卵数が体重よりも急峻な速度で何年にもわたって増加することを示し，これが他種にも当てはまるという証拠を文献的に示した．ほとんどの魚類の雌では，体サイズに対する産卵数が繁殖努力の正確な指標となるに違いない．

　繁殖努力の最適化という考えに，雌雄のおもな役割の違いを組み合わせることで，雌雄の役割の二次的な違いを説明できるかもしれない．一般的に，雄は雌に比べて繁殖する準備がいつも整っているといわれている．これは，生き残る子孫をつくるために雌が払う生理的な犠牲がより大きいことに起因すると解釈できる．哺乳類の雄の本来の役割は交尾で終わるといえるかもしれない．交尾に伴う雄のエネルギーや物質の消費はごくわずかで，自分の安全や幸福に直接関係する事柄から一瞬注意をそらすだけある．雌の場合は状況が大きく異なり，交尾が雌に身体機構的・生理的な意味での長期にわたる負担と，それに伴う多くのストレスや危険をもたらすことを意味する．その結果，雄は主要な繁殖上の役割において失うものがほとんどないため，可能

なかぎり多くの雌と交尾することに積極的かつ即時的な意欲を示す.
もし彼が引き受けた繁殖の役割に失敗したとしても, 彼が失うものは
ほとんどない. もし成功すれば, 雌が大きな身体的犠牲を払って初め
て成功するのと同程度の成功を, 非常に小さな努力で得ることにな
る. 雌の哺乳類が繁殖に失敗すると, 数週間から数か月の時間を無駄
にすることになる. 妊娠による身体機構的・栄養的負担とは, 捕食者
に対する脆弱性の増大, 病気に対する抵抗力の低下などの, 長期間に
わたる危険を意味する. このようなストレスや危険にうまく耐えられ
たとしても, 離乳前に子どもを失ってしまえば, 努力は完全に失敗に
終わる. いったん繁殖の役割を担い始めると, 雌は一定以上の高い繁
殖努力を最低限度自分に課すことになる. 自然選択は, 成功確率がピー
ク値に達するようなやり方で, それを超えない範囲で繁殖の重荷を
引き受けるように, 雌の繁殖行動を調整するはずである.

　雌の伝統的なはにかみは, 母親としての重荷を背負うのに理想的な
瞬間と状況を見極めるための適応メカニズムに起因すると考えられ
る. その最も重要な状況のひとつは, 受精する雄である. 雌にとって
は, 子孫を残すのに最適な雄を選ぶことができれば利益になる. 抜き
ん出て適応度が高い父親からは, 抜きん出て適応度が高い子どもが生
まれる傾向があるからだ. 求愛の機能のひとつは, 雄が自分の健康状
態を宣伝することである. 一般的な健康状態と栄養状態が良好で, 二
次性徴, とくに求愛行動を十分に発揮できる雄は, 遺伝的にも適応的
な状態にあると考えられる. 適応度のその他の重要な目印としては,
選んだ営巣地や広い縄張りを占有する能力や, 他の雄を打ち負かした
り威嚇したりする力をもつことである. 雌はこのような体力のある雄
のみを受け入れることで, 自分の遺伝子の生存の可能性を高めるので
あろう. 必然的に, 進化の過程で雌雄の戦いが起こる. もし雄がある
繁殖期に少しでも繁殖しようとするなら, 実際にそうであろうとなか
ろうと, 非常に適応度が高いように装うことが雄にとって有利にな

る．弱くて適応度の低い雄が雌を騙して交尾に成功すれば，雄は何の損失もなく繁殖に成功したことになる．しかし雌にとっては，本当に適応度が高い雄と，たんに適応度が高いふりをしている雄とを見分けられるほうが有利になる．このような個体群では，遺伝子の選択によって，雄には熟練したセールスマンシップが，雌には同様に発達した販売抵抗力と識別能力が育まれるであろう．この雌の配偶者選択による進化的効果は，O'Donald（1962）によって正面から分析されている．このアイデアのもととなったものは，他の多くの重要な洞察と同様に，R. A. Fisher による[*4].

　雄がより乱暴で，雌がより慎重で選択的であることは，動物一般に見られることである（Bateman, 1949）．妊娠や授乳といった雌の特別な機能を抜きにしても，次の世代への物質的・食物的エネルギーの貢献度は雌のほうが高いというのが，ほぼあてはまる事実である．雌は，これ以上の利益が犠牲に見合わなくなるところまで配偶子の総量を増やすことで，単純に繁殖努力を高めることができる．雄の場合は，とくに体内受精を行う種の場合，精子の経済効率の良さゆえに，問題はそれほど単純ではなくなる．雄は，考えられるすべての雌を受精させるのに必要な量を超える精子を簡単に作り出すことができる．通常，雄の配偶子形成に関わる繁殖努力はわずかなものである．それゆえ，雄は繁殖努力のほとんどを，授精可能な雌の数を増やすという問題に充てることができる．そのため雄は，求愛や縄張りなどの，競合する雄との争いを重視するようになるのである．

　この説明の重要なテストは，繁殖に対する雌雄の役割が逆転している例外において，予測を立てて現実と比較することで可能になる．いくつかの種では，雄が通常よりも次世代のために，より多くの材料物

[*4] 訳注：ここで展開されたものは，行動生態学において，その後花開いた性選択研究に関する簡潔な洞察である．

質を提供したり，より大きなリスクを負って重要な役割を果たしたり
している．私が知る最良の例は，ヨウジウオやタツノオトシゴの仲間
を含むヨウジウオ科にある．このグループでは，雌は交尾の際に雄か
ら授精されない．その代わりに，卵を雄の体内の保育袋に産み込む．
子どもはそこで胎盤を介して雄の血流とつながり，成長していくので
ある．このような状況下では，伝統的な男性的な求愛の積極性と一般
的な乱暴さを示すのは雌であり，慎重さと選り好みを示すのは雄であ
ると予想される．この予測はいくつかの種では正しいことが証明さ
れ，予測が外れた事例は知られていない（Fiedler, 1954）．

　両生類や昆虫のなかには，これほど極端ではないが，同じような逆
転が見られるものがある．コオイムシ科の雌は受精卵を雄の背中に産
みつけ，雄はそれを孵化するまで持ち運ぶ（Essig, 1942）．熱帯のカ
エルのなかにも似たような行動が見られる．しかし，これらのグルー
プでは，雄による食物エネルギーや他の自己犠牲の子への提供が，ヨ
ウジウオ科の魚類のような性行動の著しい逆転をひき起こすほど大き
いとは考えらない．しかし，上記のカエルは，その効果を研究するう
えで特別な利点がある．いくつかの属では雄が受精卵を背中に乗せ，
他の属では雌が乗せるからである（Noble, 1931）．これらの属の性行
動の比較は非常に興味深い．

　鳥類のなかには，卵を孵化させたり，子どもに餌を与えたりする作
業のすべて，あるいは大部分を雄が担う習性のものがいる．最も極端
な例は，オオシギダチョウ属とヒレアシシギ属である．予想どおり，
雌は求愛に積極的で雄よりも鮮やかな色をしており，どちらのグルー
プも一妻多夫制の傾向を示す（Kendeigh, 1952）．

　これらの証拠は，乱交，積極的な求愛，ライバルに対する好戦的な
態度が，雄であることに本質的に内在した側面ではないという結論を
強く支持するものである．これらは，たんに配偶子の生産量や子ども
を養うための食物エネルギー供給の増加など，物質的な貢献を高める

ことで子孫の生産量を増やすことが期待できない側の性に発達するものなのだ．2つの性がほぼ同じような成体死亡率と繁殖力の齢分布を示す種では，それぞれの性が繁殖に費やす努力の量もほぼ同じであろう．一方の性の最適な努力量が，次世代に投入される物質の供給でほぼ達成されるならば，その性はもうそれ以上のことはしないだろう．他方の性の物質的貢献がわずかであれば，それは別の方法で努力を最適なレベルまで高めるだろう．めったに成功しない求愛に多額の費用をかけるかもしれないし，競争相手との衝突に多くの時間と労力を費やし，かなりの危険にさらされるかもしれないし，そのために特別な武器や装飾品を発達させるかもしれない．このような発達は，それを示す個体による繁殖努力の最適化として容易に理解することができる．これらは，Wynne-Edwards（1962）が主張したように，グループの福祉に貢献する場合もあるかもしれないし，Haldane（1932）を筆頭に多くの研究者が指摘したように，種の適応度を著しく低下させる場合もあるかもしれない．性的対立と縄張り行動については，pp. 209-214 で詳しく説明する．

たぶん，グループの生存のための組織化された繁殖活動の発見を目指すのなら，大規模な同種集合で繁殖する種が最適であろう．このような繁殖グループの形成が，全体の繁殖活動のために適応的に組織化されているのか，それとも構成個体の適応の統計的な合計にすぎないのかを調べることができるからである．

　ある意味では，2つの異なる個体の子孫を存続させるためのものであるという意味で，有性生殖活動はすべて集団的な生殖に関係している．雌ウシは子ウシに乳を与えることで，自分の遺伝子だけでなく，どこかの雄ウシの遺伝子も生存させている．彼女の遺伝子の半分だけが子ウシに反映される．しかし，ウシにとっては有性生殖が唯一の可能な生殖方法である．自分の遺伝子を存続させるためには，競合する

遺伝子も存続させねばならないのである．性の起源と，このように本質的には不完全な生殖方法の進化の問題は第5章で扱った．いずれにしても，授乳は哺乳類の雌が自分自身の繁殖のために必要な要素であることは，容易に想像がつく．

　魚類，無脊椎動物を問わず，産卵のために大量に集合する水生生物はたくさんいる．しかし，このようなグループにおいて，個体の行動の単なる総和でなく，グループ全体としての適応的な組織が発見された事例を私は知らない．私は，各個体が集合に加わるのは，その個体の配偶子が他の場所で放出されるよりも，授精または受精する可能性が高いからだと考えている．

　群れで行動する哺乳類では，産卵期になるとつがいに分かれるのが一般的である．子育てにおける雄の貢献度は種によって異なる．私の知るかぎり，すべての種の雌は自分の子どもにしか乳を与えない．異なる母親の子どもがある程度混ざっている群れで生活する種では，それぞれの母親が自分の子どもだけに愛情を注ぐことを可能にする，個体認識要因がつねに存在している．この点については，数年前にゾウアザラシの家族生活を描いた映画を観たときに劇的に実感した．混雑しながらも繁栄している群れの中に，母親を失うなどで孤立した子アザラシがときどきいた．母親のいない子どもたちは明らかに飢えており，非常に苦しんでいた．人間の観客は，これらの不幸な子どもたちが周りにいる何百人もの里親候補から拒絶されている様子を見て恐怖を感じた．アザラシが種ではなく自分自身を再生産するために設計されていることは，その場にいた誰もが明白だと理解したはずだ．私は，人間以外の哺乳類における繁殖のための適応組織とは，通常一対の親とその子どもの間の相互作用までであり，その範囲を超えているという証拠を知らない．

　そのような組織は鳥類のコロニーでも想定されている．アジサシの群れに襲われて不愉快な思いをしたことのある人なら，彼らの共同作

業の有効性を証明したくなるだろう．しかし，それらは，チームやタスクフォースのようなものでなく，**モブ**（無秩序な群衆：訳補）という言葉で表現するのが適切であろう．これは誰もが認めると思う．そこに組織的な攻撃戦略もなければ，役割分担もないのである．各個体は他のアジサシと一緒にいるときには間違いなく大胆に攻撃するが，これは生物群適応を仮定する必要のある要素ではない．

　海鳥のコロニーは，大規模または中規模なコロニーのほうが小規模なコロニーよりも幼鳥生産率が高い場合がある．これは，社会性に少なくとも何がしかの一般的な利益か，あるいはもしかしたらグループ生存のための超個体的組織が存在することの証拠であると解釈されてきた（Darling, 1938; Allee *et al.*, 1949）．しかし，社会的営巣の起源は，何らかの理由で同種個体の近くが巣作りに適した場所であると仮定すれば説明できる．これが当てはまる種では，自然選択によって群生的な営巣が行われるようになるだろう．これで，コロニー型の営巣の起源と進化を十分説明できるはずである．最近では，小グループの成功率の低さは，数が多いと成功率が上がるのではなく，たんに数が多いことが好ましい営巣地であることを示しているにすぎないと解釈されている（J. Fisher, 1954; Lack, 1954A）．小さなコロニーにいる鳥たちは，社会性が低いわけではなく，より好ましい営巣地への定着をめぐる個体間競争で負けたから，そこにいるのである．コロニーサイズが小さいことと生産性が低いことの相関は，劣悪な営巣地と劣位な鳥による独立の結果であろう．

　社会性の鳥類では，社会性の哺乳類と同様に，各つがいは通常，自分の子どもだけを養うのだが，混雑したねぐらの中でそれを可能にする特別な認識メカニズムをもっている．このような鳥類が，崖の上のような比較的孤立した場所で営巣を始めるなど新たな繁殖習性を身につけると，親と子を結びつける認識メカニズムの重要性と能率は低下し，それゆえ実験的な親子の入替えも容易になる（Cullen, 1957）．ゾ

ウアザラシやコロニー型の鳥類では，各つがいは，種ではなく自分自身を再生産するように，効率的に設計されているのである．

　親が自分の子どもだけを世話するという法則の例外として，ペンギン（Allee *et al.*, 1949; Kendeigh, 1952; Murphy, 1936）や，カリフォルニアキツツキ（Ritter, 1988）があるのではと主張されてきた．たとえばペンギンの繁殖地では，卵を産む成鳥が増えすぎて，1つの卵を複数の成鳥が奪い合うことがあるという．獲得した卵の親ではない可能性があるにもかかわらずである．孵化後，雛が餌を食べているときに成鳥の一部が採餌に出かけているので，卵場の成鳥の数は少ない．居残り組の成鳥は餌を集めている個体の子を保育していると思われ，いわゆる共同保育システムというわけである．不在であった成鳥が餌を持ち帰ってくると，最も緊急に餌を必要としている雛に与えるようで，自分の子どもを贔屓しないように見える．ペンギンの雛は親すら見分けがつかないのではと思われてきた．しかし，最近の研究では，これらの印象は誤解であることがわかってきた（Budd, 1962; Penny, 1962; Richdale, 1951, 1957）．繁殖期の成鳥による卵の奪い合いは，卵が失われたときに生じる．親は通常，自分の卵だけを温め，自分の卵を奪われた場合にのみ他の卵を受け入れるのである．個体標識法を用いた実験によると，成鳥が海から戻ってくると，声で自分の子どもを認識し，自分の子ども以外には餌を与えないことが示されている．

　鳥類には間違いなく自分の子どもではない子どもの育児を手助けする事例がいくつかある．この現象は，理由が多々あって，生物群適応を探す目的の研究でとくに注目されている鳥であるカリフォルニアキツツキにおいてとくに顕著である．これは，社会性昆虫の繁殖と同様に，ここで適切に議論できる重要な問題である．しかし，これらの繁殖に関する現象は，動物の社会組織に関する他の問題とあわせて議論するほうが便利なので，議論は次章に先送りする．

　この章の冒頭で私は，ある生物種の繁殖行動と生理のさまざまな側面について述べ，その強さ，時期，個体発生など，生理的・行動的メカニズムのあらゆる重要な特徴が，個体の繁殖パフォーマンスを最大化するために適切にデザインされているのだという信念を提示した．この信念を支持する証拠を提示することは，たった1種についてでも大きな注文になる．私はこのアプローチを用いて，いかに繁殖生理と行動における系統的変異現象を説明し，場合によっては予測できるのか，いくつか例示できた．制約はあるものの，この方法により，雌雄異体動物の雄の一般的な攻撃性や，群生種における親と子の特別な結びつきの普遍性など，きわめて基本的な現象に光を当てることができたと思う．とくに，繁殖機能の系統間変異を，齢別の繁殖率や死亡率などの人口統計的要因の系統的変異と関連づけるという方法は大きな説明力があることが，いずれ示されるだろうと考えている．

第7章

~・~・~・~・~・~・~・~・~

社会的適応

個体とその子との間にはたらく行動的・生理的メカニズムは，ふつう親切で協力的なものだが，血縁のない個体間の相互作用は通常，公然とした敵対関係か，せいぜい寛容な中立性というかたちをとる．普通はこれが種内関係の正確な描写だが，明らかな例外も多くある．子を大切にし，それ以外のものを敵視する傾向は，高等動物といわれるものに広くよく見られる．近所のネコの個体群がよい例だろう．

　この章の後のほうで考察予定である一般的な群居性という現象を除けば，血縁関係のない個体間における動物の行動パターンのほとんどは明らかに競争的である．イヌは骨を分け合うよりも喧嘩をし，今お腹が空いていなければ，自分の将来の必要性のために骨を埋める．コマドリの雄は自分の縄張りへの侵入者を威嚇し，配偶者と子以外のどのような同種の鳥とも資源を共有することに公然と反対する．コマドリの求愛行動が，限られた資源の配偶者候補との最適な共有を実現するために設計されていることは明らかだ．動物界に広く見られるこのような利己的な行動パターンは，遺伝的生存の競争効率にはたらく自然選択に起因すると考えられる．

　縄張り行動や威嚇を，究極的には良心的で生物群的に適応的なものだと解釈する試みが過去にはなされてきたものの（たとえば，Alleeによる，すべて Wynne-Edwards, 1962 からの引用），これらは本質的には利己的な行動であるとする考えを，今の生物学者の大半は受け

入れていると私は思う．そこで，ここでは真に協力的で良心的に見える，あまり一般的ではない相互作用に焦点を当てたい．たしかにそれらは相対的には一般的ではないが，しかし表面的な議論において生物群適応の証拠とされるほど，十分に多様で多くの事例が見られるのである．相対繁殖率の個体差に基づく自然選択で，遺伝的な競争相手に利益をもたらすような資源の使い方をする遺伝子が有利になるのは，いかなる場合だろうか？　本章はこの疑問に答えるものだが，私の考えでは，つねに次の2つの答えのうちの1つで十分であり，どちらが正しいかは個体の状況に応じて決まるであろう．(1) 代替対立遺伝子の自然選択は，最終的にはその保有者の平均的な繁殖成功率に基づいているので，親子に限らず密接な血縁関係にある個体が相互作用に関与する場合には，協力的な相互作用が促進されうる．(2) 親が子を助ける行動メカニズムがある場合，そのような援助が"誤って"血縁のない個体に向けられることは避けがたい．

協力的な相互作用の最も極端な実例は，第一のタイプに見られるようだ．クローン生産された"個体たち"が正確に調節された協力的な相互作用を示すように見える例は数多くある．クダクラゲのコロニーのメンバー，ミミズの体節，後生動物の細胞などである．しかし進化理論の観点からは，"個体"という概念は遺伝的に唯一無二であることを意味しているので，これらは"個体たち"とはいえない．遺伝的に同一の他個体に利益を与えることは，自分自身に利益を与えることと同じである．ある細胞が発生過程で不妊の体細胞の役割を担うことによって，遺伝的に同一の生殖細胞系列の細胞に利益をもたらすのであれば，何らパラドックスではない．満たさなければならない条件とは，"子孫という通貨"という生殖細胞の利益が，体細胞の繁殖能力の喪失とその維持のためのコストよりも大きくなければならないということだけである．

　しかし，遺伝的に異なる個体間で善意の自己犠牲が行われる場合には問題が生じる．このような行動をとる生物を，Haldane（1932）は**利他的**とよんだ．私は，より感情的ではない**社会的ドナー**（Williams and Williams, 1957）という語を使いたい．この問題は，ある劣性遺伝子 d がその遺伝子の保有者にコスト c をかけて，そのメンデル集団の他のメンバーに利益 a を提供するという状況での自然選択を考えるとわかりやすい．優性対立遺伝子 D は，その保有者にそのような行為をさせないようにすると仮定しよう．ランダムな交配のもとでは，接合体のハーディ-ワインバーグ頻度は

$$DD: p^2$$
$$Dd: 2pq$$
$$dd: q^2$$

選択後，頻度は以下のように変わる．

$$DD: p^2(1+q^2a)$$
$$Dd: 2pq(1+q^2a)$$
$$dd: q^2(1+q^2a)(1-c)$$

各頻度が $(1+q^2a)$ の係数で増加するのは，利益の量が社会的ドナーの頻度に正比例するという仮定に基づいている．しかし，ドナーの頻度自体は，世代ごとに劣性ホモ接合を減少させる要因 $(1-c)$ のために必然的に減少してしまう．この結論から逃れようとした Wright の試みは pp. 98-99 で述べた．

　しかし，社会的ドナーが若いときに兄弟姉妹だけで構成されたグループの中で利益を提供すると仮定すると，結果は異なるかもしれない．兄弟姉妹グループ内部における異なる遺伝子型の相対的な生存率は変わらず，ドナーは選択上不利である．それにもかかわらず，ドナー遺伝子が個体群の中でその頻度を増加させることはありうる．ドナー遺伝子が非常にまれで，たまに行われる $Dd \times Dd$ 交配のような子孫を除いて，ホモ接合になることはめったにないと仮定しよう．この

場合，ドナー（*dd*）の存在による利益は，個体の4分の3が少なくともヘテロ接合状態でドナー遺伝子をもつ，まれな家族においてのみ享受されることになる．恩恵を受けるのは個体群のランダムなサンプルではなく，ドナー遺伝子の頻度が異様に高いサンプルのグループである．このような利益とドナー表現型の遺伝的基盤との結びつきは，理論的にはドナーでない兄弟姉妹との競争におけるドナーの不利益を打ち消し，ドナー遺伝子の頻度を高めることになる．その継続的な増加は，ドナー1個体あたりの利益がドナー1個体あたりのコストの数倍になることで保証されるようだ（Williams and Williams, 1957）．この条件は，資源を多くもつ年上の個体が若くて小さい兄弟姉妹を助ける場合には，容易に満たされるだろう．

　この説明は，社会性昆虫が抱える問題に対する説明として，最も期待できるものと思われる．この本で扱う主題の観点からすると，昆虫のコロニーの組織ほど重要な現象はなく，上記の説明がこの組織化を本当に説明できるかどうかほど重要な問題はない．もし社会性昆虫の問題についての Hamilton（1964A および B)[*1] の最近の議論がなければ，それだけで1章を設けてもよいくらいだ．しかしここでは，このテーマの概要を説明するにとどめる．詳細については Hamilton の論文を参照してほしいが，この論文はまた，本書の他の部分で展開されているいくつかの推論を先取りしている．

　社会性昆虫は通常，片方または両方の親と，齢の異なる多数の子孫からなるコロニーで生活する．年長の子どもは年少の子どもの養育を助けたり，あるいは生涯その役目を引き受けたりする．最も注目すべき性質は，より進んだ社会においては，子どもの大部分（ワーカー，すなわちはたらきアリ・バチや，その他の隷属的な階級）が生涯不妊

---

*1 訳注：血縁選択と後によばれることになる，包括適応度の理論である．詳細は拙著，辻 和希（2006）第2章：血縁淘汰・包括適応度と社会性の進化，石川 統ほか編，シリーズ進化学6，『行動・生態の進化』，岩波書店，pp.55-120 を参照．

であることである．このような社会はおそらく，親が多かれ少なかれ恒久的な巣で子どもを育て，異なる齢の子どもを同時に管理しようとする家族集団から発展してきたものと思われる．このような状況下では，年長の子どもは弟や妹を助けることで，たとえそれがわずかな自己犠牲であっても，家族の成功に重大な貢献ができよう．このような行動を助長する遺伝子があれば，同じ遺伝子をもつ他の個体に援助の効果が行き渡るため，自然選択上有利になることになる．子が親の繁殖プログラムに奉仕する期間も重要な要素かもしれない．高等シロアリのニンフ（訳者追補1参照）が1日余分に援助するかしないかが，コロニーの若くて無力なメンバーの多くの生死を分けることになるかもしれない．この時間的要因は，高度な社会のワーカーや兵隊アリが生涯不妊であることの起源を説明するのに必要である．幼体のまま隷属状態を1日延長するような遺伝子は，幼体の適応度を低下させる．なぜなら，繁殖する前に死ぬ可能性をもたらす時間を1日延長することになり，かつ自分の繁殖に使える食物エネルギーやその他の資源が目減りするからである．しかし，このような個体が成熟したとき，その子孫が同じ遺伝子をもつことで，繁殖成功度が大幅に向上する可能性がある（訳者追補2参照）．

訳者追補1：一般的には，生殖虫（いわゆる翅アリ）になる1つ前の段階をさす．Williams は巣から旅立つための脱皮を遅らせることを，わずかなドナー行動の例としている．不完全変態のシロアリでは，幼虫（若虫）の段階がドナー行動の担い手である．

訳者追補2：この議論は，古典適応度（直接の子の数）に関するもの（親による操作のように，早い時期の自身の適応度の一部を下げて生涯繁殖成功度を上げる）なのか，包括適応度に関するものなのか，いまひとつ曖昧だが，たぶん前者の意味だろう．

　このような遺伝子が遺伝子プールに蓄積されると，季節やその他の生態的変化に適応して繁殖能力のある子孫をつくる割合を調整するよ

うな遺伝子の蓄積と相俟って，最終的には多数の個体が永久不妊になる可能性がある．このような遺伝子たちの全体のはたらきで，個体が妊性をもつ成虫になる確率が 100 分の 1 以下になるかもしれない．しかし，そのような遺伝子でも，妊性をもつ個体の生殖能力を 100 倍を超えて高めることができれば，引き続き自然選択では有利であることになる．このような進化は，他の適応進化と同様にメンデル集団における代替対立遺伝子の自然選択に基づくものであるが，通常認識する必要のない複雑な問題を含む．家族グループ内ではたらく不利な選択が，グループ間で有利にはたらく選択と釣り合わなければならない．換言すれば，発育初期の不利な性質（ワーカーになる可能性）と，後の有利な性質（高い繁殖成功）とのバランスという観点が生じるのである．

　残念ながら，すべての昆虫社会が 1 組の親または 1 匹の繁殖する女王によって率いられる"典型"を示すわけではない．アリの大きなコロニーには複数の女王がいる場合があるし，原始的な社会性を示すハナバチのなかには，複数の成熟した雌が同時に繁殖に貢献するコロニーを形成するものもいる．場合によっては，このような雌を女王とよぶのは誤解を招くかもしれない．複数の繁殖可能な雌が同じ巣を占有しているという事実は，共同体的組織の実在を意味するとは限らない．他の子育て中の雌が近くにいることが，そこがたんに巣作りに適した場所であることを意味しているのかもしれない．当然，各個体は他の成熟した雌が近くにいることで得られる利益と危険に対し適応的に調整するであろうが，各個体は複数ある巣の中に自分専用の部屋をもち，通常は自分の子どもだけを育てることになる．このようなコロニーが社会的に組織されたものでないのは，鳥のコロニーと同じである．もし複数の創設雌から生じたハナバチのコロニーが予想以上に高度な組織化を示した場合でも，創設雌が姉妹であったと仮定すれば説明できる．これは，遺伝子選択に基づいて協力行動が進化上有利にな

る要因になりうるが，複数の女王や複数の創設雌が通常は姉妹である
という証拠も実際にあるのである（Hamilton による総説）（訳者追補
参照）．

訳者追補：系統樹に基づいた現在の支配的見解では，不妊のカーストが進化
した初期段階では 1 度だけ交尾した単雌がコロニーの女王である状況が普遍
的であったとされる．ハチやアリの複数女王性は不妊カーストが進化しあと
で二次的に生じたものだとされる．

　非常に精巧な昆虫社会が存在するという事実は，必要とされる進化
の圧力さえはたらけば，遺伝的基盤をもつ動物の社会が高度な適応的
組織となりうることを証明している．家族グループの精巧化によって
これらの社会ができたように見えることは，血縁関係が他のメカニズ
ムとともに生物が子孫という通貨を増やすうえでの基本にあることを
示している．同等の組織が血縁のない個体のグループには存在しなと
いう明白な事実が，生物群適応の非重要性を示す決定的な証拠であ
る．

　上記は昆虫社会の一般的な特徴に対する有効な解釈だと思う．しか
し細かく見ると，疑問がもたれるのも事実である．問題は複数ある
が，まずは抽象的なレベルで存在している．上述のものを含め，議論
のベースとなる理論モデルのほとんどは，遺伝子型頻度のハーディ
ー–ワインバーグ分布など，集団遺伝学の伝統的な定理に基づいてい
る．これらの仮定のなかには，社会性ハチ目での妥当性が疑われるも
のもある．たとえば，交配は決してランダムではなく，つねに半数体
の遺伝子型と二倍体の遺伝子型の間で行われる．おそらく同じ雄の精
子はすべて同じ遺伝子をもっているので，雄の子孫は通常のメンデル
理論上の子孫よりもかなり高い遺伝的均一性を示すことになるだろ
う．しかし，女王が結婚飛行で複数の雄と交尾することもある．この
ような要因がハチの集団遺伝学に与える影響を評価しようとした人は
いない．このような複雑な問題は，交配相手と生涯つきそい，すべて

の個体が2倍体であるシロアリには当てはまらない.

　困難は観察レベルにもある. コロニー内の個体間の血縁関係の近さ
は, ときに深刻な問題となる. 通常, 複数の女王は姉妹であるとされ
ているが, それらは必然的に遺伝的に異なり, 遺伝的に異なる子孫を
生むことになる. このような姉妹女王のコロニー内での遺伝子型の多
様性は, 一人女王のコロニーよりはかなり大きいであろうが, 個体群
全体での多様性よりは小さいと思われる. もし, 完全に統制された昆
虫社会が存在し, そこに血縁関係のない, かなり多くの繁殖個体が通
常構成されていることが示されたならば, それは群選択が効果的には
たらいた結果としての生物群適応としか説明できないだろう. 繁殖個
体の血縁関係を実証するのは難問だが, これは非常に重要なポイント
である (訳者追補参照).

> 訳者追補：血縁関係の実証問題は1970年代にはアロザイム分析で, 現在は
> マイクロサテライトやSNPなのどのDNA分析で解決されている.

　構成メンバーの親密な血縁関係に基づく昆虫コロニーの自然選択の
モデルは, カリフォルニアキツツキのやや類似した社会構造（Ritter,
1938) の説明にも適用できる. これらの鳥は, 単独またはつがいで行
動することがあるものの, 多くの場合, 数個体から十数個体で構成さ
れる多かれ少なかれ永続的な"集落"で生活する. このような集落に
は特定の木があり, 鳥たちはそこにドングリを貯蔵するための穴を開
ける. 集落の全員が共同体事業として貯蔵に貢献し, 必要に応じて貯
めた食料を利用する. カケスやリスが木を奪おうとすると, キツツキ
が1羽または複数でそれを追い払う. 繁殖も共同作業で, 通常2羽を
超える個体が巣に滞在する.

　遺伝的関係という最重要問題については, ほとんど証拠が得られて
いない. Ritterの観察によると, 鳥は年に2回巣作りをすることがあ
り, 新しい1腹の卵を産むときに, 先に産んだ子が巣を離れないこと
があるという. 1つの巣に複数の鳥が随伴しているが, なかには明ら

かに未熟な鳥もいて，これらは親が弟や妹を育てるのを手伝う年長の子どもである可能性もある．このように，カリフォルニアキツツキの社会も社会性昆虫の社会も，その他の組織化されたグループも，ほとんどすべてが家族関係に基づいていることがいずれわかるだろうと，私は予想している（訳者追補参照）．

訳者追補：Williams の予測どおり，少なくとも社会性昆虫では，高度に社会的なコロニーで血縁関係（家族関係）の低いものは，高度社会性の進化ののち2次的に生じたものであることが，現在ほぼ確定的である．

　一組の親から生まれた子どもの相対的な遺伝的同質性は，たとえそれが複雑な社会構造を発展させないときでも，進化的要因として一般に重要であると思われる．巣立ち前の雛鳥にとって，巣仲間を巣から追い出し，親の世話をすべて自分のものとする意志と能力をもつことは間違いなく有利であろう．しかし，この鳥が自分の子どもを育てるようになったとき，若いときに成功をもたらしたこの遺伝的基盤が悪影響を及ぼすかもしれない．巣の中での兄弟姉妹間の競争がこのような極端なかたちまで進むことはめったにないが，血縁のない個体と通常巣をともにするコウウチョウの雛では競争相手を追い出すのがふつうである．Fisher（1930）は血縁がもたらすであろう影響の数々を指摘し，"まずさ"の生成に血縁が重要な役割を果たしている可能性を考えた．まずい昆虫は，近くにいる自身の兄弟姉妹のまずさを捕食者に"教育"する．捕食者が種全体をまずいと学習することは，この付随的な効果にすぎない．Fisher はその証拠として，まずい種は大きな卵塊で卵を産み，孵化後しばらくの間，兄弟姉妹で生活するという顕著な傾向を示すことを挙げている（訳者追補参照）．

訳者追補：このようなまずい生物はしばしば，目立つ色彩を示す．これを警告色とよぶが，Fisher の本は Hamilton の論文よりずっと前に出版されているが，警告色は血縁選択で進化したのだとする基本的考えを提示したものであると解釈できる．

　別の例は寄生バチに見られる（Salt, 1961）．いくつかの種では，母親が同じ宿主に複数の卵を産む．その結果生まれた幼虫は，お互いに完全に仲良く成長しているように見える．他の種では，母親は1つの宿主に1つの卵しか産まない．このような種で2匹の母親が同じ宿主に卵を産むと，片方の幼虫が競争相手を殺して宿主を独り占めにする（訳者追補参照）．

訳者追補；その後，競争相手の非血縁幼虫を殺すことに特化し，自らは不妊の兵隊寄生バチ幼虫さえみつかった（Cruz, Y. P., 1981, *Nature* 294: 446-447）．兵隊幼虫は1つの卵が発生過程で多数個体に分裂したクローンのなかに見られる．この事例も，利他行動の進化には血縁関係が重要であることを示している．

　これらすべての例は，通常兄弟姉妹グループをもつものの行動を，遺伝的関係がない個体で構成されるよく似たグループの行動と比較することで正しく評価できる．しかし，そのような比較ができない場合でも，子孫のメンデル的な相対的遺伝的同質性が，兄弟姉妹間の競争的相互作用を大きく緩和する要因であると仮定することは妥当であろう．

群れの共同作業における協力や自己犠牲の極端な例は，遺伝的に類似した個体グループに限られるが，必ずしも近親者ではない個体間でもそのような行動がときに観察されるのは事実である．原始的なヒトの社会組織や，他のいくつかの哺乳類の社会的相互作用のような例は，個人的な友情や恨みを形成する能力の進化的効果に起因すると考えられる．この問題は第4章で検討した．残りの可能性は，相互作用が生物群適応の現れであるか，繁殖機能の誤発現を表しているか，個体の適応の統計的効果であるか，の3つである．私は，個体間相互作用の個別事例に関しては，繁殖機能の誤発現説が正しい解釈として支持できるのではと思う．この解釈の妥当性は，（1）繁殖機能が実際に

通常の文脈から外れて実行され，しばしば関係するすべての個体に不利益をもたらすこと，(2) 動物が血縁のない個体を積極的に援助する際には，家族に対して通常見られる行動パターンのみを使用すること，が示されるかぎりにおいて支持される．血縁関係のない個体に対する善意の行動は，子孫に対する同じ行動よりも激しくなることはなく，通常は弱くなるはずである．

　最初の点は十分に証明されている．繁殖に関連する構造は，繁殖期に突然現れて，その後完全に消えてしまうわけではない．成魚の生殖腺は産卵期が近づくと大きく成長するが，一生のうちの早い段階から存在し，繁殖期と繁殖期の間にも完全には消えずに残っている．完全な経済性と効率性が実現可能なら，必要なときに突然現れて，必要なときが過ぎれば消えてしまうであろう．同じことが付属構造にもいえる．たとえば，二次的な性的二型は，最初の繁殖シーズンのかなり前から存在し，その発達と唯一の使用目的が繁殖であるにもかかわらず，繁殖シーズンとシーズンの間でも検出可能なこともある．同じことが，行動についても明らかに当てはまる．子どもを含む若い動物の成長を観察したことがある人なら，実際に繁殖が可能になるずっと前に，不完全な求愛や性的衝動が起こることがあるのをご存知のはずだ．鳥の春のさえずりや縄張り行動は，他の季節でも頻度は低いが観察される．カメでは孵化後すぐに性行動の片鱗が観察される（Cagle, 1955）．

　なにもタイミングの不完全さだけが繁殖機能のコントロールの緩さの実例ではない．同性愛はさまざまな動物に見られる現象である．飼いならされた哺乳類では頻繁に見られるし，野生の有蹄類（Koford, 1957）や野生のサル（Altman, 1962）でも知られている．Freedman と Roe（1958, p. 468）は，「この行動は観察されたすべての哺乳類，霊長類，ヒトのグループで起こっているようだ」と主張した．また，フィンチやトゲウオでも生じているという（Morris, 1955）．トゲウ

オの雄が"雌の交尾パターン全部をそっくり"示すことがあるという．間違いなく，ほかにもたくさんの例があるだろう．関連する誤動作として，Altman（1962）が観察したような，妊娠中の雌に求愛して交尾を試みるという行動もある．

経験豊富な愛犬家は，受精せずに発情期を迎えた雌イヌに疑似妊娠がよく見られることを証言するだろう．そのような雌イヌたちは，排泄の準備をするなど，妊娠のあらゆる行動徴候を示すことがあるのである．

雑種の生産は繁殖メカニズムの誤作動のもうひとつの例である．種間の交配は通常，飼育下で見られる異常の結果であるが，ときとして野生の個体群でも発生する．自然界では，生息環境の急激な変化により突然，雑種が出現することが多い．この一般論はとくに魚類でよく知られているが，異常な状況が証明できない魚類の雑種の例も数多く知られている（Hubbs, 1955）．

これらのことから，繁殖機能は，おそらく他の適応的機能に比べて，タイミングの緩みや実行の不完全さをかなりの程度伴うのが特徴であると思われる．上に挙げた例はいずれも，関係する個体にとって明らかに進化上の不利益をもたらすものである．少なくとも，建設的に使えたはずの時間と食物エネルギーを無駄にしているのである．

しかし，ある個体にとって時間とエネルギーを浪費する繁殖機能が，明らかに他個体（配偶相手や子ども）の利益になることはよくある．必然的に，このような付随的な繁殖行動は文脈から外れて発見されることになる．ある種のウサギやシカは，飛び発つときに尻尾を上げて目立つ斑紋の示威をする．私はこれを繁殖の付属物と解釈している．この示威行動と尾の上昇は，主としては捕食者の注意を引くためでもあり，また扶養している子どもに危険が近づいていることを警報するためでもある．このような種では，成体は一生のかなりの時間扶養中の子どもをもつ．原理上は，保護すべき子どもがいない場合は，

行動と斑紋の両方をなくすのがよいかもしれない．しかし実際には，そのような調整を可能にする情報を生殖質に負担させる価値はないのだ．

その結果，繁殖期でなくてもシカやウサギの個体群に対する捕食率は，それらが跳躍する際に示す警戒シグナルによって，ある程度低減されているのではないかと思う．このような状況では，同種の個体の近くにいることが，捕食者から身を守るために価値があることを意味しており，このような種における群生性に有利にはたらく選択圧をもたらすに違いない．しかし，これは生物群的な適応ではない．たんに生態環境がもたらす機会に対し，個体が形質を調整したにすぎない．

同様の警戒シグナルは鳥類にも見られる．いくつかの種では，外側の尾羽が白いことで，雛を守るための偽傷行動の価値が大きく高まっている．繁殖期になっても明るい外尾羽が消えないのは，哺乳類で白い尻の斑点が残ることと同じように説明できる．声による警報メカニズムにも同じ議論が当てはまる．親が子の世話をしない種に，このような警報装置の例を私は見たことがない．

幼少期の依存期間後も子がしばしば親の近くにいるような個体群構造下では，警戒シグナルをもち続けることに有利な弱い選択圧が生じるかもしれない．たとえば，シカの冬の群れは家族の集合体として形成されることが多い．親が尻の斑点を見せて子に警報することは，親自身の繁殖上の利益につながり，子どもが同じ行動をとることは兄弟や親を助けることになる．しかし，大規模な群れでは，このような有利な選択圧は，ディスプレイがおもに遺伝的な競争相手を助けてしまうという事実によって，ほとんど相殺されてしまうだろう．

繁殖している鳥のつがいには，1羽以上のヘルパーがいることがある．ヘルパーとは，巣作りやその他の仕事で繁殖つがいを助ける未婚の個体のことである．上述したように，この現象はカリフォルニアキツツキでは恒常的に発生している可能性がある．他の種でも散発的に

観察されており，Skutch（1961）がこの現象について貴重な総説を書いている．ヘルパーはさまざまな分類群で知られており，性別や年齢に関係なく存在するが，通常，ある地域の繁殖鳥のうち，ヘルパーをもつのはごく一部にすぎない．ヘルパーは，何らかのかたちで繁殖に挫折し，親としての本能のはけ口を探さなければならない鳥のようだ．予想されることだが，一時的または恒常的に欲求不満を抱えている鳥の多くは，最初の繁殖を経験したばかりの若い成鳥であり，なかには明らかに未熟な鳥もいる．ヘルパーが別種の子どもを助けるケースさえ知られている．

　この現象の進化的な説明は明白であろう．ヘルパーはまさに，同性愛や自分の子以外を世話する親など，見当違いの繁殖行動を示すことが予想されるような個体である．ヘルパーが示す行動は巣作りや餌集めなど，その種の正常な繁殖行動の構成要素のみからなる．ヘルパー現象は，特定のパターンの親の行動を維持しようとする選択圧と，この行動を制御するタイミングを制御するシステムが完璧ではないことに起因していると考えられる．

以上の例は，いずれも個体間の相互作用に関するものだが，重要なのは，ある個体が他の個体を助けるために自分の資源を費やしたり，自分を危険にさらしたりする理由を節約的に説明することであると考えられる．特定の個体ではなく，同種の隣人全般に利益をもたらすようなやり方で，個体が自腹を切って行動する例は数多くある．このような行動は，動物が血縁関係のない2個体を超えるグループで存在する場合にのみに起こりうる．最初の重要な問題は，そもそもなぜ動物が多数個体からなるグループで存在する必要があるのかということである．

　私は，2つの基本的な誤解がグループ生活をする動物の研究の進展を著しく妨げていると考える．1つ目の誤解は，ある生物学的プロセ

スがある利益を生み出すことを証明すれば，その機能，あるいは少な
くともプロセスの機能を証明したことになるという思い込みである．
これは重大な誤りである．有益性を実証することは，ときに重大な発
見をもたらすことはあるものの，機能を実証するうえで必要でも十分
でもないのだ．プロセスが機能を果たす[*2]ように設計されているこ
とを示すことこそが，必要かつ十分なのである．関連する例として
Allee（1931）の議論が挙げられる．彼は，ある海産の扁形動物が通
常は集団で生息しているが，低張液に浸すと死滅することを観察し
た．この溶液の有害性は，1匹や数匹の虫ではなく，多数の虫がその
溶液にさらされたときに軽減される．この効果は，虫（とくに死んだ
虫）から未知の物質が水に放出されることによって起こる．この物質
は，それ自体は浸透圧の調節には重要ではないが，何らかのかたちで
低浸透圧から虫を守ったのである．Allee はこの観察に大きな意味を
見出し，環境の有益な化学的調整がこの虫の集合体の機能であること
を証明したと考えた．このような結論の誤りは，実験が少量の汽水に
大量のミミズを配置するような，非常に人工的な状況であることから
明白である．もし，水が低張になるか，水に化学的に有害な変化が起
きたときに社会的な結束力が高まることや，有害な変化によって特定
の器官の分泌装置が活性化されること，分泌された物質が低張に対す
る保護機能を果たすだけでなく，この保護機能に非常に有効な物質で
あること，これらを証明するような証拠があれば，結論は受け入れら
れるであろう．これらの状況をつなぐ関連性がさらに1つ2つ見つか
れば，機能的デザインの必要な証拠となり，低張性からの保護が単な
る効果ではなく，凝集の機能であることに疑いの余地はなくなるだろ
う．

---

*2 訳注：機能（function）やメカニズム（mechanism）の Williams の定義は厳密で
　ある．第 1 章を参照．

　第二の誤謬は，グループの機能的に映る側面を説明するには，グループの機能をなんとしても探さなければならないという思い込みである．ヒトの行動を例にとると，この誤解の本質がよくわかる．たとえば，火星からの訪問者が，燃え盛る劇場からパニックに陥った人々が駆け出してくる様子を観察したとする．もし彼もまた，私がいま問題にする誤解を抱えていたら，群衆は全体の利益のために，ある種の適応的な組織を見せるに違いないと考えるだろう．もしこの仮定に完全に目を奪われていたら，実際に観察された行動が，他のさまざまな考えられるタイプの行動に従った結果から予測されるよりも，全生存率が低くなる可能性があるという明白な結論を見逃してしまうかもしれない．実際には広く分散していた群衆が 1 か所に密集することで出口を塞いでいたにもかかわらず，彼は，群衆が火という刺激に対して迅速な "反応" を示したとして感銘を受けるかもしれないのである．

　しかし，人間性に詳しい人であれば，グループの機能ではなく，個体の機能に説明を求めるだろう．ある男が，危険な火事が突然発生した劇場にいたとする．もし出口の近くに座っていれば，すぐに出口に向け走ったであろう．少し離れたところにいたならば，他の人が出口に向かい走るのを見て，人間の本性を知っている彼は，自分が生き残るには何としても早く脱出しなければならないことを悟り，同じようにドアに向かって走る．そうすることで他の人が同じような行動をとる刺激を強めてしまうのである．この行動は，個体の遺伝的生存の観点からは明らかに適応的であり，暴徒の行動は個体の適応の統計的総体として容易に理解できる．

　これは適応行動の社会的帰結による被害の極端な例だが，このような効果は間違いなく発生するし，種によってはかなり一般的なものかもしれない．群れの先頭にいる個体が後ろからの圧力で崖から突き落とされ，大型の有蹄類が大量死したという報告は，少なくとも逸話レベルでは数多くある．社会的集団化による被害の例は，あまり目立た

ないもののほうが，たぶんもっと重要であろう．私は，社会的行動による最も重要な被害は伝染病の蔓延だと考えている（訳者追補参照）．

訳者追補：翻訳時のパンデミックにある世界状況から，Williams の洞察の鋭さをわれわれは実感できるのではないか．

　適応した個体の反応の合計というものが，すべてのグループ行動の根底にあると私は信じているが，しかしこれが有害である必要はない．それどころか，有益である場合が大半であるか，少なくとも有害な場合よりも多いかもしれないと思う．そのような利益の例としては，寒冷な気候の下での哺乳類や鳥類の親密なグループ化による保温が挙げられるだろう．しかしここで，群れが保温のために設計されていると仮定するのは，群れが病気を伝搬するために設計されていると仮定することと同じくらい根拠が希薄である．寒冷時にネズミが体を寄せ合う行動は，グループの熱損失ではなく，自分の熱損失を最小限に抑えるためのものである．隣人に暖かさを求めることでグループに熱を提供し，それによって生じたグループの暖かさが，他の個体に同じ反応をひき起こす，より強い刺激となるのである．同様に，劇場でパニックに陥った人もパニック刺激形成に貢献したのである．ヒトもネズミも，おそらく病気の蔓延を助けているのだろう．このように，効果の善し悪しを示すことは何の証明にもならない．適応を証明するためには，機能的なデザインを証明しなければならない．

　私は，社会的集団化の起源と進化について，おもに私が最もよく知っている例である魚類の群れを参照して説明したい．群れの形成はその典型において目を見張る現象である．その特徴は，ひとつのユニットとして動き回ることにある．興味をそそるのは，よく訓練された軍事教練のようなグループの規則性と正確さであって，個々の参加者の行動ではない．個体に注目すると，それはほぼ同じ大きさの同種個体であり，隣の魚とほぼ同じ速度と方向で泳いでいることがわかる．人

は個体への注意を簡単にそらされてしまい，1匹見たら全部を見たことになる．われわれの好奇心を持続的に刺激するのは，全体としての群れになる．

しかし私は，この直観的な反応を打ち消すことによってのみ，魚の群れ行動を正しく理解できると主張したい．まず個体に焦点を当て，その行動の適応的な側面を理解しようとすべきである．そしてこの設問が成功したならば，次にどれだけ多くの群れ現象が個体の適応の統計的な総和として説明できるのかと問えるのである．

敵から身を隠すことができない生息地に棲み，非社会的な集団を形成する傾向がある種では，スクーリング行動（schooling）が行われることが予想される．このようなグループは，表層水が収束したり下降したりする場所で動物プランクトンが集中するなどし，食物が局在化した結果として形成されるかもしれない．食物源に引き寄せられ形成されたこのような緩やかな集団化では，近づいてくる捕食者に最初に目撃され，攻撃されるのはグループの周辺にいる個体であろう．このような状況下では，グループの中心に居ようとする傾向をもつ何らかの遺伝的基盤をもつ個体が選択されることになる．グループの内部に身を置くことで，魚は自分と捕食者という危険源との間に他者を置くことになる．グループの内部に積極的に身を置く行動と，種認識マークによる召集の2つによって，自分自身の安全を確保できるのである．このように，スクーリング行動は能動的な行動パターンと，受動的な手がかりの提示に基づいて行われる．群れ生活者には，また，仲間の逃亡や苦痛を認識し，そのような反応を察知して防御行動をとる能力の進化も考えられる．集合性は，スクール（魚の群れ：訳補）の中心部で餌が枯渇するなどの要因により，集合の強度をそれ以上高めても保護の利益が得られなくなるまで増加すると予想される．

Breder（1959）は，捕食者がスクールを攻撃する様子をいくつか報告している．それによれば，攻撃は一見，スクールに向けられている

ように見えるが，通常は 1 匹の魚が捕獲されることになる．このような状況下では，獲物の 1 匹にとって最も安全な場所は，おそらくスクールの奥深くにあるはずである．捕食者が周辺の多くの個体を見逃した場合にのみ，内部の魚は危険にさらされることになるが，そのようなときは他の個体の反応が捕食者による攻撃の警報となるだろう．このようなことが種の歴史のなかで繰り返し生じてきたので，個体は適応的にスクールの外側を避けるように反応するのである．他のすべての個体も同じ反応をすることで，スクールのコンパクトさが増す．かりにある個体がそうでない行動をとり，単独で泳ぎ去ったとしよう．その個体はすぐに，獲物のなかで最も目立ち，最も弱い存在となるだろう．このような不適合な行動をとる傾向は自然選択上不利になり，群れることは種の特徴であり続けるだろうと考えられる．この結論は，グループ全体の捕食に対するスクーリング行動の影響とは無関係である．獲物がスクールをつくることで捕食が促進されることは十分に考えられる．捕食者にとっては，孤立した個体を探すよりも，大きなスクールを追うほうが簡単かもしれないからだ．Breder (1959) が言及している例の多くがこれを示唆する．捕食者の行動に関するいくつかの観察結果，とくに Fink (1959) の観察結果は，捕食者が獲物を誘導し，スクールの分断を防ごうとしていることを示唆している．メカジキ (Rich, 1947) に見られるような，ある種の行動パターンや身体構造は，獲物のスクーリング行動を利用するために設計された適応と解釈できる．ある種が捕食者に効果的に利用されるのは，群れているからだということもありうる．これは人間による捕食でも同じである．商業的に利用するためには，非常に大きな魚種で 1 匹ずつ捕獲しても経済的に成り立つか，漁師が 1 回の操業で大量に捕獲できるよう群れていなければならない．スクールを形成しない小魚では，収益性の高い漁業はできない．Bullis (1960) が似たような事例を挙げている．彼は，大きなサメがイトニシンの密なスクールを食べるのを観

察した．そのサメは，まるで人間がリンゴを食べているかのように，スクールを口いっぱいに入れ噛み砕いていたという．イトニシンは，おそらく単独でいたらサメに見向きもされなかっただろう．

　これらの観察結果は，群れが適応的に組織化されていないことを証明するものでは決してないし，グループの利益が群れの機能ではないことを証明するものでもないが，群れが期待されたようなグループの生存のためのデザインの機能を発揮しない場合があることを示している．また，群れが捕食を減少させる場合もあることは，言及すべきだろう．Brock と Riffenburgh（1960）は，そのような効果が生じる可能性のある状況を 1 つ示している．

　以上，スクーリング行動の起源と機能について説明してきたが，そこで必要なのは遺伝子選択のみであり，認めることができるのは個体適応だけである．これは，スクーリング行動（個体の活動）は適応的だが，スクール（群れ，統計的な結果）は適応的ではないとの仮定をおいている．スクーリングとそのすべての特性は，個々の反応の統計的な総和として説明される．多くのスクールが極端に密集しているのは，そのメンバーが周辺にいることを嫌うためである．運動行動が一致しているのは，各個体が仲間の近くにいようとするからである．大きさや種類が揃っているのは，目立たないようにしているからだ．見た目や行動が他の個体と大きく異なる個体は，目立つ標的となってしまう．このことは，危険に対する反応として（Breder, 1959）あるいは防御カバーがないことに対する反応としてスクーリングが強化されたり（Williams, 1964）する理由を説明する．また，知られているほぼすべての事例で，夜間にスクーリング行動がほとんど見られなくなることも説明がつく．

　しかし，もし魚類のスクールで機能していることが万一証明されたら，上記の理論では説明できないであろう性質がひとつある．可能性としての警戒シグナルである．それは魚の驚愕反応で，他個体の驚愕

反応をひき起こす，自分自身が示したものと同じ驚愕反応ではない反応の類いである．このようなシグナルは，発信者に利益をもたらすものではない．したがって，生物群適応と考えなければならないだろう．誤って起こった生殖機能である可能性を排除するためには，そのような警戒シグナルが，おもに発信者の子孫に警報するための機能をもたない種で実証されなければならない．私は魚の群れに視覚や音による警戒シグナルが存在する証拠を知らない．化学的なシグナルの可能性については別の機会に議論した（Williams, 1964: 377-378）．

　高度な規則性が，組織化されていない社会集団としてのスクーリングの顕著な特徴である．偶蹄類の群れやオオカミの群れには，通常，年齢差があるよう見える．何らかのかたちでリーダーシップがあり，おそらく優位と劣位のヒエラルキーがあるのだろう．このような個体の違いは典型的なスクールには明らかに存在しない．2つの独立したスクールは何の抵抗もなく融合でき，1つのスクールは同様に簡単に分裂できる．ここには自然選択による適応の跡は見出せない．スクールの規則性は適応的な組織ではなく，冗長性の統計に起因するのだ．

構成員の均質性と活動の一致性という点で，魚類のスクールに近いグループはほかにもあり，イカ，クジラ，ウミヘビのスクールや，鳥類の非繁殖性の群れ（flock）などがそれである．群れ行動の進化と機能についての私の議論は，これらのグループにも若干の変更を加えて適用可能であろう．しかし，Rand（1954）は，捕食者から身を守ることが鳥類の集合性（gregariousness）の重要な機能ではないとする証拠を提示した．彼は摂食の促進がより重要であると考えた．彼はまた，集合性から生じるグループの損害の可能性ついて，いくつかの興味深い例を挙げている．私は，有蹄類の大きな群れは魚のスクールと機能的に似ているのではないかと疑っている．しかし，哺乳類は繁殖のドラマにおける役割を完全に放棄することはほとんどない．雄ウ

シには季節ごとの行動サイクルがあるかもしれないが，好戦的な性質
の一部はどの季節でも保持している．子ウシには数シーズンにわたる
親との依存関係があり，母ウシは子ウシが大きな群れに加わった後も
子ウシへの愛着をもち続けるかもしれない．しかしこのような複雑な
家族構成は，スクールの完璧な均一性を損なうだろう．私は，草食哺
乳類の季節的な集合性はスクーリング行動の発達をひき起こすのに似
た進化的力の結果であるが，その効果は永続的な家族組織によって大
きく損なわれている可能性を提案したい．オオカミの群れにおける集
合性は，オオカミが大型動物を襲う傾向があることから，さらに重要
な意味をもつと思われる．オオカミがヘラジカを食べて生きていける
のは，唯一同じような食性をもつ他のオオカミ個体と一緒に獲物を襲
っているときだけである．しかし私は，いまのところオオカミの群れ
（pack）が機能的に組織化されているという証拠を知らない．

　オオカミをはじめとするさまざまな脊椎動物や節足動物が示す優位
劣位のヒエラルキーは，機能的な組織ではない．餌や仲間などの資源
をめぐる競争のなかで，各個体が妥協した結果が統計的に現れたもの
にすぎない．逆にそれぞれの妥協点は適応的であり，統計的な合算の
結果ではない．Guhl と Allee（1944）はしかし，反対の見解を示し
た．彼らは，雌鶏のグループが初めて形成されたとき，多くの喧嘩や
その他のあからさまな競争が起こることを示した．この行動は，優劣
のヒエラルキーが確立され，競争がより儀式化されるにつれて減少し
た．この変化に伴い，餌の消費量や産卵量で測定される平均的な生活
状態が上昇したが，これは明らかに，あからさまな競争に費やす各雌
鶏の時間とエネルギーが減少した結果である．Guhl と Allee は，こ
の変化はヒエラルキー的な組織自体に起因するのではないかと考え
た．Wynne-Edwards（1962）も，順位によるヒエラルキーが適応的
であると信じたが，それは繁殖や食料消費を増加させるからではな
く，それらを減少させる可能性を示す証拠があるからだとした（pp.

205-216 参照).

　繁殖と関係がない哺乳類の群れ（herd）に，機能的な組織があることを示唆する観察結果がいくつかある．ジャコウウシが敵に脅かされているとき，成体の雄は群れの露出した側に陣取り，弱いメンバーを守ろうとするようである（Lydeckker, 1898; Clarke, 1954, p. 329; Hall and Kelson, 1959）．これは機能的な分業であり，生物群適応の証拠のように思われるが，ほかにも説明が可能である．防衛行動を示す雄ウシが誤った繁殖行動をしているのかもしれない．群れは通常小さく，その中に雄ウシの子孫が多く含まれていれば，その行動は繁殖に直接関係する個体適応と考えられる．あるいは，純粋に統計的な効果がはたらいているとも考えられる．群れの各メンバーは，反撃と逃走のどちらに反応するかを決定する刺激の閾値をもっているであろう．おそらく，この閾値は各クラスの個体の戦闘力に依存して適応的に調整されたもので，雄ウシは子ウシよりも簡単には威嚇されないはずである．したがって，ある範囲の強度の脅威の刺激が，成体雄には反撃を，武器をあまり持たない群れのメンバーには逃亡や隠れることを誘発するであろう．このような統計的な選別は実際に起こりえて，生物群適応のように見せかけるかもしれない．群れが無秩序に逃げた場合でも，成体雄はゆっくりと逃げ，他の群れに遅れをとるであろう．この効果は Murie（1935）によってオオツノヒツジで観察された．オオツノヒツジの群れは，雌ヒツジと子ヒツジは高い岩場の隠れ家に通じる逃げ道の近くに留まり，雄ヒツジはより平地で危険な場所に移動するというように，分離することがある．これが，雄ヒツジが雌ヒツジや子ヒツジを守るための機能的分業でないことは，この 2 つのグループの距離を見れば明らかである．雄ヒツジはグループで，より臆病な雌ヒツジから数マイル離れた場所に移動することさえあるのである（Blood, 1963）．敵が現れたときに，たまたま雄ヒツジたちが雌ヒツジや子ヒツジの近くにいて好戦的な反応をしたことで，強いも

のが弱いものを守ろうとしているように見えたにすぎないのではなかろうか.

　哺乳類のグループにおける機能的な組織については，数多くの逸話がある．これらの多くは，注意深く観察したというよりも，ロマンティックな想像力の産物かもしれない．Hall（1960）は，ヒヒの群れ（troop）におけるそのような組織化を否定しており，とくに個体が"護衛兵"として機能したり，グループのために他のサービスを提供したりするという仮定を否定している．

　しかし，このようなグループが実際に何らかの機能的組織を示す可能性は，集合性（gregarious）の動物を研究している人たちが注意を払うべき価値が十分ある重要問題である．これらのグループは生物群適応の概念を試すのに適している．Altman, Hall, Lack, Richdaleらによる野生個体群の詳細で客観的な研究は，この点に関して重要な証拠を提供してくれるはずである．しかしこのような研究が進められているにもかかわらず，大規模なグループの機能的組織性についての明確な示唆的証拠がまだ得られていないことそれ自体が，すでに大きな意味をもっている．

第8章

〜・〜・〜・〜・〜・〜・〜・〜

その他のグループに関連すると
思われる適応

第 5, 6, 7章, そして本章の大部分は, 個体間の相互作用と, 個体群の現象における個体の役割に費やされている. 生物群適応の証拠を最も見つけやすいのはこれらの現象であり, これらのなかにさえもしその証拠が見つからないのであれば, 決定的であると思うからだ.

　私は, 個体適応は個体間の相互作用において沢山の実例があると主張してきたが, そのような適応は生物個体の生理において最も顕著である. 目的のための手段という精密適応の原理は, 身体局部から分子にいたるまで, 生理学者の関心のすべてのレベルに浸透している. 最小の原生生物は限りなく複雑な機械であり, すべての部品が遺伝子の生存という究極の目的のために調和し, 貢献している. 明確な個体はどれも, 内部が遺伝的に同質であると予測される. 遺伝的に異なる個体が1つの体細胞システムの中で協力し合うことは予測されない. 私はこのことを, 内部が遺伝的に多様な個体のグループの中に機能的な社会組織が一般に存在しないのと同様に説明できると主張したい. そのような組織を作り出すことができるのはグループ間の選択だけであるが, 遺伝子選択とランダムな進化プロセスが支配的な世界では, この力は無力なのだ.

　体細胞の遺伝的同質性は成長を媒介する有糸分裂によって担保されるが, 多くの場合, システムを均一に保つための追加的なメカニズムによっても保証される. 免疫的な反応により, 脊椎動物の遺伝的に異

なる組織が機能的に結合することは不可能である．Burnet（1961，1962）は，この免疫学的非寛容性は，もともとは変異体の体細胞を拒絶するメカニズムであると解釈した．突然変異は遺伝的多様性の源のひとつである．極度に原始的な生物では，隣接して成長するものどうしの融合はもうひとつの変異の源となろうが（pp. 121-124参照），これは非常に曖昧で定義が不十分な現象かもしれない．今日の原始的な動物は通常，遺伝的に異なる部分の融合を防ぐメカニズムをもつ（Knight-Jones and Moyse, 1961）．カイメンや腔腸動物では，成長のごく初期に同種のプランクトン幼生どうしが接触するほど近くに定着すると，融合して機能的な体細胞関係になることがある，というのが一般則のようである[*1]．しかし，それ以上の発生段階になると，遺伝的に異なる個体が協力して同じ体細胞装置を作り出すことはなくなり，自身を閉じてアイデンティティーを維持する．融合を避ける傾向は，組織学的な特殊化の程度が増すにつれ明白になる．フサコケムシやホヤのような動物では，遺伝的に異なるコロニーどうしを融合させることは，発生の初期段階でも困難である．

　植物は動物に比べて異物に対する寛容性が高く，そのことは接ぎ木の作業で容易に証明される．園芸の世界では，同じ属の植物ならば融合させて1つの生理系にできる傾向があることは常識である．カリンの根系がリンゴの幹に水や栄養を供給することがある．その結果，カリンの根はリンゴの遺伝的成功に貢献するが，しかしこの関係が続くかぎりカリン自身は子孫を残すことはない．もちろん，これは歴史的に新規な状況であり，自然選択の影響を直接受けたものではない．

　しかし，自然状態でも遺伝的に異なる植物が融合することがある．Bormann（1962）は，隣接するマツなどの根系が融合することを示し

[*1] 訳注：これを行う群体性ホヤでも，融合可能な幼生は特定遺伝子座の遺伝子を共有するものに限られているようである．Grosberg R. K., Quinn, J. F., 1986, *Nature* 322: 457-459.

た．樹木が成長すると，勢いのある個体は接続している他の樹木の成長を抑え，その根系を自分の根系に取り込むことがある．このようにして，成熟した樹木は，地上では遺伝子的に同質であっても，根系では遺伝子的に多様であることがある．

　重要な問題は，その関係が抑制された側の個体の生殖寿命を短くするのか長くするのかということである．また，自然の接ぎ木に参加することでより強固に地面に固定されるなど，相互利益があるのか否かである．さらに重要なのは，取り込まれた根が遺伝的に異質な茎に積極的に貢献するのか，それとも支配的な個体によって強制されるだけなのかという問題である．もしかしたら関係の初期段階では，どの個体が貢献側に回り，どの個体が利益を得る側になるのかは，わからないのかもしれない．それぞれが他個体の組織を利用しようとしているのかもしれないが，そのような競争では必然的に負ける個体が出てしまう．根つぎをされた木の間のホルモン，栄養，その他における関係性が，この議論に大きな意味をもつのは明らかである．

　細胞性粘菌では，別々の個体が融合して1つの組織化された生物体となることが定期的に起こる．Burkholder（1952）は，関連する現象を刺激的な言葉で表現している．アメーバ状の細胞の個体群が土中に生息し，各個体は独立して生き，摂食しており，分裂によって繁殖する．その後，個体群内に散らばった個体から引力刺激が発せられ，アメーバ状の細胞の求心的な移動が起こる．やがてアメーバ状の細胞は固まりとなって集合し，基部，茎，そして胞子がつくられる末端の子実体へと分化する．茎や子実体の基部を形成する細胞は，胞子形成後にすべて死亡する．これらの"体細胞（somatic）"構造の形成に協力した細胞は，末端に位置する特定の細胞がより効果的に繁殖できるように，自らを犠牲にするのである．遺伝的に異なると思われる複数の形態変異細胞が1つの生物体へと合体し，そのような遺伝的モザイクな個体がつくった胞子から，元の異なるタイプの変異体を再生できる

ことが実験で示されている（Filosa, 1962）．これらの事実を解釈する
うえで重要な問題は，合体するアメーバの遺伝的変異の頻度と程度に
関するものである．子実体はつねに遺伝的に多様なのか，あるいはた
まにしか多様化しないのか？　遺伝的多様であることが普通であるな
らば，協力するアメーバは通常2，3個のクローンからなるのか，そ
れとも遺伝的に異なるもっと多くのクローンからなるのか？　もし，
1つの子実体の中に2，3個のクローンしか存在しないのが普通だと
したら，茎細胞は体細胞としての役割を担うことで，通常は自分と遺
伝的に同じ個体を多く含む細胞群の繁殖を助けていることになる．遺
伝的に均質なシステムに比べてその効果は低いものの，選択は体細胞
の犠牲に有利にはたらくかもしれず，依然としてアメーバの行動は純
粋に個体適応であると解釈できよう．遺伝的に同一な細胞の割合がつ
ねに少ない場合は，生物群適応が示唆されるかもしれない．しかし，
生物体のなかに大きな遺伝的多様性が一般的に存在するとする見解を
疑う根拠はあるだろう．これらの生物は，有性生殖をほとんどしない
か，あってもごくわずかであり（Bonner, 1958），また分散力も低い
と思われるからだ．Bonner（私信）によると，胞子は風によって飛
散するのではなく，分散はおもに水や土壌中の動物による運搬に依存
しているという．これらの要因により，1つの生物体へと合体するア
メーバはすべて同じクローンであることが多いと考えられる（訳者追
補参照）．

訳者追補：これら粘菌でも互いに相手を識別し，遺伝的なクローンどうしが
優先的に協力し合う仕組みが存在することが，その後明らかにされている．
たとえば，Hirose, S. *et al.*, 2011, *Science* 333: 467-470. 粘菌は積
極的に合体するグループ内の遺伝的均一性を高めているのである．

　遺伝的に異質な多細胞生物体が自然界で形成される頻度と，それに
関連する他の問題は，多くの点で生物学の理論にとって深遠な意味を
もつ問題であり，高等植物や細胞性粘菌など，この現象が発生する生

物の研究者が細心の注意を払い研究する価値がある[*2].

多くの生物学者は，たとえば，最初は Weismann（1892），最近では Emerson（1960）が，老齢による死は生物群適応であると考えた．超高齢者を排除して若者の居場所を確保することが個体群に利益をもたらし，世代交代の時間を短縮することで，急速に変化する状況への進化的対応を促進できるとされたのである．この理論は，最近の研究者，とくに Comfort（1956）によって厳しくかつ正当に批判されているので，ここではその批判の簡単な要約のみを繰り返せば十分だろう．(1) 老化はすべての器官の一般的な劣化であり，年齢が上がるにつれて死の確率が高くなるだけである．進化した適応のような外観をもつ"死のメカニズム"は存在しない．Comfort が述べているように，「老化には機能がなく，機能の破壊である」[*3]．(2) 最大寿命が確実にわかっている生物では，野生個体群の齢構成を見ると，老衰による死はほとんどないことがわかる．(3) 世代の長さが，たとえ老化に強く影響されるとしても，進化の速度を制限する要因になっているという証拠はない．それどころか少なくとも動物では，長寿と急速な進化はしばしば関連しているように思われる（たとえば，ゾウ属，クマ属，ヒト属）．(4) 世代を短くすることで進化上のメリットがあると仮定しても，いやそう仮定しなくても，老化がそのような選択上有利

[*2] 訳注：Williams が推奨した微生物の利他行動に関する適応生物学的研究は，2000年前後に細胞性粘菌や粘液細菌を用いて大きく進展した．生命科学的な研究解説は多くあるが，適応生物学的な文脈での和文解説は多くない．興味がある向きは拙書，石川 統ほか 編，2006，シリーズ進化学 6，『行動・生態の進化』，岩波書店の第 2 章を参照されたい．

[*3] 訳注：アポトーシスは？　オートファジーは？　と疑問に思う向きもあるかもしれないが，これらは体内の物質の適応的再配置のメカニズムであり，個体の死のメカニズムそのものではない．次ページで Williams は植物の葉の老化に関する議論でこれと同じことを述べている．

になるとは考えにくい．（5）個体適応の結果としての老化については，単純でもっともらしい代替理論がある．

　この代替理論は Medawar（1952）が最初に正確に述べたが，それは選択圧と齢，より正確には繁殖確率分布との関係に基づいている．極端なケースを想定すれば，容易に理解できる．性的に成熟する前に現れた適応度の変化は，繁殖個体群全体（次世代遺伝子プールのこと：訳補）の決定において積極的な役割を果たす．対照的に，ほとんどの個体が生き残れない齢になってから発現する適応度の変化は，個体間の繁殖成功を決定するうえで，ほとんど役割を果たさない．したがって，若年期に適応度をわずかに増加させる遺伝子は，たとえそれが後になって著しく有害な効果をもたらすものであっても，自然選択上有利になるかもしれないのだ．別の場所（Williams, 1957）で，私はこの理論的根拠に基づいて老化の現象の一般的な統合を試みた．

　Leopold（1961）は高等植物に特化して，老化の進化的・生態的意義について，いくつかの新しい学説を提案した．彼の論文は，植物のライフサイクルにおける適応の一側面として老化を考慮すべきであるというもので，私は彼の推論のほとんどが妥当であると考えている．たとえば，葉の老化は植物にとっての有用性と適応的に関係していることを，もっともらしく立証している．葉が形成されたばかりのころは高い位置にあって光がよく当たるが，茎が成長するにつれて新しい葉の陰になり，光合成の効率が悪くなる．すると植物は，古い葉から若い葉に栄養分を再配分して有効活用するようになり，古い葉の有用性がさらに損なわれていく．そして，維持費に見合わなくなった葉は，できるだけ多くの有用な材料を回収したあと，使い道のない部分として切り捨てられるのである．しかし，Leopold はこの一連の流れを"老化"とよんでいるため，一般的な結論としては誤解を招くことになる．有用性を最大化するために材料物質を配置することは明らか

に適応的であり，このプロセスを"老化"*4 とよぶのは通常の使い方に反するものである．古い葉の劣化と欠落は老化であるが，適応的ではない．そこには物質とエネルギーの測定可能な損失があり，これはおそらく物質の適応的な再配置のために支払われる代償である．

　同じことが植物体全体の老化についてもいえる．Leopold は，この植物体全体の老化によって，植物が適応的に季節的に特化できるのだと主張する．しかし，一年生の雑草が季節ごとに枯れるのは，積極的に達成すべき目標という意味での適応ではない．それは，きわめて迅速な形態形成と，越冬する種子段階の生存率を最大化するために支払われる代償にすぎない．

　つまり，どのような種類の老化であっても，私の解釈では，関係する個体にとっては損失となるのである．ライフサイクルにおけるその存在は，コストに見合うと思われる形質発現を可能にするという根拠に基づいて説明されなければならない．老化は，積極的な利益をもたらすいくつかの機能がそれなしでは不可能であるという意味でのみ，適応的とよぶことができる．たとえば，多年生植物がその葉のいずれかを捨てることなしにはある適応策を発現できず，さもないとその植物は重大な障害を受け，成功の可能性が大幅に減少するというようなことがもしあれば，である．生物学的な目標を達成するために生理学的な犠牲に頼るという可能性は，重要な研究テーマであろう．しかし，このような関係の進化を分析する際には，目標と犠牲を注意して峻別しなければならない．

一部の生物学者（たとえば，Norman, 1949）は，毒をもつ組織は生物群適応であると考えた．毒素の機能は毒をもつ個体の死後にのみ発揮されるので，個体には何の利益もないからである．毒素はその種に

---

*4 訳注：" " は訳者が入れた．

とっての敵を破壊するために設計されたのだろうというわけである．このようなデザインを実証するには，毒物が機能的には忌避剤であり，偶発的にしか毒としてはたらかないとか，まったくの偶然であるという単純な代替仮説を排除する必要がある．

　毒物が体表に存在する場合は忌避機能の存在を明らかに示唆しており，その可能性は捕食者の反応を観察することで容易に検証できる．そのような忌避機能は両生類や昆虫に共通しているようで，昆虫に擬態の進化をもたらしたほど，十分に効果的なものである[*5]．忌避化学物質の毒性については簡単に説明できる．毒性のある化合物を忌避することは，一般的に予測される動物の適応である．毒性のあるものは何でもまずいと感じる傾向が強く，動物がまずいと感じるよう設計された物質は，同時にしばしば毒性を伴う．

　毒素が体内組織にしかない生物や，毒素がまずくない生物については，別の説明をしなければならない．さまざまな魚類や海洋性無脊椎動物は味がせず，捕食者が摂取してから長い時間が経ってから有害な効果を発揮する内部毒をもつことがある．有毒な植物も同様で，ある種の致命的なキノコは美味しいとさえいわれている．

　海産魚類や多くの無脊椎動物の体内毒は，明らかに彼らの食生活に由来する．Halstead（1959）は有毒魚の問題を詳細に研究し，最も致命的な種の毒性でさえ，季節や地域によって変化する現象であることを明らかにした．その証拠に（毒は：訳補），植物プランクトンの発生，とくに特定の渦鞭毛藻が関係しているという．これらの微細な植物が，個体群の利益のために毒素を生成すると考えるのは不合理である．この毒素は，毒素を出す植物を食べる草食動物にも，その草食動物を食べる魚にも，影響を与えないようであるからだ．海産渦鞭毛藻

---

*5 訳注：無毒な生物種が有毒な生物種に似るベイツ型擬態と，有毒な生物種どうしが似るミュラー型擬態などが知られる．

の陸生哺乳類に対する毒性については，その関係は単なる偶然のものであるとしか考えられない．高等植物の組織に含まれる対動物性毒素の多くも，このように説明されるに違いない．

　注入毒は特別な種類の毒物である．これら毒物が破壊的な効果をもたらすように設計されていることに疑いの余地はない．その設計は，薬理学的特性や損傷を受ける生物の体内に毒を注入するための特別な装置の存在から明らかである．毒のなかには，肉食動物にのみ見られる攻撃兵器もある．腔腸動物やヘビの毒は，使用時に獲物の制圧に役立つ．しかし他の注入毒は，純粋に防御的な適応であり，機能するには非常に迅速に痛みを生じさせなければならないが，極度の毒性は付随的な効果でしかない．痛みを生じさせる方法が組織に損傷を生じさせることがあるのは明らかである．しかし，侵入時に急速な組織の損傷を生じさせるように設計された物質は，当然のことながら，全身に拡散した後には全身的な毒性を生じさせる可能性が高いといえる．

　私の知るかぎり，すべての防御毒は非常に素早く痛みを生じさせ，忌避剤として容易に説明がつく．殺傷目的であると仮定する必要はない．イラクサの毒はヒスタミン溶液である（Burnet, 1962）．動物の局所的な痛みをひき起こすのに，これほど適切な物質はないだろう．エイの毒（Halstead and Modglin, 1950），オニダルマオコゼの毒（Smith, 1951），ウィーバーフィッシュの毒（Carlisle, 1962），サソリの毒（多数の報告がある）は，いずれも非常に速いスピードで強い痛みをひき起こす．社会性昆虫の防御的な刺し傷も，少なくともその大きさに比例した痛みをもたらす．スズメバチのようなグループの毒針は，皆知っているように忌避剤として効果的である．これらの痛ましい観察結果は，注入毒が敵にただちに不快な効果をもたらすように設計されており，それによって毒をもつ個体や（社会性をもつハチ目昆虫の場合）コロニーを守るという説をすべて支持するものである．哺乳類を刺した後にハチ目昆虫がしばしば死ぬのは，おそらくこの設計

の一部ではない．これは，哺乳類の皮膚にはしっかりと固定されたコラーゲン繊維が多く存在するために起こる不幸な事故である．

さまざまなロマンティックな議論（これらは幼少期の生物学者の考え方に影響を与える）によると，ガラガラヘビの尻尾についているガラガラは，動物一般にガラガラヘビが危険な存在であるということを警告するために設計されたものであるという．しかし現在の爬虫類学の見解（Klauber, 1956; Schmidt and Inger, 1957, p. 273）は，ガラガラはたしかに警告であるが，「警告された大きな動物がヘビを踏んだり，いたずらしたりせず，遠ざかるようにするための宣伝装置」（『種の起源』，Chap. 6）として機能することで，ヘビに利益をもたらすよう設計されたものだとするダーウィンの見解に従っているようだ．このメカニズムは，大型動物がヘビに噛まれることが有害だと学習するという推測に依拠する．しかし，私にはもっと良い説明があるように思える．ガラガラは攻撃者の注意を，重要な武器がある頭部から離れた，無害で重要でない部分に向けさせるのである．イヌと毒ヘビの戦いの結末は，イヌが最初にこの爬虫類の頭と尻尾のどちらを摑んだかによって大きく変わるだろう．

ボーイスカウト文学やその他の自然史の民間伝承には，生物群適応のように見える事例があふれている．「カエルは仲間が水を見つけるのを助けるために鳴く」[6]という例は，最近，専門書で新しいアイデアとして紹介されたくらいである．

生物群適応のさまざまな可能性を扱うにあたり，私は，現象が実際に想定されたような作用をしているかどうか，代替対立遺伝子間の自然選択以外の創造的な進化の力の存在を示唆しているかどうかという問題に限定して議論してきた．しかし客観的で一般的に受け入れられている個体群の適応度の基準（pp. 89-94 参照）がないため，想定さ

---

[6] 訳注：「」は訳者が入れた．

れる適応が本当にグループの福利に寄与するかどうかを評価する試み
自体が無意味だと私には思えてきた．生物群適応の支持者の間で，そ
の人口統計学的効果という基本的な問題についての意見の一致がない
のである．Wright（1945）が仮定した生物群適応は，個体群サイズ
を増大させ，その結果，個体群間の競争において効果的な要因と想定
される移住率を増大させるものとされた．Brereton（1962A および
B*7），Snyder（1961），Wynne-Edwards（1962）などは，生物群適
応はある最適なレベルを超えた個体密度の増加を防ぐと仮定してお
り，移住はその多くの可能なメカニズムのひとつにすぎないとしてい
る．また，Emerson（1960）のように，進化の可塑性やその他の要因
の観点から，ある種の最適な齢分布を作り出すことに付加的な機能を
見出している者もいる．多くの場合，たとえば，ある個体が別の個体
に与える援助についての議論などがそうであるように，最終的にどの
ような機能が想定されるのかはまったく明らかではないのだ．

　しかし，1つの点では一般的な合意が得られている．生物群適応が
仮定される場合はいつも，その直接的または究極的な効果に，伝統的
な美的観点からの状況の改善があるということだ．捕食者から強い圧
力を受けている元気な個体の個体群は，病弱で慢性的な飢餓状態にあ
る個体群よりも適応度が高いと想定される．個体が，それらがもつ縄
張りで資源を安定的に分割している個体群は，無秩序な資源の奪い合
いをしている個体群よりも適応度が高いと仮定される．縄張りや社会
的地位を，示威行動により隣人に認めてもらうことで維持されている
個体群は，物騒な武器を使って頻繁に戦闘を行うことで社会構造を維
持している個体群よりも適応度が高いとされる．安定した密度，安定
した齢分布などを示す個体群は，そのような要素が大きく変動する個
体群よりも適応度が高いとされ，限られた繁殖力と低い幼少期死亡率

---

*7訳注：AおよびB双方からの引用と思われるので，追記した．

を示す個体群は，高い繁殖力と高い幼少期死亡率をもつ個体群よりも適応度が高いとされ，年老いた有力者が定期的に有望な若者に地位を譲る個体群は，多産だがあまり交代しない寡頭制の安定した政権に支配されている個体群よりも適応度が高いとされ，はたらきバチのように，より大きな目的のために自分の幸福をしばしば危険にさらす個体群は，構成員がつねに自分の目先の利益のためだけに行動する個体群よりも適応度が高いとされ，普段から平和に暮らしており積極的に協力や助け合いをしている個体群は，争いが絶えない個体群よりも適応していると仮定される．その一方で，相互破壊をすすんで行わなければならない場合は，同等の仲間を殺すよりも嬰児殺しのほうが望ましいとされる．このような命題に見られる唯一の一貫性は，生物はこうあるべきだという一般的な美的概念によく合致しているということである．

　Brereton は，生物学的思考におけるこの美的要素について，興味深い例を挙げている．彼は，生物群適応の目標に関する問題は，空想的な方法で次のようにアプローチできるかもしれないと述べた（1962A, pp. 80-81）．「ある個体群の個体たちが周囲を見て，『われわれは死亡率を上げるか，繁殖率を下げるか，あるいはその両方をしなければならない．そうしなければ，われわれの生活水準は下がり，われわれは生存のためにお互いに争わなければならなくなるだろう』と自分たちに問いかけたとしよう」と．Brereton は，この議論が比喩的なものであることを明確に示すことで，個体群生態学が内包する共同体精神という信念を意図的に回避している．しかし，続く進化したメカニズムとしての個体群制御についての議論では，想定されている適応はすべて，個々の個体にとって食料やその他の資源が豊富にあるという擬人化された意味での生活水準の向上であるという点で共通している．たしかにこれはそれ自体望ましい美的目的ではあるが，それが進化上も類似の意義をもつと信じる理由はないのである．

　Brereton の議論では，進化した適応の目標として個体群サイズの適応的な調節を扱っているが，これこそがまさに生物群適応の目標として頻繁に想定されるもののひとつである．ここでいう調節とは，安定性に寄与する負のフィードバックを意味する．自然界における個体群サイズが，個体群密度の安定化に何の貢献もしない一回性の事象やランダムな事象に頻繁に影響されることがあるのは，誰にも否定できない．また，正のフィードバックが個体群の爆発や絶滅へと不可逆的につながる個体数減少をもたらす可能性を示す事例もある．しかし，ほとんどすべての人が，自然個体群が多かれ少なかれ一貫したレベルの個体数を何世代にもわたって維持するという一般的な傾向を認めており，ほとんどの生物学者はこの一貫性を，安定化をもたらす影響が継続的に，あるいは少なくとも時々は作用しているためだと考えている．

　このような安定化は，ごく単純化された実験個体群の生態で最も簡単に示せる．たとえば，実験用の水容器を用意し，そこに数匹の原生動物を接種し，単位時間あたりに一定量の餌を供給し続ければよい．やがて原生動物の数は，餌の供給速度によって決まる一定のレベルまで増加する．災難に遭わないかぎり，その後の個体数は長期的な平均を中心に，ランダムな，あるいは多少の周期的な変動を示すだけである．この平衡状態は個体を追加したり除去したりすることで，どちらかの方向に乱すことができるが，個体数は速やかに元のレベルに戻る．このようなシステムは，負のフィードバックによって維持される定常状態現象を明確に示している．

　生物学者が出会うところの安定平衡の多くは，進化した適応の機能である．たとえば，広範囲の環境変動に対する哺乳類の体温の安定性はその一例である．この安定性は，いくつかの負のフィードバック機構のはたらきにより達成されているが，それは熱安定性への効率への自然選択の存在に負うところが大きい．

　実験個体群の安定性を支える似たような要因も探求できるだろう．個体数が増加すると増加させる要因が減少し，個体を除去する要因の効果が強まる．たとえば個体群密度が高まると，餌の減少，培地の毒化，競合する個体による摂食の妨害など，多くの要因により個体の成長速度が遅くなる可能性がある．同じ要因で成虫の繁殖活動が阻害されることもあるだろう．共食いやその他の相互破壊活動は，混雑が進むにつれて急速に増加する可能性がある．これらの負の影響は，死亡率と繁殖率が等しくなり，個体数が安定するまで強化が続く．

　このような安定化は，「個体群が食物供給に合わせて自己調節する」とか，あるいは「個体群は環境が維持できる以上の数を生み出さないように，繁殖を抑制する」といった言葉でしばしば表現されることになる．そしてこのような表現が，密度調節は個体群全体のための進化した適応であり，そのような適応がなければ数の安定性はないと解釈されることになるのである．

　このような解釈にはまったく根拠がない．原生生物であれ何であれ生物を一定数維持するためには，その生物に特徴的な量のエネルギーを摂るため餌の消費が必要である．餌が足りなくなれば必然的に個体数は減少し，新たなレベルに達する．これは純粋に物理的な必然である．個体数が現在の環境で維持できる量を超えることは物理的に不可能である．物理的に不可能なことが起こらないということに対して，進化した適応という考えを持ち出す必要はない．

　したがって，このような単純な実験個体群の個体数調節は，個体群自身が達成するものではなく，遅かれ早かれ個体群に課せられるものなのである．このような調節の詳細を調べるには，もちろん，食物制限と個体数制限との間の因果的連鎖をもたらす適応を広範囲に扱うことになるだろう．しかし適応はすべて，これらの過程に参加する個々の個体の遺伝的生存を最大化するように設計されている．個体数への影響はその統計学的な副産物である．ある動物が自分の身体組織を維

持する量の食物しか得られなかった場合，考えられる反応は2つに1つであろう．餌の一部を使って配偶子をつくり，飢え死にする．その死によって他の個体がより多くの食料を手に入れることができるようになり，その結果，他個体の死亡率が低下するかもしれない．もうひとつの可能性は，食物の供給に合わせて繁殖力を適応的に調整することである．かつかつの食生活では，動物は繁殖を完全に止め，ただ生き続けるだけかもしれない．どちらの選択肢でも物理的な必然として，結果的に個体数が制限されることになる．食物供給に応じた繁殖力の調整は，個体の立場からは適応的である．動物は生き延び，後でより繁栄した時間を過ごせるかもしれないからだ．しかし個体群の観点から見ると，この適応には，物理的な必然である個体群密度の調整をさらに促進する力も，抑制する力もないのである．

　捕食のような追加要因を導入しても，状況は複雑になるかもしれないが，結果に大きな影響を与えることはないだろう．Slobodkin (1959) は，一定餌量供給下のミジンコ *Daphnia* の実験個体群が，捕食圧力が大きく異なる条件下でも，ほぼ同じ個体数を維持することを示している．捕食者（この場合は実験者）が供給した餌をすべて消費するのに十分な量のミジンコを残すかぎり，ミジンコは餌を食べて捕食によって除去されるのと同じくらいの速さで新しく再生産される．こうして個体群のバイオマスは，適度な捕食によってはほとんど影響を受けないかもしれないが，その齢構成や各個体の生存条件は大きく変化する可能性がある．だたし，捕食圧を加えたとはいえ，自然界の多くで見られる生物群集に比べれば，この個体群生態は単純極まりないものである．しかし，海洋性プランクトンのような，かなり単純で均質な自然の個体群は，Slobodkin の実験モデルがかなりよい近似になるのではないかと私は想像する．

　高等植物の大多数では，何をもって1つの個体とするかという問題のため，個体群サイズの研究が困難であるが，一般的問題は動物個体

群の場合と形式上同じである．数とバイオマスは，物理的必然として
資源不足により制限され（Harper, 1960），そのような制限は生物群
適応を意味しないのである．

　上述の例では，最終的にはエネルギー供給速度の制限によって個体
数が制限されたが，エネルギーは不足する可能性のある必要資源のひ
とつにすぎない．ルリツグミが巣をつくるには，木の幹に穴を開ける
か，それに代わるものが必要である．他の資源がさらに限られていな
いかぎり，ルリツグミの個体数は適した巣穴の多寡によって決定され
るだろう．ある特徴をもつ穴が必要な資源であるという前提に立て
ば，この制限は避けらない．同様に，ある種のウグイスは縄張り意識
が強く，かりに一組のつがいに最低1エーカーの森林を必要とすると
しよう．この条件のもとでは森林のエーカー数以上にウグイスの繁殖
つがいが存在することはないだろう．このような制限は論理的に避け
られないものではあるが，しかし物理的な原理から直接導かれるもの
ではない．資源不足が生じたのは，ある進化の過程の必然としてそう
なったのである．もし生物学者ができるだけ多くの個体数を維持でき
る鳥を創造することができたら，それらには葉を食べる習性やセルロ
ースを消化する酵素や，小さな体，どんな巣でも満足しやすい習性，
感染症に対する高い免疫力などを与えるだろう．縄張り意識はもたせ
ないだろう．肉食性の食生活，特殊な営巣地，縄張り意識などの獲得
は，必然的に個体密度の低下をもたらすからだ．それゆえ，これらの
諸性質の多く，とくに社会的相互作用は，個体数の制限を目的として
もつと解釈する生物学者が現れることになるのである．このような傾
向は，Allee（さまざまな研究），Emerson（1960），Brereton（1962A
および B），Snyder（1961），Wynne-Edwards（1962）や，ほかにも
何人かの著名な生物学者の研究に顕著に見られる．

　今回の議論では，とくに適応の結果，つまり個体数の調節が物理法
則の作用ではなく，生物の何らかの属性によって実際にもたらされる

ことがあるかどうかという問題を取り上げている．しかし，証拠を検討する前に，個体数調節の2つの側面を区別する必要がある．第一に調節の程度，すなわち個体群の大きさの長期平均の絶対的な値である．2つ目は調節の精度で，実際の個体数が長期的な平均値にどれだけ近いかということである．縄張り行動によって，ある種の生物が$1\,\text{mile}^2$あたり平均100のつがいに制限されていることを示すことは可能だろう．しかしこれは，縄張り行動の存在が個体群の安定性を高めている証拠にはならない．せいぜい縄張り行動があると，ない場合に比べて制限される個体数のレベルが低いことが証明されるだけである．もし縄張りが個体数を制限しなかったら，何かほかのものがより高い個体数レベルで密度を制限することになるだろうが，その"何かほかのもの"による調整の精度は，縄張り行動より高いかもしれないし，低いかもしれないのだ．

　食物やその他の資源とは無関係に機能する縄張り行動などの社会的な個体間距離維持メカニズムが，個体群密度を制限しうると考えることは理にかなっている（Lidicker, 1962）．しかし，他の特性をいっさい変化させずに種全体の社会的特性を変化させる実験操作ができないかぎり，社会的な個体間距離維持がない場合に比べ，個体数制限の程度や精度がどのようになるかはわからない．わかっているのは，この要素がなければ種によっては個体数レベルが高くなるだろうということだけである．Lack（1954A）は，縄張り行動の強い鳥類の多くは実は要求面積がかなり柔軟であり，その個体群密度はしばしば最小縄張り面積で実現されるよりもかなり低いことを示している．社会的な間隔維持が個体数を制限することは明らかかもしれないが，実際の特定のケースでそれが密度のレベルを決めていることを証明するのはきわめて困難であろう．かりにそのような効果が証明されたとしても，密度の制限は必ずしも社会的距離の機能である必然はないだろう．縄張り行動が個体適応であると解釈できるならば，密度の調節はたんに付

随的な統計的副産物であると考えるべきである（訳者追補参照）.

> 訳者追補：科学史的にみると，個体群密度の決定に関する生物群適応的な考
> え方は，Williamsのこの議論が生態学者の間に広く普及することで，国に
> よって時間差はあれど，ほぼ葬られた．しかし，この議論があまりに説得力
> があったため，適応形質が個体群密度を与える副産物的な効果についてさえ
> 行動生態学者が興味をもつことが少なくなり，結果，個体群生態学と行動生
> 態学は歴史上乖離し，別の道を歩むことになってしまった.

　縄張り行動が個体の利益になることは，個体群密度が高い（それに
伴って縄張りのサイズが小さくなる）と，平均繁殖成功率が下がると
いうLack（1954A）の研究結果において，少なくとも1種の鳥では
示されている．個体密度が低い場所で営巣することは明らかに有利で
あり，これは他の条件が最適でないことを部分的に補うほどの重要条
件である．縄張り示威と他個体の示威に対する反応という2つの協調
された適応的行動が，低密度の場所で営巣するという目的の達成に貢
献している．縄張り示威とは，特定の場所を占有することを儀式的に
喧伝することをいう．巣作りの場所を探している鳥が，もし他の個体
による縄張り示威行動に繰り返し遭遇したなら，それは鳥が明らかに
個体密度の高い場所にいることを意味する．適応的な反応は，より混
雑していない地域に移動することである．理想的な場所が見つかり，
競争する他個体が先に縄張りを主張することがなければ，鳥はその場
所を自分の縄張りとして占有するかもしれない．もしそうしたのな
ら，次は個体密度が低いことの利点の維持が重要になる．そのために
鳥は自分の縄張りを誇示して，潜在的な競争相手が自分の占拠した場
所の一部を利用するのを阻止するのである．鳥がある場所をしばらく
の間占有すると，その縄張りに特別な価値をもたらす既得権を獲得す
る．鳥は滞在中に，その縄張りの地理，たとえば避難場所，水，食料
源，代替の営巣地の位置などの重要情報を学ぶことができる．また，
巣作りには時間と労力を費したかもしれない．縄張りを維持しようと

するモチベーションは，新しく入ってきた他個体がその縄張りを使用しようとするモチベーションよりも高いはずである．そのため侵入者との争いでは，ほとんどの場合，縄張り保持者が勝利するという一般的な観察結果がある*8．縄張り示威の効果には，示威でライバルを威嚇できなかった場合に有効な，武器使用に訴える可能性の裏づけがつねにあると考えられている．このことが，儀式化された，よりダメージの少ないかたちの争いの有効性を維持する重要な要因であるに違いない．小さな鳴鳥であっても，時々起こる喧嘩で怪我をしたり死んだりすることがあるからだ（Smith, 1958, p. 238）．しかし，ダメージを与えるような戦いがなくても，混雑していない場所で営巣することの望ましさゆえに，儀式で守られた縄張りから侵入者が撤退することは普通にありえることである．

　個体密度や縄張りの大きさが営巣成功にどのような影響を与えるのかは，正確にはわかっていない．Lack（1954A, Chap. 22）は，大きな縄張りは雛のための多くの餌を確保できるので望ましいという従来の考え方に疑問を投げかけた．彼は，最小サイズの縄張りにも餌が十分豊富にあるように見える場合でも，営巣成功率は縄張りの大きさに影響されることを示した．Tinbergen（1957）は伝統的な見解を擁護し，食物の見かけ上の長期的な豊富さは，最少時に餌が需要よりどれだけ豊富にあるかということほどには重要ではないと指摘した．冷たい雨の日には餌の供給量が最も少ないのに需要が最大になることもありうるが，そのような日が1日でもあれば子孫の成功に深刻な影響を及ぼすことになろう．このように，縄張りの価値は資源量の平均値よりも，最低限度の資源を安全に提供できることにあるのかもしない．さまざまな魚類，鰭脚類，海鳥など，子どものための餌を自分の

---

*8訳注：これを先住効果という．先住効果は鳥のような脊椎動物だけでなく，昆虫などの無脊椎動物にも広く見られる．

縄張りで採らない動物の縄張り行動は，営巣場所やハーレムなど，他の種類の資源の防衛と解釈できるだろう．求愛儀式での競争から解放されることもまた，広い縄張りを守ることの利点として考えられる．

　第6章で私は，よく適応した生物は，起こりうるリスクに比べ成功の見込みが比率として高いときにのみ，親となる重荷を引き受けるだろうと述べた．生理的に健康であることや，適切な営巣場所があること，信用できる社会的解発刺激[*9] を発する他の個体の存在などが，繁殖の見通しが良好であることを示している．病気，栄養失調，必要な資源の不足は，繁殖の努力を最小限にするか，繁殖を延期すべきであることを意味するであろう．コストに比べて成功の見込みが低いことを示すもうひとつの指標は，好ましくない社会環境である．もし動物が継続的に攻撃的な競争にさらされていれば，たとえその動物が現在健康で十分な栄養を得ていたとしても，繁殖努力を控えたり遅らせることが適応的かもしれない．競争相手と頻繁に出会うということは，繁殖には多大な努力が必要であり，繁殖への投資に危険が伴うこと，そして生まれた子どもが成体間の闘争に巻き込まれて飢えたり，あるいは事故死したりする可能性を示す信頼できるサインであることが多い．混雑した状況では，繁殖は努力に見合わないという前提で行動するのが適応的かもしれない．ここで予想される反応は，繁殖を延期し，より混雑していない場所を探すことであろう．Wynne-Edwards らが行ったように，このような繁殖の抑制が，個体群が資源を使いすぎないようにするためのものだと考える理由はない．これらは，個体が繁殖するとやがて起こりうる結果に合わせて行動する，

[*9]訳注：解発刺激とは動物個体にある行動をひき起こす刺激のこと．刺激は感覚器官で受容され神経で伝達されたあと，最終的には行動が起こる．社会的というのは，そのような刺激が同種他個体由来であるという意味である．

個体の適応的性質として説明するのが適切なのだ*10.

　すべての生理的メカニズムは，ストレスが十分に大きければ機能しなくなるものであり，ひどく不利な社会環境に長くさらされると，病的な症状が生じることは理解できる．地理的に広い範囲で混雑が続いているか，人為的な理由で抑圧的な社会的状況が長期化し逃避が不可能な場合は，精神的なダメージをまねく可能性がある．そのような結末は，人為的に高密度で飼育した個体群や，タビネズミが時折行う移動大集団のような非常に密集した自然の個体群では見られる．この有名な移動は Allee ら（1949）によって，個体群を安定させるための生物群適応と解釈されている．しかし代替の説明も可能である．すなわち，移動者は精神障害をもつ個体であり，生物群適応ではなく，混雑によってひき起こされる精神的誤作動を示しているだけであると．この解釈を裏づける事実がいくつかある．雌を除去したほうがより効果的に個体数制御ができるにもかかわらず，移動者はほとんどが雄であること．移動者は身体的に異常であり，組織学的に明らかな内分泌系の障害を示しており，これは非常に混雑した状態で飼育されているネズミに見られるものと同じであること．そして，実は，一般向け書物で書かれているような自殺の兆候は見られないことである．水辺にたどり着くと，ネズミは回り道をしたり，泳いで渡ろうとしたりする．溺れてしまうことがあるかもしれないが，別の岸に安全にたどり着くこともあるかもしれない．好ましい環境に到達したら，移動をやめて定住することもあるだろう．この現象についての詳しい議論は，Elton（1942），Frank（1957），Thompson（1955）を参照されたい．

　個体群密度が社会的行動によって適応的に抑制されるという理論を最も入念に展開したのは，Wynne-Edwards（1962）である．Wynne-

---

*10 訳注：ヤマトアザミテントウの高密度下の産卵休眠行動など，このテーマに関連する研究が日本にもあり（Nakamura, K. and Ohgushi, T., 1981, *Res. Popul. Ecol.*, 23: 210-231），研究結果は Williams の議論を支持するかたちで解釈可能である．

Edwards の議論では，縄張り制とそれに関連する現象が大きく取り上げられている．彼の議論の多くは，死亡のような事象が個体群内で一定の相対頻度でしか発生しないゆえにある種の調節機能を必要とし，個体群にとってのこの必要性は一部のメンバーが繁殖を一定量抑制することで達成されるとする仮定で進められている．このような理論に対して，完全に並行な別理論を構築できる．問題にした事象（死亡：訳補）は，個体にとっては単位時間あたり，ある確率をもつものであると仮定する考えである．そしてそれに付随するある齢における期待平均余命のようなものが，繁殖行動が個体の繁殖成功度最大化のために適応的かそうでないかに影響を与えると考える理論である．繁殖生理学に関する先の議論で，私は，たとえばワシのようないくつかの種で繁殖努力の強度が低いのは，ある繁殖期から次の繁殖期までに死亡する確率が低いためだと主張した．一方，Wynne-Edwards は，同じ観察結果を，死亡率が個体群全体で低いので，混雑を防ぐために繁殖率を低くする必要があると説明している．節約性原理に立てば，Wynne-Edwards の説明よりも私の説明のほうが有利に思えるが，Wynne-Edwards のアプローチを否定する理由はほかにもいくつかある．たとえば Wynne-Edwards は，性的な対立の機能は繁殖シーズンにおいて繁殖する個体数を制限することだと主張しているが，彼が挙げたほとんどの種では，強い影響を受けるのは繁殖する雄の数である．繁殖に参加する雌の数や産む子どもの数はほとんど影響を受けないようである．性的対立，縄張り行動，求愛などでおもな役割を演じるのは，あり余る数の配偶子を生産する側の性（雄のこと：訳補）であるというのは，これらの行動パターンが個体群の大きさを調整するための適応であるという説に対する重大な反証である．第6章で示したように，雄がこれらの機能をもつことは個体適応として容易に説明できる．Wynne-Edwards の理論に向けた他の反論については，Braestrup（1963）と Amadon（1964）を参照されたい．

生物群適応の例として提案されているもののほとんどは，同種のメンバーグループやつがいが，捕食者のような共通の関心事である環境要因と相互作用する場合を扱っている．しかし，提案されている例のなかには，種のレベルを超えて組織化されているものもある．たとえば，地衣類における藻類と真菌の共同作用，シロアリとその腸内生物相の相互作用，多くの特定の昆虫と被子植物の依存関係，環境を構造的に大きく変化させるサンゴ礁の生物などの絶対的共生関係など，種間の相互利益関係の例は数多くある．これらの現象は，種複合体が選択と適応進化の単位であることを示していると解釈されている．たしかにある意味ではそのとおりである．シロアリも腸内共生生物も，絶滅するときは運命をともにせずにはいられない（訳者追補参照）．同様に，他方が存在しなければ，それぞれの進化は大きく違ったものになっていただろう．しかし重要なのは，代替対立遺伝子の選択がこのような関係の起源と維持を単純かつ適切に説明できるかどうかということである．

> 訳者追補：ここで，Williams は機能的な種複合体では群選択がはたらく自明の事実を認めた．しかし種複合体についてはその後あまり深く言及していない．代わりにそのあとのくだりで，そのような複合体の進化的起源や維持が，個々の種のなかでの代替遺伝子の選択で説明できることに注目することではぐらかしている．他種との密接な関係構築が，双方の種内における代替遺伝子の選択圧を決める環境要因とみなせることは確かである．しかしいったんそのような種複合体ができた後は，複合体対複合体の相互作用（群選択）を考えたほうが理解しやすいのではないか．たとえば，より効果的な複合体を形成する遺伝子型の真菌と遺伝子型の藻類の組合せが，他の組合せの複合体（菌も藻類も別種かもしれない）との増殖競争に勝つようなプロセスである．Williams は遺伝子選択で説明できるものには群選択を考える必要はないという節約主義に立つ．しかしオッカムの剃刀を，たとえば訳者が示したような，より複雑な説明を適用する"必要がある場合"には，行使するのは間違いなのである．

私は，このような説明はどのような場合でも可能であり，妥当であ

ると信じる．どのような2種の間にも，相手の生存のための重要な助けになるような相互協力的なメカニズムが生じうることは，予想可能である．種Aと種Bの間のそのような幸運な関係は，他方への密接な関係構築と援助が双方にとって適応的であることを意味する．「Aを助ける」ということは，Aだけでなくとっても適応的なことなのである．それゆえ多分にAもBも同じ戦略で協力に参加することが予測される．しかし，そのような相利性の真の良い実例が比較的少ないのは，必要な前提条件がめったに起こらないからに違いない．AがBに利益をもたらしても，その利益を提供することでAが害を受ける場合，2種は相反する行動をとることになるだろう[*11]．Bは絶えず避けようとするAに対し関係を築こうとするだろう．猟犬と野ウサギ，ノミと猟犬の相互作用は，このようなきわめて一般的な関係の明快な実例である．

　生態系，そしておそらくは地球上の生物相全体が適応した単位であるとさえ考えられてきた歴史がある（Allee, 1940）．動物や他の従属栄養生物は，植物の一部を直接摂取するのか，草食動物を食べるのかにかかわらず，食料を独立栄養植物に完全に依存している．一方，独立栄養生物は，従属栄養生物による原材料の迅速な還元から利益を得ている．この図式には，たしかにバランスと相互依存が認められるが，（生態系や地球環境が；訳補）適応や機能的組織ではないことは確実である．（野生の）ニンジンなどの根には，ウサギなどに食べられるように設計されたことを示すものは何もない．その構造からして，根は植物のための栄養を貯蔵するために設計されている部分であると考えざるをえない．同様に，ウサギの身体構造と行動は，捕食者

[*11] 訳注：日本における共生の生物学に関する研究で，Williamsが指摘するこの"裏切り"の視点が弱いことは，訳者も以前に指摘した．細川（2017）の著書中の辻の解説を参照されたい．（細川貴弘，2017，『カメムシの母が子に伝える共生細菌』，共立出版．）

に食物を供給するためではなく，捕食者から逃れるための手段であると解釈したほうがわかりやすい．生態系が機械として非常に非効率的なのはまさにこの理由によるもので，各栄養段階が次の上位段階へのエネルギーの伝達を妨げているのである．このような議論を真面目にするのは馬鹿げていると思うかもしれないが，これは生物個体組織のアナロジー概念としての生物群集組織の有効性を決定的に否定する証拠である．

これらの議論は，進化した適応を認識しているのか，それとも偶然の効果を認識しているのかという論点について，わかりにくい表現で語られていることがほとんどである．光合成が進化したことは，われわれから見ればたしかに幸運であり，必要なことである．また，このメカニズムが発生しなかったら，いま地球上にはほとんど生物がいなかったであろうことも明らかである．しかし，これらの事実を認識したとしても，従属栄養生物を大量に維持するための何らかの利点が，光合成の完成にいかなるかたちででも作用したとは考えにくい．ここでも他のすべての適応の問題と同様に，機能と偶然の利益を区別することが重要である．

上記のような解釈の難しさに関しては，いくつかの注目すべき例外がある．一部の著者は，生物群集の構成には，構成する個体群や個体の適応に加え，進化した（群集自体の；訳補）適応が重なっていると明確に指摘している．最近の代表的な例として，Dunbar（1960）の論文がある．彼はまず，北極圏の生物群集でよく見られるような，個体群密度の大きく不規則な変動は適応の程度が低いことを示していると仮定する．逆に，熱帯地域で見られるように個体数の安定度が高い場合は，よく適応した群集であることを示すとしている．そして，北極圏の生物群集は歴史が浅く，赤道直下で普通に見られるような安定化メカニズムを進化させる時間がなかったのだと主張している．

Dunbarが安定化の要因を分析した結果，物理的環境の変動が重要

であることがわかった．このような変動は，季節ごとだけでなく年ご
とにも，低緯度地域よりも高緯度地域のほうがはるかに大きい．した
がって，それに依存した個体数の変動も，南方地域よりも北極地域の
ほうが大きくなるだろう．もうひとつの要因は，温暖な地域に比べて
極北の生物相が貧弱なことが挙げられる．つまり，北方の生物相は種
間に特異的な依存関係が発生しやすいという特徴がある．カンジキウ
サギに疫病が発生するとホッキョクギツネの個体数に劇的な影響を与
えるかもしれないが，熱帯の1種の草食動物の個体数が激減しても，
肉食動物に深刻な影響を与える必然はない．なぜなら，熱帯の肉食動
物は多くの種類の獲物を狩っており，その獲物も多くの種類の植物を
利用しているため，植物の個体群が変化しても大きな変動は起こりに
くいからである．

　上記の説明には，生物群集を安定させるための適応の存在を示唆す
るものは何もなく，なぜ（個体適応だけでは：訳補）不適切なのか理
解できない．しかし，Dunbar は続けて，種が繁殖率の低下を進化さ
せるのは，それが生物群集の構成を安定させる作用があるからだと指
摘する．繁殖力の一般的な低下が実際にそのような効果をもたらすか
どうかは議論の余地があるかもしれないが，もし各個体が子孫数とい
う通貨を最大化するように設計された適応で予測される以上の抑制を
するのならば，遺伝子選択以外の何かによる説明を持ち出さねばなら
ない．しかし，Dunbar が引き合いに出した，卵の数が少ない（しか
し大きい）ことや，子孫への食物供給が最適化される季節に繁殖が限
定されることなどのすべての事例は，明らかに北極の特殊な条件に対
しての個体適応で説明できる事柄である．これらは，第6章で示した
ように，繁殖の生理と行動に対する遺伝子選択の作用によるものにほ
かならない．このような適応に，生物群集の安定化という付加的な機
能があると考えることは，無意味であり不要である．

第9章

〜〜〜〜〜〜〜〜〜

適応の科学的研究

ここまでの議論で，自然選択についてのひとつの確固たる見解を提示し，この見解を適応の進化に関する受け入れ可能な唯一の理論として提唱してきた．自然選択はメンデル集団における個体間，ひいては遺伝子間の繁殖競争によって生じる．遺伝子が選択される基準はただ1つ，将来の世代でのその遺伝子の代表性の最大化を可能にする個体を生むことの平均的効率である．このプロセスにおける実際の出来事はかぎりなく複雑であり，その結果としての適応は非常に多様であるが，本質的な特徴はどこでも同じである．

メンデル集団の重要性は，それが選択が起こる環境の主要部分を占めることにある．個体群の遺伝子プールは，すべての遺伝子にとって遺伝環境である．個々の個体にとって，個体群はさまざまなかたちで重要な生態要因となる．個体群は重要な資源を個体にもたらしたり，あるいは他の資源をめぐる競争を個体に強いたり，特定の社会適応形質の保有に有利な社会構造を個体にもたらすかもしれない．個体群のパラメータが，各個体に対して，死亡，繁殖，ある種のストレス，社会的に接触する個体の性比，空間および生態的な分散力の指標のようなものの齢依存的な確率分布を割り当てる．このような人口統計的な環境側面は，生物がそれに対しまさに適応する要因なのだが，進化論の議論では個体群は適応すべき環境としてではなく，個体群自体が適応したものだと考える傾向があるため，この適応が軽視されがちであ

る．

　現生生物学的な種とは，遺伝子組換えの内在的障壁が発達した結果，他の個体群から不可逆的に隔離してしまった1つかそれ以上の個体群のことである．したがって，種は分類学や進化論の重要な概念ではあるが，適応の研究には特別な意味をもたない．種は適応した単位ではなく，種の存続のために機能するメカニズムも存在しない．存在が明白な唯一の適応は遺伝的に定義された個体において発現され，その唯一の究極の目標とは，この目に見える適応メカニズムを担う遺伝子の存続の最大化であり，Hamilton（1964A）の"包括適応度"に相当する目標である．個体の重要性はこの目標を実現する程度に等しい．言い換えれば，この重要性とは個体群の生命統計量のある側面に貢献することに尽きる．

　このような結論を受け入れることは，広く使われているいくつかの概念が無効であり，放棄しなければならないことを意味する．では，なぜそのような誤解が生じているのかという疑問が生じる．その大きな要因は，生物学者が「その機能は何か？」という問いに答えるための，論理的に健全で一般的に受け入れられた一連の原則と手順をもたないことにあると私は考えている．実際の現場では，この質問に対してはさまざまな基準に基づき解答されている．そのなかには価値のあるものもあるが，それらの使用はおもに好みや直感に左右され，用語の不統一によってその価値が不明瞭になっている．

　よく使われるしばしば便利な方法は，生物学的適応と人工物の間のアナロジーに頼ることである．たとえば哺乳類の卵管のような構造は，卵子や初期胚を子宮に運ぶためのメカニズムであると理解することができる．子宮は胚や胎児を保護し，栄養を与えるために設計（designed）されているとの理解も可能である．同様に，雌雄の複雑な繁殖装置全体に，生存可能な子孫をつくるためという目的を見出せるかもしれない．しかし，そもそもなぜ子孫を残すのか？　よくいわれる

ように，それは種の存続のためだろうか？　それとも私が主張しているように，親の遺伝子の頻度を次の世代，さらにその次の世代で最大化するために子孫を残すのだろうか？　哺乳類の繁殖について，これほど重要な質問はないにもかかわらず，この質問に答えるための確立された手順がないのである．

　生物学的現象と人間の問題のアナロジーに注目することは，個体のグループのレベルでも価値はあるが，どこで止めるべきかを教えてくれる単純で信頼できるガイドラインはない．たしかにヒトと動物の間には，家族構成，とりわけ多世代にわたるヒトの大家族と社会性昆虫のコロニーの間には興味深い類似点がある．さらに高次レベル[*1]でも興味深い類似点があるかもしれない．種には個々のメンバーの一生を超えた継続性があり，人間の国家も同様である．種は，やはり国家のように，外部からの破壊的な影響にもかかわらず，そのメンバーの活動によって維持されている．しかし，種にナショナリズムの精神のようなものがあるだろうか？　ニュー・フロンティア？　5か年計画？　種には絶滅を避けようとする集団的な意志や，そのような集団的な関心事に似たものがあるだろうか？　現代の生物学者に，種の歴史にそのような要素が作用していると明言した人はいないが，しかし私は生物学者は無意識のうちにそのような考えに影響されており，一部の著名で有能な学者にもそのような傾向があると思う．

　目立つ色や行動は種の"価値の低い"メンバーを特徴づけるというCott（1954）の発言や，"雄は雌よりも少なくてもよい"ので一夫多妻制鳥類の雄は危険な生活を送ることができるというAmadon（1959）の発言は，私の推理の正しさを証明する動かぬ証拠である．Cottのいう個体の"価値"とは，明らかにその個体自身に対する価値ではない．Amadonが，ある雄が示す遺伝子型が（個体群内で；訳

[*1]訳注：ここでいう高次レベルとは，家族より大きな集合である．

補）どれくらい多いのかについて考えが及んでいないのは明らかだ．
また，ここで使われている価値と必要性の概念は，人間の側の経済的
または美的な利益の観点から議論されているわけでもない．種の観点
から，あたかも奉仕しなければならない何らかの集団的利益があるか
のように議論されているのである．

　自己意識のある人間の組織との無批判なアナロジーが，生物のグルー
プの人間化をすべて説明するわけではないだろう．そこには，多く
の人が無意識にもち，言明している人も少数いる，自然の中に秩序，
ひいては道徳的な秩序を見つけたいという願望があるのではなかろう
か．人間の行動においては，私利私欲を犠牲にして，超個人的な目的
のために献身することが賞賛に値すると考えられている．もし，ヒト
以外の生物にもグループの福祉に関心を示し，完全なる利己主義者で
はないものがいるとしたら，これらの生物や自然全般は，より倫理的
に受け入れやすいものになるであろう．ほとんどの神学的なシステム
では，創造主が善意者であること，そしてその善意が創造物に表れる
ことを前提としている．もし，自然が悪意に満ちていたり，道徳に無
関心であるのがわかったら，創造主もたぶん悪意に満ちているか無関
心なのだろう．多くの人にとって，これらの結論のいずれかを受け入
れることは，心の平穏を得ることを難しくするであろうが，それは生
物学における判断の根拠にはならない．

　自然は，長い目で見れば，また平均的に見れば，慈悲深く，疑う余
地のない倫理的・道徳的観点から受け入れ可能なものであることを示
そうとする書籍やエッセイが脈々と生み出されている．つまり，自然
は，倫理的なシステムを構築したり，人間の行動を判断したりするた
めの適切なガイドでなければならないということであろう[*2]．そうな

─────────────

[*2] 訳注：自然は倫理的であるので，野生生物の振舞いに見られるような"自然"に，
人は従うべきであるという態度を，現代進化生物学者は「自然主義の誤謬」とよび，
批判的である．

らば，場合によっては，「汝の隣人を愛せよ」という言葉は，互恵性と寄生性のどちらが（自然界で；訳補）より一般的な現象であるかによって，成否が決まるように思われる．自然の慈悲深さを示す試みは，しばしば呼称の変更というかたちで行われる．マウンテンライオンによるシカの殺害は，"社会ダーウィニスト"の世代にとっては「歯と爪で赤く染まった自然」と解釈された．最近の世代にとっては，シカが増えすぎて飢えや病気で死ぬのを防ぐための自然の優しさとなっている．ダーウィン自身もこのようなプロセスに，定義は不十分ながら"壮大さ"を見出した．しかし単純に考えれば，シカにとって捕食も餓死も辛いことであり，ライオンにとっても事実以上に羨ましいことなどではない．ユダヤ教・キリスト教の神学やロマン派の伝統に支配されていない文化であれば，生物学はもっと迅速に成熟できたかもしれない．バラナシでの説教に出てくる「第一の聖なる真理」[*3] の立場なら，生物学はもっと発展したかもしれない．「生は苦しく，老は苦しく，病は苦しく，死は苦しい」（Burtt（1955）による仏陀の説話）[*4]．

　用語の問題のなかでも，とくに厄介なのが組織化された（organized）と組織（organization）である．生物学者が，あるシステムが組織化されていると言明する場合，遺伝子の生存のために組織化されているか，あるいは最終的には繁殖の成功に寄与する何らかの下位の目標のために組織化されていることを意味するはずである．われわれは通常，ある種の生物が生存の問題に対峙するためにとる特定のアプローチを見抜くことができる．たとえば，カイチュウ Ascaris はウマの腸内で生存するために組織化されていて，このような生き方の欠点を最小限に抑えつつ，腸内寄生の長所を利用するための適応メカニズ

---

*3 訳注：「」は訳者が入れた．
*4 訳注：仏陀の四諦のひとつ．人生はふつう不満足であるということ．はしがきで Dawkins が言及した楽天主義とは対極をなす．

ムをもっていると．動物の各部分は，自身のもつ遺伝子の生存という
究極の目標に付随する何らかの機能のために組織化されているのだと．

　グループに備わっている組織も同様に考察されるべきである．巣作
りをする鳥の家族グループは，明らかに遺伝子の生存のために組織化
されている．その重要な機能のひとつは，雛の迅速かつ効率的で正確
な成長である．親鳥は雛の生産に必要な生殖細胞を提供し，その後，
正常な発育に必要な熱を供給し，続いて餌を供給することもある．親
の間で分業が行われることもあるが，これもそれぞれの親の遺伝的生
存を促進するためのものである．人間以外の社会的組織において，従
属する個体の数や分業の複雑さにおいて最も精巧にできているのは，
社会性昆虫の組織ある．これらの動物社会は，合理的な計画と文化的
な伝統という強みを有する船員集団や球団などの人間の組織と類似し
ている．

　生物組織がこのように基本的に機能的であることは明らかだと思え
るが，"組織"という語の意味が複数あるため，それがつい見過ごさ
れてしまう可能性がある．なぜなら最も無秩序なシステムであって
も，正確な統計的組織（特徴；訳補）をもつかもしれないからだ．カ
オスやランダム性の統計量は，統計学一般の基本である．あらゆる実
体の集まりのパラメータは，正確に特定可能な算術平均やその他の
"中心"に関する尺度，正確に決定された分散，歪度，尖度などを有
するであろう．このような母集団のパラメータが正確に維持されるこ
とは，機能的な精巧さを必ずしも示すものではなく，たんに統計的な
一定性を示すものにすぎない．昆虫のメンデル集団であれ，バッファ
ローの群れであれ，1ポンドのピーナッツであれ，生物の集合が正確
な平均サイズ，重量，突然変異率，齢分布などをもつということは，
これらのパラメータが統計的に整理（be organized）可能であること
を意味する．機能的に組織されている（be organized）ということで
はない．

　以上，機能的に組織された生物グループの例を挙げたが，第7章で論じたように，すべてのグループがそのような組織をもつわけではない．グループの特徴が機能的に意味をもつかどうかは，それぞれのタイプのグループを個別に検討する必要がある．鳥の家族グループや巣の中のハチなどは，機能的な組織であることが明らかである．しかし他のグループ，たとえばランプの周りのガの大群や，杭の上のムール貝の塊のようなものを調べても，そのような結論は出ない．たしかに観察者の概念的・技術的設備ではとらえきれないような，微妙な機能的組織をもつグループもなかにはあるかもしれない．しかし，確実な証拠がないかぎり，機能的な組織を認めないというのが節約性の思想である．統計学的説明で十分な場合は，生物学的な原理を用いるべきではない．第8章では，集合性やその他のグループ現象の例の多くは，個体の適応の統計的な総和として説明でき，グループの機能的な組織を認識する必要はないと論じた．

　本書の目的のひとつは，適応の一般的な性質を理解することが重要であり，その研究には通常よりも厳密に規律ある論法が必要であることを読者に納得してもらうことである．実際，生物学のなかに特別な分野を設けて研究する必要があるほど重要だと私は考えている．本章の残りの部分では，そのような特別な研究分野の発展に役立つアイデアを提案したい．

　科学が成功するために最も必要なことは，その科学に名称をつけることだ．Pittendrigh (1958) は，生命システムの機能的組織を明示的に認識することを「テレオノミー（適応生物学；teleonomy）」とよぶことを提案した．この語は，アリストテレスの「テレオロジー（目的論）」との一定の形式的な関係を含蓄しているが，重要な違いは，「テレオノミー」はアリストテレスの最終因（目的因；訳補）の代わりに自然選択という唯物論的な原理をおくことを意味することである．私は，Pittendrigh のこの用語を適応の研究の呼称とすることを

提案する.

　適応生物学は進化研究の一分野とはならないであろう（次ページの訳者追補参照）．その生物学的現象に対する最初の関心は，「その機能は何か？」に答えることである．Pittendrigh の言葉を借りれば，「生物の形態的，生理的，行動的な特徴が，観察者による直接観察で何らかの直近の目的（食物の獲得，逃亡など）に役立つことがわかること．しかもその生物の歴史を参照することなくそれを完全に見分けることができると信じること」というのが最初の前提となるかもしれない．注意深い観察から機能的デザインを認識するという手順については，「目はたまたま視覚に適していただけだ」という指摘に対する反論として Paley（1836）が示したものほど優れた例はないと思う.

　…眼球には（偶然に），まず一連の透明なレンズ（しかも，体のほかの部分を一般的に構成する不透明な物質とは，少なくとも物質さえも非常に異なっている），第二に，これらのレンズを透過した光線によって書かれた像を受けるように，明確な像が形成される正確な幾何学的距離，すなわち屈折した光線が重なる位置に置かれているレンズの後ろに広げられた黒い布またはカンバス（体の中で唯一の黒い膜）がある．第三に，この膜と脳との間に大きな神経が通っている．これに何かを追加すればこれ以上のものができると考えるのは，あまりにも荒唐無稽である.

このように，目標に向けたデザインをもっともらしく示すことができれば，適応生物学者の最初の疑問に対する答えが出せる．彼の次の課題は，問題のメカニズムがなぜ種の正常な特性として維持され，退化が許されないのかを説明することである．彼はまず，そのメカニズムを，関連する遺伝学的，身体学的，生態学的（社会的，人口統計的なものを含む）な用語で記述された環境における代替対立遺伝子への自然選択の必然的な結果として説明を試みるのが筋である．何度も述べ

ているように，私はこの試みはほとんど成功すると信じているが，も
しこの試みが失敗したら，彼がその気になればだが，群選択やもっと
神秘的な原因など，他の可能性を探ってもよいだろう．

> 訳者追補：適応生物学は進化生物学の単なる一分野でなく，独立した分野で
> あるという Williams の宣言は，きわめて重要である．対象生物の系統や履
> 歴はとりあえず必須の参照情報ではないということである．分子系統学的技
> 術が発達した現代ではこの状況は一変し，系統は適応上の機能を研究する場
> 合にも積極的に参照すべき便利な体系になった．いくつかあとの段落で Wil-
> liams 自身が，完全な理解には，やはり系統・歴史を参照すべきであると述
> べている．

　適応の直近の目的は生物学者が「直接の観察で完全に見分けること
ができるような」ものであるという Pittendrigh の仮定は，しかし楽
観的すぎるかもしれない．魚類の側線や鳥の鳴き声は何世紀にもわた
って直接観察されてきたが，その直接的な機能は完全には解明されて
いない．また，セミホウボウの肥大した胸鰭が翼であると認識された
ように，直近的な目的が誤って認識された場合もある．日光を浴びた
ヒトの皮膚でメラニンの生成が増えるのは何のためだろう？　すぐに
わかりそうな答えは，詳しく調べてみると，せいぜい部分的にしか正
しくないことが判明するものだ（Blum, 1961）．もっと離れたところ
にある目的も適応生物学的な重要性をもつが，特定するのはもっと難
しいかもしれない．鳥の鳴き声は縄張りを維持するための補助として
機能するが，では縄張りの機能とは何であろう？　最近の文献には別
のさまざまな解答が載っている．

　では，最終的にはどのようにして生物学的メカニズムの機能が確認
されるのだろう．本書では，例によって，機能的デザインとは研究者
が直観的に理解し，他者に説得力をもって伝えることができるもので
あると仮定してきた．しかし，適応生物学の発展のためには，近い将
来，適応を証明するための基準の標準化と，その記述のための正式な
用語が必要になるのではないかと思う．この必要性が生じたとき，適

応生物学者は，適応を扱うためのまさにそのような基準と象徴のシステムを提案したSommerhoff（1950）の研究に多くの有益な示唆を見出すことができるだろう．私はこの本でSommerhoffの方法を使いたいとも思ったが，その一般的ななじみのなさがあまりにも大きな欠点になると判断した．また，提案されている方法は条件的な個体反応にのみ適しており[*5]，常時発現的な適応に使用するには修正が必要だと考えている．

　生物学者が機能的関係を決定するための正式な方法を採用してこなかった最大の理由は，問題の多くが直観的に解決できたからであろう．眼が視覚メカニズムであると判断するのに，重厚な抽象的概念は必要ない．また，自然システムと人工システムの間には理解の助けになる多くの類似点があり，類似した用語を使用することは必然的なほど便利なのである．カメラのレンズと目のレンズの間には密接な類似性があり，ともにレンズという語がふさわしい．適応生物学者の観点からは，人間の理性（と試行錯誤）が生み出すものと，自然選択が生み出すものとの間に，実際に機能的な類似性がある場合にのみ，このような用語の移行が許されることが最も重要である．ある効果が偶然ではなくデザインによって生み出されたことを証明できないかぎり，その効果が機能であると決して解釈すべきではない[*6]．ある1つか2つの視点から見て効果が有益であるという事実だけで，適応の証拠とすべきではない．この規則の下では，カメが卵を産むために上陸する

[*5] 訳注：Sommerhoffの方法の概要はこうである．同じ個体が，異なる状況に対して異なる反応を示し，それぞれが適応度向上のために理に適っている場合に，適応の強い証拠であるとするもの．異なる個体が示す反応ではなく，同じ個体が示す反応なので，背景となる個体の遺伝環境が一定であり，別の真の原因があるとする代替仮説を排除しやすいと解釈できるのである．

[*6] 訳注：機能に関するこの主張はきわめて重要である．しかし生態学では，適応生物学的でない意味での"機能"が，適応生物学的なそれと混ぜて使われていて混乱している．訳者あとがきを参照されたい．

という結論はまったく妥当だが，タビネズミが自殺するために海に入るという結論は受け入れられない．

　節約性の原理は，偶然で説明できる可能性が排除される場合にのみ，効果を機能とよぶことを強いる．個々の生物においては，ある効果はそれを生み出すように設計されたメカニズムによって生じたという明確な証拠がないかぎり，物理法則のみの結果，あるいはおそらく無関係な適応がもたらした偶然の効果であると考えるべきである．生物のグループにおいては，効果を生み出すための協調的なチームワークや，個体の自己犠牲によってグループの利益を生み出すメカニズムの証拠がないかぎり，可能なかぎり，効果は完全に個体活動の偶然の積み重ねに帰結されるべきである．事実に基づいて必要とされる以上に高い階層での適応を仮定すべきではない．

　個体適応が認められた場合，遺伝子選択による説明にはいくつかの型がある．それは生物の固定的な特徴であるかもしれないし，条件発現的なものかもしれない．通常，説明しようとする観察結果の性質から，どちらが正しいかは疑う余地がないが，他の示唆的証拠がない場合には，より節約的である固定的な反応と見なすのが望ましい．量的形質の平均値が適応的である状況には 2 つの異なるものがある．たとえば，組織液の浸透圧のように，平均値がある有限の最適値の近似である場合がある．他のケースでは，最適値は無限大かまたはゼロであり，観測された値は他の適応の要求によってはたらく拮抗的選択との妥協でできた最良の値にすぎない状況である．以前に述べた身軽さと突然変異率の計測値が，この無限とゼロの近似の例として挙げられる．中間的な最適値の場合は，どちらかの方向に逸脱する原因となる突然変異が選択されないことを示せば，それが適切な説明となる．ゼロまたは無限大の最適値については，一方の方向への逸脱がつねに不利に選択されることを示すだけでよい．この場合，何かを可能なかぎり高くあるいは低く，あるいは少なくともある閾値以上あるいは以下

に保つように設計されたメカニズムが存在するであろう．このような
適応は数多く存在するに違いない．ヒトの原始的な本能は，最も甘い
果物を選ぼうとすることで，通常は熟した栄養価の高いものを食べ，
青いか腐ったものを避けることができる．現在，われわれの多くはこ
の本能により，熟した果物よりもお菓子を多く食べるようになってい
る．トゲウオの雌は通常，最も活発で腹の赤い求婚者に服従すること
がとても適応的である．そのため，彼女は通常の色やプロポーション
のモデルよりも，グロテスクに誇張されたモデルを好む．超最適な刺
激に対するこのような反応（Tinbergen, 1951）は，よりコストのか
かる反応[*7]と同じような機能を発揮し，経済的な適応の存在を反映
している．

　適応生物学的な理解には，適応の階層性の認識が，あるいは少なく
とも，ある機能を他の機能に従属させる方法があれば助けになるだろ
う．このような方法論とは，Tinbergen が行った，目的の性質と一般
性に基づいた本能の階層的な分類に従うというものである．最も一般
的な分類は，すべての生物に見られるような基本的な適応である．す
べての生物は自らの栄養補給のためのメカニズムをもっている．すべ
ての生物は成長，分化，生殖，その他のライフサイクルの完了に関連
する形態形成上の適応を身につけている．すべての生物は，少なくと
も栄養的および形態形成メカニズムの損傷を防ぐための広い意味での
防御デバイスを備えている．収縮液胞，眼，棘などはすべて防御メカ
ニズムである．

　しかし生物現象を完全に説明するには，その進化の過程を調べるこ
とが必須であり，歴史的データの使用なしに適応生物学者の更なる研
究進展は望めない．歴史分析によって，機能的には説明できないこと
の多くが解明されるかもしない．網膜の反転，呼吸器系と消化器系の

[*7] 訳注：赤色の中間的最適値を認識するような反応のこと．

交差，尿道の排泄機能と男性の生殖機能への利用などは，人体の構成上の欠陥である．これらは機能的には説明できないが，機能進化の一側面として理解できる．生物のデザインには多くの機能的に恣意的な制約がつねに見られることの説明にも，歴史的な考察が必要なのである．なぜヒトはケンタウルスではなく二足歩行なのか？　ウミガメにはなぜエラがないのか？　なぜキリンの首の椎骨の数はネズミと同じでなければならないのか？　最終的には，生物現象の機能的な意味については，進化的な，あるいは少なくとも比較データが手掛かりになることが多い．Pittendrigh（1958）は，光と湿気に対する2種の昆虫の反応の比較が両種におけるこれらの反応の機能理解に役立つという事例を挙げている．

　一般的なタイプの生態環境を1つ挙げよう．たとえば南緯60°の大西洋上層部のような環境であるが，そこの生息者は栄養上，形態形成上，そして防御上の適応によって解決しなければならない，ある同じ問題に直面する．しかし，このような単純で均質な環境であっても，生命が示す多様な問題解決法に出会うであろう．珪藻もクジラも同じ生息地に適応しているが，共通の問題をまったく異なる仕組みで解決している．このような生物間の機能的には説明のつかない違いがあるからこそ，適応の研究には進化論的な原理が必要になるのである．クジラと珪藻の違いは，特有な進化史を反映する．歴史は珪藻が独立栄養であることを運命づけた．珪藻の生きるための問題解決法は，無機塩，二酸化炭素，水，太陽光を最大限に利用して必要な生化学物質を製造し，それらを形態形成に最大限に利用することである．この歴史的決断は，それらが非常に複雑で小型化された酵素システムを所有し，その歯車の一つひとつがきわめて重要であることから見て取れる．植物食性の動物から身を守るための効果的な感覚・運動システムをもつことは，珪藻にとって価値のあることかもしれない．しかし，そのような進化を遂げようとすると，生殖質に付加的な情報を与える

ことになり，酵素メカニズムに関する指示の正確さが損なわれること
になるだろう．酵素系のわずかな障害でも適応度が著しく低下するた
め，珪藻の歴史のなかで，このような形質を発達させることは選択上
多大な不利益をもたらしたであろう．クジラの祖先は異なる選択圧に
さらされた．クジラの栄養状態は動物の捕食に使われる感覚と運動の
仕組みの効率に依存していた．捕食が効率化されると合成酵素系の保
持価値が低下したため，クジラはタンパク質，核酸，補酵素などの生
化学的構成要素の多くを合成するのに必要な酵素を失うか，新規獲得
に失敗した．

　クジラがビタミンを合成できないから摂取しなければならない，と
いうのは生理学的には正しいのだが，歴史的には因果関係が逆であ
る．クジラがある種のビタミンを外部から摂取しなければならなくな
ったのは，普通に摂取できていたからだ．維持のための選択圧が緩和
されたら仕組みも退化していく．Emerson（1960）は，私とは解釈が
異なるが，この原理に注目し，Kosswig（1947）もいくつかの実例を
挙げている．

　階層的な仕組みをもつ適応の理解の主目的のひとつに，適応の進化
の始まりのときにはたらいた力と，一度発達した適応の二次的退化を
許容した力を区別することがある．私の記憶にあるのは，カクレウオ
の棲込み共生の機能について口頭で語られた議論である．このほっそ
りした魚は，ナマコの呼吸器の中に棲んでいる．夜中に出てきて採餌
し，明け方になると宿主のもとに戻るようだ．色素をほとんどもたな
い彼らは，昼の光を浴びると障害を受けるという証拠が複数ある．そ
こで疑問が生じた．この魚は光を避けるためにナマコに入るのか，そ
れとも捕食者を避けるためにナマコに入るのか．会議の空気としてあ
った全体的意見は，両方の欲求を満たす行動であれば，二重の機能を
もつと見なすべきだというものであった．これは生理学的には妥当な
結論だが，適応生物学的には幼稚である．この2つのニーズは，歴史

的には同調していないはずだからだ．すべての魚は捕食者を避けるよう環境圧力を受けるが，光を浴びてダメージを受ける魚はほとんどいない．カクレウオの祖先はこのような状態だったに違いない．ナマコに入る習性は捕食者からの防御として発達し，魚類は棲込み共生の利点を活用するために，行動や生理がきわめて特殊化した．そのため，尾鰭の消失，眼の縮小，外皮の色素やその他の対光防御機能の低下など，多くの適応が必要となり，またそれを許容することになった．こうして，棲込み共生は光による生理的障害から身を守るために必須の生活パーツになったのである．しかし，この行動は光に対する防御の必要性から生まれたものではない．光を避けることは，光を避けずにすむための本来の機構が退化した結果，二次的な必要から生じたのである．

　二次的必要性がすべて退化により生じるわけではない．一部のものは一次適応の動作の結果として起こる問題の解決策として発生する．捕食者を避ける必要性がナマコの呼吸器系に避難することで満たされるならば，宿主を探すための効率的な手段をもつことが重要になる．ナマコがどこにいるか特定するための特別な感覚装置は，棲込み共生に従属する適応であろう．

　通常は環境ストレスと見なされるものでも，それに対する高度な適応の結果，必要な資源となることがある．組織の凝固点よりも冷たい水に浸かることは，ほとんどの温血動物にとって悪夢のような状況となる．しかし大型の北極海の鰭脚類は，$-20℃$ の水中でも通常の体温を維持できるようになっており，それがあだでヒトが冷たいと感じる空気の中でも簡単に熱中症になってしまうのだ．普通の哺乳類では危険な冷えをひき起こす環境要因が，セイウチにとっては利益となるのである．

　さらによい例は抗生物質に対する微生物の適応である．極端な例として，他の菌株を完全に死滅させるような抗生物質を菌株が必要とす

ることがある．高度耐性バクテリアは，抗生物質が存在する状況に完
全に身体機構を調整しているので，この調整と相互作用する抗生物質
が存在しない場合には，代謝が乱れて正常な成長ができなくなるよう
なのだ．

　私は，睡眠はそのような二次的必要性であると考える．睡眠を必要
とする種の祖先には，周期的な休眠を条件依存的な適応行動として示
す個体群があったのかもしれない．これは採餌などの生命活動を，最
も効率的で危険の少ない時間帯に制限することで，エネルギーを節約
する役割を果たしただろう．しかし，夜間の休眠がつねに有益なもの
であるならば，十分適応した条件反応システムのはたらきで，もっと
一貫した頼もしい生活史上の特徴と化したのではなかろうか．そし
て，その後の進化の過程で睡眠に必要な適応が追加され，睡眠は能力
から必要条件へと進化していくことになる[*8]．

　動物のさまざまな社会的"必要性"を私は同様の二次的適応と解釈
する．Allee（1940，1951 など）は，後に疑問視された（訳者追補参
照）証拠（Lack，1954A；Slobodkin，1962）に基づいて，多数のつが
いで構成されるコロニーで繁殖する鳥は，他個体が近くにいる結果，
繁殖の成功率が高くなると結論づけた．これらの観察結果は，社会的
な接触の必要性が生命の基本的な特性であり，これらの種では集合性
によってこの条件が満たされていると解釈された．私は同じ観察結果
を，社会的な種が仲間の常在に適応し，一定の社会的環境を前提とし
た適応を進化させてきた結果であると解釈する．群れから大量に個体
を間引くことで，この環境を急激に変化させると，これらの適応が正
常に機能しなくなるだろうと想像する．私は何でもかんでも生命の基
本的な特性だというのは間違いだと思う．生物個体には，物質の基本

----

*8 訳注：さまざまな時計遺伝子はこの追加された適応であろうが，寿命の進化に比
　べ，睡眠の適応的進化機構の理解は，はるかに理解が進んでいないテーマである．

的な特性と，何十億年にもわたって変化する環境に適応してきた結果があるだけなのである．

> 訳者追補：生物の個体密度には個体適応度が最大となる過密でも過疎でもない中間的密度があるのだとする，「アリー効果」の解釈．Allee は生物が本質的にもつ内在的な仕組みにその答えを求めた．アリー効果自体は存在が確立されているが，Allee の解釈は Williams もいうように疑問視されている．

適応生物学には，もうひとつ原理が含まれていると私は主張したい．この原理とは，ある反応を開始したり調節したりする刺激の性質は，その反応の機能を示すものではないかもしれないというものである．多くの生物学者がこの考えを認めているが，最も明確に述べたのは Pittendrigh（1958）である．彼は，ショウジョウバエの野生個体群の活動が光の昼と夜のサイクルから得られる視覚的な合図で調整されるタイミング・メカニズムによって制御されていることを示して，この原理を説明した．しかし，このタイミングの機能は，光条件ではなく，湿度の変化に合わせたものである．ショウジョウバエの感覚は，湿度そのものよりも光に基づいて将来の湿度条件を予測するようにできている．湿度という，重要だが認識しにくい環境因子に適応するために，光というそれ自体は重要ではないが確実に認識できる，湿度と密接に関連した因子に反応しているのだ．さらに良い例は，日長に基づいて植物が冬の休眠に備えるタイミングを計ることであろう．数日間の日長の正確な観測は，数日間の気温観測よりも，2 か月後の気温のよりよい目安になるであろう．

本書で提案されているように，適応の問題に対して遺伝子選択の理論を厳密に体系化して使用すること[*9]は，この理論による説明がど

[*9] 訳注：the formally disciplined use. 専門分野のなかでの切磋琢磨で，しっかりとした基盤理論がつくられ，その理論的土俵で議論が進められること．

の程度有効で，あるいは適切であるかにかかわらず，進歩と理解を促進するはずである．私は，1世代後の基準からみれば，現在われわれがもつ進化的適応に関するイメージは，きっと単純化されすぎていて，素朴に映ると確信している．しかし，理論の不完全さを認識し，修正するには，理論を厳密に適用する以外にない．われわれは自然選択の理論を，代替対立遺伝子の生存率の差という最も単純で厳格なかたちで捉え，適応の問題に出会ったときには必ず，妥協せずにそれを用いねばならない．このような使い方の結果，単純でもっともらしい説明が得られれば，理論はその強さを示すことになる．そのようにして得られた最良の説明が複雑であまり説得力のないものであった場合は，より優れた理論への道が拓かれることになる．

　しかし一般に，自然選択の原理は十分に体系化された方法で生物学者に用いられているわけではない．自然選択の原理は，古生物学者の言説に見られるような長期的な形態変化の問題や，生態型の特殊化（通常は気候的なもの）や分岐進化の問題に適用されるのが普通である．これらの現象を説明するため，適応の理論が即座に頼りにされる．しかし種分化のパターンに関しては，ラマルク流，19世紀のダーウィン流，あるいは現代の遺伝学的概念のどれに基づいても，ほとんど同じ結論が導かれるであろう．ある属の種分化に関する現代の論文に，突然変異，遺伝子のフロー，選択といった用語が含まれているからといって，その論文がラマルクやダーウィンが書いたものよりも概念的にはるかに進んでいるということにはならない．ダーウィンの，いやラマルクの概念ですら，系統学の現象のほとんどを説明するための完全に適切な基礎を提供しているからだ．

　たしかに，科学的研究はどの分野のものであれ努力を怠ってはいけないだろうし，進化系統学の分野が重要であることに間違いはない．しかし，このような研究は，進化的適応についての一般的な理解を得るための重要な進歩にはつながらないだろうと私は主張したい．同じ

結論を Epling と Catlin（1950）も明確に述べている.

　適応現象の定量的な研究こそが重要な進歩をもたらすであろう. 分類学で強調されるような単なる表面的な生態型の適応の研究ではなく，生命のゲームのなかで採用される一般的な戦略の系統的な変異とその分布の研究がそれである. ダーウィンは著書の中で，このような問題にかなりの労力とスペースを割いている. 種の起源は自然史における「問題中の問題」であるという彼の発言にもかかわらず，『種の起源』では分岐進化や記述的系統樹以外にも多くの問題を扱っている. その他の場所も含め，彼は，性，知性，空中飛行，脊椎動物の眼のような極度に完璧な器官，ハエたたきに使う尾のような一見些細で重要性のない器官，社会性昆虫のグループ関連の適応などの起源と進化についての説明に多くのスペースを割いている. ダーウィンの著作は，気候適応や分岐進化に偏っている現代の進化論の文献に比べて，より健全なテーマのバランスを示している.

　私は，ダーウィンが 1859 年に議論した問題のいくつかを理論的に研究することで，今でも重要な洞察を得ることができると信じている. たとえば，個体群の性比，X-Y 性決定メカニズムの重要性，一見すると恣意的にみえる雌と雄という異形接合性，染色体数と連鎖の関係の重要性，繁殖生理学と行動の系統的変異，ライフサイクル全般の系統的変異，幼生生殖，単為生殖，無融合生殖，世代交番，変態などの適応的意義，成長速度の系統発生・個体発生上の変異パターン，鳥類に特徴的な長い幼生期や，固着性海洋生物に存在する遠洋分散期とその期間，ヒトの知性や昆虫の社会性などの真に目を見張る特徴の起源，かつてもっていたあらゆる種類の適応がグループ単位で進化的に失われていることなどについて，同様に注目する必要がある.

　私は，性比の問題は解決したと考えているし（pp. 132–141 参照），そして上述した他のすべての問題に関してすでに膨大な量の文献があることを認める. しかし，これらの問題に割かれた関心は，それほど

重要ではない分類学上の問題に割かれた努力に比べればまだ微々たる
ものである.

　今日の自然選択の理論と2世紀前の原子論との間には類似性があり
そうである.物質は基本的に粒子であるという考えは,少なくともデ
モクリトスの時代から,体系化されていない適当なやり方で使用され
てきた.今日の自然選択がそうであるように,必要と思われるときに
はいつでもこの概念が持ち出されてきたが,理論から何も要求される
ことはなかった.気体の温度と体積の関係を予測したり,化学反応の
生成物の重さを予測したりするような,真の実証テストを明確に組み
立てることが不可能であり続けてきた.論理的な意味合いを認識した
り,理論と観測の間に正確な一致を求めたりするには,理論が明示
的,定量的,かつ妥協のないかたちで述べられていなければならなか
った.それを実現したのが,原子の性質について6つの理論的仮定を
提示したドルトンである.ドルトンにとって,原子はつねに「こうで
あり,こうである」というものだった.彼は妥協を許さず,曖昧さを
排除した.観測データとの矛盾がすぐに明らかになったことを契機
に,物質の原子論の概念が問題として真剣に扱われるようになった.
平和ではあったが,ほとんど何の成果もなかった(デモクリトスの時
代以来の:訳補)2000年の後にである.ドルトンの6つの仮定の一つ
ひとつがすべて誤りであることが判明したにもかかわらず,理論は修
正されたかたちで存続した.ドルトンは,客観的証拠に基づき判断可
能な問いの基礎を彼の理論が提供したという点において,とてつもな
く大きな貢献をした.彼は化学の時代とよばれる近代への扉を開くこ
とに貢献したのである.

　30年以上前にFisher,Haldane,Wrightが提示した今日の自然選
択の理論は,ドルトンの原子論に似ているかもしれない.それは,絶
対的,永続的な真理ではないかもしれないが,光であり,道であると
私は確信している.

引用文献

ALLEE, W. C., 1931, *Animal Aggregations*: *A Study in General Sociology*, University of Chicago Press, ix, 431 pp.

——, 1940, Concerning the origin of sociality in animals, *Scientia* 1940:154-160.

——, 1943, Where angels fear to tread: a contribution from general sociology to human ethics, *Science* 97:517-525.

——, 1951, *Cooperation among Animals*, New York, Henry Schuman, 233 pp.

ALLEE, W. C., ALFRED E. EMERSON, ORLANDO PARK, THOMAS PARK, KARL P. SCHMIDT, 1949, *Principles of Animal Ecology*, Philadelphia, W. B. Saunders Co., xii, 837 pp.

ALLISON, A. C., 1955, Aspects of polymorphism in man, *Cold Spring Harbor Symp. Quant. Biol.* 20:239-255.

ALTMAN, STUART A., 1962, A field study of the sociobiology of rhesus monkeys, *Macaca mulatta*, *Ann. N. Y. Acad. Sci.* 102:338-435.

AMADON, DEAN, 1959, The significance of sexual differences in size among birds, *Proc. Am. Phil. Soc.* 103:531-536.

——, 1964, The evolution of low reproductive rates in birds, *Evolution* 18:105-110.

ANDERSEN, F. SØGAARD, 1961, Effect of density on animal sex ratio, *Oikos* 12:1-16.

ANDERSON, EDGAR, 1953, Introgressive hybridization, *Biol. Rev. Cambridge Phil. Soc.* 28:280-307.

AUERBACH, C., 1956, *Genetics in the Atomic Age*, Edinburgh, Oliver & Boyd, 106 pp.

BARKER, J. S. F., 1963, The estimation of relative fitness of *Drosophila* populations, II, Experimental evaluation of factors affecting fitness, *Evolution* 17:56-71.

BARNES, H., 1962, So-called anecdysis in *Balanus balanoides* and the effect of breeding upon the growth of calcareous shell of some common barnacles, *Limnol. Oceanog.* 7:462-473.

BARNEY, R. L., B. J. ANSON, 1920, Life history and ecology of the pygmy sunfish, *Elassoma zonatum, Ecology* 1:241-256.

BATEMAN, A. J., 1949, Analysis of data on sexual selection, *Evolution* 3:174-177.

BERGERARD, J., 1962, Parthenogenesis in the Phasmidae, *Endeavor* 21:137-143.

BIRCH, L. C., 1957, The meanings of competition, *Am. Naturalist* 91:5-18.

——, 1960, The genetic factor in population ecology, *Am. Naturalist* 94:5-24.

BLOOD, DONALD A., 1963, Some aspects of behavior in a bighorn herd, *Can. Field Naturalist* 77:77-94.

BLUM, HAROLD F., 1961, Does the melanin pigment of human skin have adaptive value? An essay in human ecology and the evolution of the race, *Quart. Rev. Biol.* 36:50-63.

——, 1963, On the origin and evolution of human culture, *Am. Scientist* 51:32-37.

BODMER, W. F., A. W. F. EDWARDS, 1960, Natural selection and the sex ratio, *Ann. Human Genet.* 24:239-244.

BONNER, JOHN TYLER, 1957, A theory of the control of differentiation in the cellular slime molds, *Quart. Rev. Biol.* 32:232-246.

——, 1958, *The Evolution of Development*, Cambridge University Press, 102 pp.

BORMANN, F. H., 1962, Root grafting and non-competitive relationships between trees, pp. 237-246 in: *Tree Growth*, T. T. Kozlowski, ed., New York, Ronald Press, xi, 442 pp.

BORRADAILE, L. A., F. A. POTTS, L. E. S. EASTHAM, J. T. SAUNDERS, G. A. KERKUT, 1961, *The Invertebrata*, Cambridge University Press, xviii, 820 pp.

BOYDEN, ALAN A., 1953, Comparative evolution with special reference to primitive mechanisms, *Evolution* 7:21-30.

——, 1954, The significance of asexual reproduction, *Syst.*

Zool. 3:26-37, 47.

BRAESTRUP, F. W., 1963, The function of communal displays, *Dansk Ornithol. Foren. Tidsskr.* 57:133-142.

BREDER, CHARLES M., 1936, The reproductive habits of North American sunfishes (family Centrarchidae), *Zoologica* 21: 1-48.

———, 1952, On the utility of the saw of the sawfish, *Copeia* 1952:90-91.

———, 1959, Studies on social groupings in fishes, *Bull. Am. Mus. Nat. Hist.* 117:395-481, pls. 70-80.

BRERETON, J. LE GAY, 1962A, Evolved regulatory mechanisms of population control, pp. 81-93 in: *The Evolution of Living Organisms*, G. W. Leeper, ed., Melbourne University Press, xi, 459 pp.

———, 1962B, A laboratory study of population regulation in *Tribolium confusum*, *Ecology* 43:63-69.

BROCK, VERNON E., ROBERT H. RIFFENBURGH, 1960, Fish schooling: a possible factor in reducing predation, *J. Conseil, Conseil Perm. Intern. Exploration Mer* 25:307-317.

BROWN, WILLIAM L., JR., 1958, General adaptation and evolution, *Syst. Zool.* 7:157-168.

BUDD, G. M., 1962, Population studies in rookeries of the emperor penguin *Aptenodytes forsteri*, *Proc. Zool. Soc. London* 139:365-388, 1 pl.

BULLIS, HARVEY R., JR., 1960, Observations on the feeding behavior of white-tip sharks on schooling fishes, *Ecology* 42:194-195.

BURKHOLDER, PAUL R., 1952, Cooperation and conflict among primitive organisms, *Am. Scientist* 40:601-631.

BURNET, F. M., 1961, Immunological recognition of self, *Science* 133: 307-311.

———, 1962, *The Integrity of the Body*, Harvard University Press, 189 pp.

BURTT, E. A., 1955, *The Teachings of the Compassionate Buddha*, New York, Mentor, MD 131, 247 pp.

BUZZATI-TRAVERSO, A. A., 1954, On the role of mutation rate in evolution, *Caryologia* 6(suppl.):450-462.

CAGLE, FRED R., 1955, Courtship behavior in juvenile turtles, *Copeia* 1955:307.

CARLISLE, D. B., 1962, On the venom of the lesser weeverfish *Trachinus vipera, J. Marine Biol. Assoc. U. K.* 42:155-162.

CARSON, HAMPTON L., 1961, Heterosis and fitness in experimental populations of *Drosophila melanogaster, Evolution* 15:496-509.

CATCHESIDE, D. G., 1951, *The Genetics of Micro-organisms*, London, Pitman, vii, 223 pp.

CLARKE, C. A., C. G. C. DICKSON, P. M. SHEPPARD, 1963, Larval color pattern in *Papilio demodocus, Evolution* 17: 130-137.

CLARKE, GEORGE L., 1954, *Elements of Ecology*, New York, Wiley, xiv, 534 pp.

COLE, LAMONT C., 1954, The population consequences of life history phenomena, *Quart. Rev. Biol.* 29:103-137.

——, 1958, Sketches of general and comparative demography, *Cold Spring Harbor Symp. Quant. Biol.* 22:1-15.

COMFORT, ALEX, 1956, *The Biology of Senescence*, New York, Rinehart & Co., xiii, 257 pp.

CORRENS, C., 1927, Der Unterschied in der Keimungsgeschwindigkeit der männchensamen und weibchensamen bei *Melandrium, Hereditas* 9:33-44.

COTT, HUGH B., 1954, Allaesthetic selection and its evolutionary aspects, pp. 47-70 in: *Evolution as a Process*, J. S. Huxley, A. C. Hardy, E. B. Ford, ed., London, Allen & Unwin, 367 pp.

CRISP, D. J., BHUPENDRA PATEL, 1961, The interaction between breeding and growth rate in the barnacle *Elminius modestus* Darwin, *Limnol. Oceanog.* 6:105-115.

CROSBY, J. L., 1963, The evolution and nature of dominance, *J. Theoret. Biol.* 5:35-51.

CULLEN, E., 1957, Adaptations in the kittiwake to cliff-nesting, *Ibis* 99:275-302.

DARLING, F. FRASER, 1938, *Bird Flocks and the Breeding Cycle*, Cambridge University Press, x, 124 pp.

DARLINGTON, C. D., 1958, *The Evolution of Genetic Systems,*
New York, Basic Books, xi, 265 pp.

DARLINGTON, C. D., KENNETH MATHER, 1949, *The Elements of Genetics,* London, Allen & Unwin, 446 pp.

DARWIN, CHARLES R., 1882, *The Variation of Animals and Plants under Domestication,* London, John Murray, vol. I, xiv, 472 pp., vol. II, x, 495 pp.

——, 1896, *The Descent of Man and Selection in Relation to Sex,* New York, D. Appleton & Co., xvi, 688 pp.

DIJKGRAAF, V. S., 1952, Bau und Funktionen der Seitenorgane und des Ohrlabyrinthes bei Fischen, *Experientia* 8:205-216.

——, 1963, The functioning and significance of the lateral-line organs, *Biol. Rev. Cambridge Phil. Soc.* 38:51-105.

DOBZHANSKY, THEODOSIUS, 1951, *Genetics and the Origin of Species,* Columbia University Press, xiv, 364 pp.

——, 1959, Evolution of genes and genes in evolution, *Cold Spring Harbor Symp. Quant. Biol.* 24:15-30.

——, 1963, Genetics of natural populations, XXXIII, A progress report on genetic changes in populations of *Drosophila pseudoobscura* and *Drosophila persimilis* in a locality in California, *Evolution* 17:333-339.

DOBZHANSKY, THEODOSIUS, M. F. A. MONTAGU, 1947, Natural selection and the mental capacities of mankind, *Science* 106:587-590.

DOUGHERTY, ELLSWORTH C., 1955, Comparative evolution and the origin of sexuality, *Syst. Zool.* 4:145-169.

DUNBAR, M. J., 1960, The evolution of stability in marine environments; natural selection at the level of the ecosystem, *Am. Naturalist* 94:129-136.

EDWARDS, A. W. F., 1960, Natural selection and the sex ratio, *Nature* 188:960-961.

EHRENSVÄRD, GÖSTA, 1962, *Life: Its Origin and Development,* Minneapolis, Burgess, 204 pp.

EHRMAN, LEE, 1963, Hybrid sterility as an isolating mechanism in the genus *Drosophila,* *Quart. Rev. Biol.* 37:279-302.

ELTON, C., 1942, *Voles, Mice and Lemmings. Problems in*

Population Dynamics, Oxford, Clarendon Press, 496 pp.

EMERSON, ALFRED E., 1960, The evolution of adaptation in population systems, pp. 307-348 in: *Evolution after Darwin*, vol. 1, Sol Tax, ed., University of Chicago Press, viii, 629 pp.

——,1961, Vestigial characters of termites and processes of regressive evolution, *Evolution* 15:115-131.

EPLING, CARL, WESLEY CATLIN, 1950, The relation of taxonomic method to an explanation of evolution, *Heredity* 4: 313-325.

ESSIG, E. O., 1942, *College Entomology*, New York, Macmillan, vii, 900 pp.

EVANS, L. T., ed., 1962, *Environmental Control of Plant Growth*, New York, Academic Press, 467 pp.

FELIN, FRANCES E., 1951, Growth characteristics of the Poeciliid fish, *Platypoecilus maculatus*, *Copeia* 1951:15-28.

FIEDLER, KURT, 1954, Vergleichende Verhaltensstudien an Seenadeln, Schlangennadeln und Seepferdchen (Syngnathidae), *Z. Tierpsychol.* 11: 358-416.

FILOSA, M. F., 1962, Heterocytosis in cellular slime molds, *Am. Naturalist* 96:79-92.

FINK, BERNARD D., 1959, Observation of porpoise predation on a school of Pacific sardines, *Calif. Fish. Game* 45:216-217.

FISHER, JAMES, 1954, Evolution and bird sociality, pp. 71-83 in: *Evolution as a Process*, J. S. Huxley, A. C. Hardy, E. B. Ford, eds., London, Allen & Unwin, 367 pp.

FISHER, RONALD A., 1930, *The Genetical Theory of Natural Selection*, Oxford, Clarendon Press; reprinted 1958, New York, Dover, xiv, 291 pp.

——, 1954, Retrospect of the criticisms of the theory of natural selection, pp. 84-98 in: *Evolution as a Process*, J. S. Huxley, A. C. Hardy, E. B. Ford, eds., London, Allen & Unwin, 367 pp.

FISHER, RONALD A., E. B. FORD, 1947, The spread of a gene in natural conditions in a colony of the moth, *Panaxia domi-*

nula (L), *Heredity* 1:143-174.

FORD, E. B., 1956, Rapid evolution and the conditions which make it possible, *Cold Spring Harbor Symp. Quant. Biol.* 20:230-238.

FOWLER, JAMES A., 1961, Anatomy and development of racial hybrids of *Rana pipiens*, *J. Morphol.* 109:251-268.

FRAENKEL, GOTTFRIED S., 1959, The *raison d'être* of secondary plant substances, *Science* 129:1466-1470.

FRANK, FRITZ, 1957, The causality of microtine cycles in Germany, *J. Wildlife Management* 21:113-121.

FREEDMAN, LAWRENCE Z., ANNE ROE, 1958, Evolution and human behavior, pp. 455-479 in: *Behavior and Evolution*, A. Roe, G. G. Simpson, eds., Yale University Press, viii, 557 pp.

GOTTO, R. V., 1962, Egg number and ecology in commensal and parasitic copepods, *Ann. Mag. Nat. Hist.* 13S, 5:97-107.

GUHL, A. M., W. C. ALLEE, 1944, Some measurable effects of social organization in flocks of hens, *Physiol. Zool.* 17:320-347.

HAARTMAN, LARS VON, 1957, Adaptation in hole-nesting birds, *Evolution* 11:339-347.

HAGAN, H. R., 1951, *Embryology of the Viviparous Insects*, New York, Ronald Press, xiv, 472 pp.

HALDANE, J. B. S., 1931, A mathematical theory of natural and artificial selection, Part VII, Selection intensity as a function of mortality rate, *Proc. Cambridge Phil. Soc.* 27:131-142.

———, 1932, *The Causes of Evolution*, London, Longmans, vii, 235 pp.

HALL, E. RAYMOND, KEITH R. KELSON, 1959, *The Mammals of North America*, New York, Ronald Press, vol. 1, pp. xxx, 1-546, 1-79; vol. 2, pp. viii, 547-1083, 1-79.

HALL, K. R. L., 1960, Social vigilance behavior of the chacma baboon, *Papio ursinus*, *Behavior* 16:261-294.

HALSTEAD, BRUCE W., 1959, *Dangerous Marine Animals*,

Cambridge, Md., Cornell Maritime Press, ix, 146 pp.

HALSTEAD, BRUCE W., F. RENE MODGLIN, 1950, A preliminary report on the venom apparatus of the bat-ray, *Holorhinus californicus, Copeia* 1950:165-175.

HAMILTON, W. D., 1964A, The genetical evolution of social behaviour, I, *J. Theoret. Biol.* 7:1-16.

——, 1964B, The genetical evolution of social behaviour, II, *J. Theoret. Biol.* 7:17-52.

HARPER, JOHN, L., 1960, Factors controlling plant numbers, pp. 119-132 in: *The Biology of Weeds*, John L. Harper, ed., Oxford, Blackwell, xv, 256 pp.

HARRINGTON, R. W., 1948, The life cycle and fertility of the bridled shiner, *Notropis bifrenatus* (Cope), *Am. Midland Naturalist* 39:83-92.

HIRAIZUMI, YUICHIRO, L. SANDLER, JAMES F. CROW, 1960, Meiotic drive in natural populations of *Drosophila melanogaster*, III, Populational implications of the segregation-distorter locus, *Evolution* 14:433-444.

HOCHMAN, BENJAMIN, 1961, Isoallelic competition in populations of *Drosophila melanogaster* containing a genetically heterogeneous background, *Evolution* 15:239-246.

HODDER, V. M., 1963, Fecundity of Grand Bank haddock, *J. Fisheries Res. Board Can.* 20:1465-1487.

HUBBS, CARL L., 1955, Hybridization between fish species in nature, *Syst. Zool.* 4:1-20.

HUBBS, CLARK, 1958, Geographic variations in egg complement of *Percina caprodes* and *Etheostoma spectabile*, *Copeia* 1958:102-105.

HUXLEY, JULIAN S., 1942, *Evolution, the Modern Synthesis*, New York, Harper, 645 pp.

——, 1953, *Evolution in Action*, New York, Harper, x, 182 pp.

——, 1954, The evolutionary process, pp. 1-23 in: *Evolution as a Process*, J. Huxley, A. C. Hardy, E. B. Ford. eds., London, Allen & Unwin, 367 pp.

——, 1958, Cultural process and evolution, Chap. 20 in: *Behavior and Evolution*, A. Roe, G. G. Simpson, eds., Yale

University Press, viii, 557 pp.

IVES, P. T., 1950, The importance of mutation rate genes in evolution, *Evolution* 4:236-252.

JONES, J. W., H. B. N. HYNES, 1950, The age and growth of *Gasterosteus aculeatus, Pygosteus pungitius* and *Spinachia vulgaris*, as shown by their otoliths, *J. Animal Ecol.* 19:59.

KENDEIGH, S. CHARLES, 1952, Parental care and its evolution in birds, *Illinois Biol. Monog.* 22:1-356.

KIMURA, MOTOO, 1956, A model of a genetic system which leads to closer linkage by natural selection, *Evolution* 10: 278-287.

———, 1958, On the change of population fitness by natural selection, *Heredity* 12:145-167.

———, 1960, Optimum mutation rate and degree of dominance as determined by the principle of minimum genetic load, *J. Genet.* 57:21-34.

———, 1961, Natural selection as the process of accumulating genetic information in adaptive evolution, *Genet. Res.* 2: 127-140.

KLAUBER, LAURENCE M., 1956, *Rattlesnakes: Their Habits, Life Histories, and Influence on Mankind*, University of California Press, vol. 1, pp. xxix, 1-708; vol. 2, pp. xvii, 709-1476.

KNIGHT-JONES, E. W., J. MOYSE, 1961, Intraspecific competition in sedentary marine animals, *Symp. Soc. Exp. Biol.* 15:72-95.

KOFORD, CARL B., 1957, The vicuna and the Puna, *Ecol. Monog.* 27:153-219.

KOSSWIG, CURT, 1946, Bemerkungen zur degenerativen Evolution, *Compt. Rend. Ann. Arch. Soc. Turq. Sci. Phys. Nat.* 12:135-162.

LACK, DAVID, 1954A, *The Natural Regulation of Animal Numbers*, Oxford University Press, viii, 343 pp.

———, 1954B, The evolution of reproductive rates, pp. 143-

156 in: *Evolution as a Process*, J. S. Huxley, A. C. Hardy, E. B. Ford, eds., London, Allen & Unwin, 367 pp.

LAGLER, KARL F., JOHN E. BARDACH, ROBERT R. MILLER, 1962, *Ichthyology*, New York, Wiley, xiii, 545 pp.

LEOPOLD, A. C., 1961, Senescence in plant development, *Science* 134:1727-1732.

LERNER, I. MICHAEL, 1953, *Genetic Homeostasis*, New York, Wiley, vii, 134 pp.

LEVENE, HOWARD, OLGA PAVLOVSKY, THEODOSIUS DOBZHANSKY, 1958, Dependence of the adaptive values of certain genotypes in *Drosophila pseudoobscura* on the composition of the gene pool, *Evolution* 12:18-23.

LEVITAN, MAX, 1961, Proof of an adaptive linkage association, *Science* 134:1617-1619.

LEWIS, D., 1942, The evolution of sex in flowering plants, *Biol. Rev. Cambridge Phil. Soc.* 17:46-67.

LEWIS, D., LESLIE K. CROWE, 1956, The genetics and evolution of gynodioecy, *Evolution* 10:115-125.

LEWONTIN, R. C., 1958A, Studies on heterozygosity and homeostasis, II, Loss of heterosis in a constant environment, *Evolution* 12:494-503.

——, 1958B, The adaptations of populations to varying environments, *Cold Spring Harbor Symp. Quant. Biol.* 22: 395-408.

——, 1961, Evolution and the theory of games, *J. Theoret. Biol.* 1:382-403.

——, 1962, Interdeme selection controlling a polymorphism in the house mouse, *Am. Naturalist* 96:65-78.

LEWONTIN, R. C., L. C. DUNN, 1960, The evolutionary dynamics of a polymorphism in the house mouse, *Genetics* 45:705-722.

LEWONTIN, R. C., KEN-ICHI KOJIMA, 1960, The evolutionary dynamics of complex polymorphisms, *Evolution* 14:458-472.

LI, C. C., 1955, *Population Genetics*, University of Chicago Press, xi, 366 pp.

LIDICKER, WILLIAM Z., 1962, Emigration as a possible mechanism permitting the regulation of population density below carrying capacity, *Am. Naturalist* 96:29-33.

LYDECKKER, R., 1898, *Wild Oxen, Sheep, and Goats of All Lands*, London, Rowland Ward, xiv, 318 pp.

MAKINO, SAJIRO, 1951, *An Atlas of the Chromosome Numbers in Animals*, Iowa State University Press, xxviii, 290 pp.

MATHER, KENNETH, 1953, The genetical structure of populations, *Symp. Soc. Exp. Biol.* 7:66-95.

——, 1961, Competition and cooperation, *Symp. Soc. Exp. Biol.* 15:264-281.

MAYR, ERNST, 1954, Change of genetic environment and evolution, pp. 157-180 in: *Evolution as a Process*, J. S. Huxley, A. C. Hardy, E. B. Ford, eds., London, Allen & Unwin, 367 pp.

——, 1963, *Animal Species and Their Evolution*, Harvard University Press, 813 pp.

McCLINTOCK, BARBARA, 1951, Chromosome organization and genic expression, *Cold Spring Harbor Symp. Quant. Biol.* 16:13-46.[*1]

MEDAWAR, P. B., 1952, *An Unsolved Problem in Biology*, London, H. K. Lewis, 24 pp.

——, 1960, *The Future of Man*, New York, Basic Books, 128 pp.

——, 1961, Immunological tolerance, *Science* 133:303-306.

MICHIE, DONALD, 1958, The third stage in genetics, pp. 56-84 in: *A Century of Darwin*, S. A. Barnett, ed., London, Heinemann, xvi, 376 pp.

MILNE, A., 1961, Definition of competition among animals, *Symp. Soc. Exp. Biol.* 15:40-61.

MIRSKY, A. E., HANS RIS, 1951, The desoxyribonucleic acid content of animal cells and its evolutionary significance, *J. Gen. Physiol.* 34:451-462.

MONTAGU, M. F. ASHLEY, 1952, *Darwin, Competition and Cooperation*, New York, Henry Schuman, 148 pp.

---

*1 訳注：文献の順番をアルファベット順に訂正した.

Morris, Desmond, 1955, The causation of pseudofemale and pseudomale behavior: a further comment, *Behavior* 8:46-56.

Mottram, J. C., 1915, The distribution of secondary sexual characters amongst birds, with relation to their liability to the attack of enemies, *Proc. Zool. Soc.* London 7:663-678.

Muller, H. J., 1948, Evidence of the precision of genetic adaptation, *Harvey Lectures* 43:165-229.

Murie, Olaus J., 1935, Alaska-Yukon Caribou, *U. S. Bur. Biol. Surv. North American Fauna* 55:1-93.

Murphy, R. C., 1936, *Oceanic Birds of South America*, American Museum of Natural History, 2 vols., xx, 1245 pp.

Myers, George S., 1952, Annual fishes, *Aquarium J.* 23:125-141.

Needham, A. E., 1952, *Regeneration and Wound Healing*, New York, Wiley, viii, 152 pp.

Nicholson, J. A., 1956, Density governed reaction, the counterpart of selection in evolution, *Cold Spring Harbor Symp. Quant. Biol.* 20:288-293.

——, 1960, The role of population dynamics in natural selection, pp. 477-521 in: *Evolution after Darwin*, vol. 1, Sol Tax, ed., University of Chicago Press, viii, 629 pp.

Nikolsky, G. V., 1962, *The Ecology of Fishes*, New York, Academic Press, xv, 352 pp.

Noble, G. Kingsley, 1931, *The Biology of the Amphibia*, New York, Dover Reprint (1954), 577 pp.

Norman, J. R., 1949, *A History of Fishes*, New York, A. A. Wyn, xv, 463 pp.

O'Donald, P., 1962, The theory of sexual selection, *Heredity* 17:541-552.

Odum, H. T., W. C. Allee, 1956, A note on the stable point of populations showing both interspecific cooperation and disoperation, *Ecology* 35:95-97.

Ogle, Kenneth N., 1962, The visual space sense, *Science* 135:763-771.

PALEY, WILLIAM, 1836, *Natural Theology*, vol. 1, London, Charles Knight, xv, 456 pp.

PARK, THOMAS, MONTE LLOYD, 1955, Natural selection and the outcome of competition, *Am. Naturalist* 89:235-240.

PENNY, RICHARD L., 1962, Voices of the adélie, *Nat. Hist.* 71: 16-26.

PIMENTEL, DAVID, 1961, Animal population regulation by the genetic feedback mechanism, *Am. Naturalist* 95:65-79.

PITTENDRIGH, COLIN S., 1958, Adaptation, natural selection, and behavior, Chap. 18 (pp. 390-416) in: *Behavior and Evolution*, A. Roe, G. G. Simpson, eds., Yale University Press, viii, 557 pp.

RAND, AUSTIN L., 1954, Social feeding behavior of birds, *Fieldiana Zool.* 36:1-71.

RATTENBURY, J. A., 1962, Cyclic hybridization as a survival mechanism in the New Zealand forest flora, *Evolution* 16: 348-363.

REED, T. E., 1959, The definition of relative fitness of individuals with specific genetic traits, *Am. J. Human Genet.* 11:137-155.

RICH, WALTER H., 1947, The swordfish and swordfishery of New England, *Proc. Portland Soc. Nat. Hist.* 4:5-102.

RICHDALE, L. E., 1951, *Sexual Behavior in Penguins*, University of Kansas Press, xi, 316 pp.

——, 1957, *A Population Study of Penguins*, Oxford, Clarendon Press, 195 pp., 2 pls.

RITTER, WILLIAM E., 1938, *The California Woodpecker and I*, University of California Press, xiii, 340 pp.

ROSS, HERBERT H., 1962, *A Synthesis of Evolutionary Theory*, Englewood Cliffs, Prentice Hall, ix, 387 pp.

RUSSELL, E. S., 1945, *The Directiveness of Organic Activities*, Cambridge University Press, viii, 196 pp.

SALT, GEORGE, 1961, Competition among insect parasitoids, *Symp. Soc. Exp. Biol.* 15:96-119.

SANDLER, L., E. NOVITSKI, 1957, Meiotic drive as an evolutionary force, *Am. Naturalist* 91:105-110.

SCHMIDT, KARL P., ROBERT F. INGER, 1957, *Living Reptiles of the World*, New York, Doubleday, 287 pp.

SHAW, RICHARD F., 1958, The theoretical genetics of the sex ratio, *Genetics* 47:149-163.

SHEPPARD, P. M., 1954, Evolution in bisexually reproducing organisms, pp. 201-218 in: *Evolution as a Process*, J. S. Huxley, A. C. Hardy, E. B. Ford, eds., London, Allen & Unwin, 367 pp.

——, 1958, *Natural Selection and Heredity*, London, Hutchinson, 212 pp.

SIMPSON, GEORGE GAYLORD, 1944, *Tempo and Mode in Evolution*, Columbia University Press, xiii, 237 pp.

——, 1953, *The Major Features of Evolution*, Columbia University Press, xx, 434 pp.

——, 1962, Biology and the nature of life, *Science* 139:81-88.

SINGER, RONALD, 1962, Emerging man in Africa, *Nat. Hist.* 71:11-21.

SKUTCH, ALEXANDER F., 1961, Helpers among birds, *Condor* 63:198-226.

SLIJPER, E. J., A. J. POMERANS (transl.), 1962, *Whales*, New York, Basic Books, 475 pp.

SLOBODKIN, L. BASIL, 1953, An algebra of population growth, *Ecology* 34:513-519.

——, 1954, Population dynamics of *Daphnia obtusa* Kurz, *Ecol. Monog.* 24:69-88.

——, 1959, A laboratory study of the effect of removal of newborn animals from a population, *Proc. Natl. Acad. Sci. U.S.* 43:780-782.

——, 1962, *Growth and Regulation of Animal Populations*, New York, Holt, Reinhart, & Winston, vii, 184 pp.

SLOBODKIN, L. BASIL, S. RICHMAN, 1956, The effect of removal of fixed percentages of newborn on size and variability in populations of *Daphnia pulicaria* (Forbes), *Limnol. Oceanog.* 1:209-237.

SMITH, J. L. B., 1951, A case of poisoning by the stonefish. *Synanceja verrucosa, Copeia* 1951:207-210.

SMITH, J. MAYNARD, 1958, Sexual selection, pp. 231-244 in: *A Century of Darwin*, S. A. Barnett, ed., London, Heinemann, xvi, 376 pp.

SNYDER, ROBERT L., 1961, Evolution and integration of mechanisms that regulate population growth, *Proc. Natl. Acad. Sci. U.S.* 47:449-455.

SOMMERHOFF, G., 1950, *Analytical Biology*, Oxford University Press, viii, 207 pp.

SPIETH, HERMAN T., 1958, Behavior and isolating mechanisms, Chap. 17 (pp. 363-389) in: *Behavior and Evolution*, A. Roe, G. G. Simpson, eds., Yale University Press, viii, 557 pp.

STALKER, HARRISON D., 1956, On the evolution of parthenogenesis in Lonchoptera (Diptera), *Evolution* 10:345-359.

STEBBINS, G. LEDYARD, 1960, The comparative evolution of genetic systems, pp. 197-226 in: *Evolution after Darwin*, vol. 1, Sol Tax, ed., University of Chicago Press, viii, 629 pp.

SUOMALAINEN, E., 1953, Parthenogenesis in animals, *Advan. Genetics* 3:193-253.

SVÄRDSON, GUNNAR, 1949, Natural selection and egg number in fish, *Rept. Inst. Freshwater Res., Drottningholm* 29:115-122.

THODAY, J. M., 1953, Components of fitness, *Symp. Soc. Exp. Biol.* 1:96-113.

——, 1958, Natural selection and biological progress, pp. 313-333 in: *A Century of Darwin*, S. A. Barnett, ed., London, Heinemann, xvi, 376 pp.

THOMPSON, D. Q., 1955, The 1953 lemming emigration at Point Barrow, Alaska, *Arctic* 8:37-45.

TINBERGEN, N., 1951, *The Study of Instinct*, Oxford University Press, 228 pp.

——, 1957, The functions of territory, *Bird Study* 4:14-27.

UNDERWOOD, GARTH, 1954, Categories of adaptation, *Evolution* 8:365-377.

VENDRELY, R., 1955, The desoxyribonucleic acid content of

the nucleus, pp. 155-180 in: *The Nucleic Acids*, vol. 2, E. Chargaff, J. N. Davidson, eds., New York, Academic Press, xi, 576 pp.

VORONTSOVA, M. A., L. D. LIOSNER, 1960, *Asexual Propagation and Regeneration*, New York, Pergamon Press, 489 pp.

WADDINGTON, C. H., 1956, Genetic assimilation of the *Bithorax* phenotype, *Evolution* 10:1-13.

——, 1957, *The Strategy of the Genes*, London, Allen & Unwin, ix, 262 pp.

——, 1958, Theories of evolution, pp. 1-18 in: *A Century of Darwin*, S. A. Barnett, ed., London, Heinemann, xvi, 376 pp.

——, 1959, Evolutionary adaptation, *Perspectives Biol. Med.* 2:379-401.

——, 1961, *The Nature of Life*, London, Allen & Unwin, 131 pp.

——, 1962, *New Patterns in Genetics and Development*, Columbia University Press, xiv, 271 pp.

WARBURTON, FREDERICK E., 1955, Feedback in development and its evolutionary significance, *Am. Naturalist* 89:129-140.

WARDLAW, C. W., 1955, *Embryogenesis in Plants*, London, Methuen, ix, 381 pp.

WEISMANN, A., 1892, The duration of life, Chap. 1 (vol. 1) in: *Essays upon Heredity and Kindred Biological Problems*, Oxford University Press, xv, 471 pp.[*2]

——, 1904, *The Evolution Theory*, London, Arnold, vol. 1, xvi, 416 pp.; vol. 2, iii, 405 pp.

WELLENSIEK, UTE, 1953, Die Allometrieverhältnisse und Konstruktionsänderung bei dem kleinsten Fisch im Vergleich mit etwas grösseren verwandten Formen, *Jahrb. Abt. Anat. Ontog. Tiere* 73:187-228.

WHITE, M. J. D., LESLEY E. ANDREW, 1962, Effects of chromosomal inversions on size and relative viability in the grasshopper *Moraba scurra*, pp. 94-101 in: *The Evolution*

---

*2 訳注：出版年を訂正した.

of Living Organisms, G. W. Leeper, ed., Melbourne University Press, xi, 459 pp.

WILLIAMS, GEORGE C., 1957, Pleiotropy, natural selection, and the evolution of senescence, *Evolution* 11:398-411.

———, 1959, Ovary weights of darters: a test of the alleged association of parental care with reduced fecundity in fishes, *Copeia* 1959:18-24.

———, 1964, Measurement of consociation among fishes and comments on the evolution of schooling, *Michigan State Univ. Mus. Publ., Biol. Ser.* 2:351-383.

WILLIAMS, GEORGE C., DORIS C. WILLIAMS, 1957, Natural selection of individually harmful social adaptations among sibs with special reference to social insects, *Evolution* 11: 32-39.

WILSON, EDWARD O., 1963, Social modifications related to rareness in ant species, *Evolution* 17:249-253.

WRIGHT, SEWALL, 1931, Evolution in Mendelian populations, *Genetics* 16:97-159.

———, 1945, Tempo and mode in evolution: a critical review, *Ecology* 26:415-419.

———, 1949, Adaptation and selection, pp. 365-386 in: *Genetics, Paleontology, and Evolution*, G. L. Jepson, E. Mayr, G. G. Simpson, eds., Princeton University Press, xiv, 474 pp.

———, 1960, Physiological genetics, ecology of populations, and natural selection, pp. 429-475 in: *Evolution after Darwin*, vol. 1, Sol Tax, ed., University of Chicago Press, viii, 629 pp.

WYNNE-EDWARDS, V. C., 1962, *Animal Dispersion in Relation to Social Behaviour*, Edinburgh & London, Oliver & Boyd, xi, 653 pp.

訳者あとがき

再出版された G. C. Williams の古典 "Adaptation and Natural Se-lection: A Critique of Some Current Evolutionary Thought" を縁あって翻訳した. 2019 年版は初版（1966 年）から約半世紀を記念したもので, Dawkins によるはしがきも新たに追加されている. 本書の邦訳がこれまでなかったのは驚きである. たしかに科学哲学的な専門書なので, 出版不況が長引く今日では厳しい面もあろう. しかし本書は, Dawkins の『利己的な遺伝子』[1] と並び称される, 優れた啓蒙書でもあるからだ. 出版当時は欧米の生態学者に大きなインパクトを残し, ある種のパラダイム転換をもたらしたほどの重要書なのである.

英米では 1960 年代に, そしてわが国では 1980 年代に, 生物の進化の仕組みに関する認識に変革が起こった. 目的論（teleology）, 進歩主義（progressivism）, 群選択（group selection）などの考えが, はっきり誤謬と見なされるようになった. それは, 前提や論理の誤りが指摘されたことや, 群選択の場合はそれが現実に作用するときの力の弱さが直感的に理解されたことによる. 否定されたこれらの思想に基づく極端な主張を挙げると,「種の保存は生物の本能である」,「生物は究極の目的に向かい進歩し続けている」とか,「生物は種の利益になるならば自己犠牲を厭わない」があるだろう. 今でも俗には聞かれるこれらの考えが, 少なくとも生物進化の研究者の間では, かれこれ半世紀も前から主流的見解ではなくなったのである.

しかし, パラダイム転換をもたらした思想的枠組み自体は, ダーウィンの自然選択理論とメンデルの遺伝理論を数学的に組み合わせたネオダーウィニズムにより 1930 年代に確立していた. しかしすぐには

"科学革命"にはいたらなかった. おそらく, 数学を使った論理が生物学者に広く普及するにはハードルがあったからだろう. 今でも生物学を選択する若者には, 数学が苦手な人が多いではないか. 思想の普及には筆力のある著者による言葉の力がしばしば必要なのである.

待ち望まれていたその役割をまさに演じ, ネオダーウィニズムの普及に成功したのが本書『適応と自然選択』である. 10年後のDawkinsによる『利己的な遺伝子』は, 本書のはしがきでDawkins自身が「冗談まじり」であると表現したように, 本書の一般向けバージョンであるともいえよう.

"言葉による説得"では言葉遣いが重要である. 著者のWilliamsが相当なページ数を割き丹念に取り組んだのは, 学術用語の厳密定義とその徹底使用である. たとえば, 刺激に対する反応（response）と感受性（susceptibility）の違い（第3章）のくだりは人を唸らせるものがある. しかし, 翻訳して初めて, 現在の日本の生態学の言説では, 基本用語の使い方に不一致があることに気づいた. しかも同じ教科書で何の断りもなく2つの意味で使われていることさえあるのである. 具体的には生態系機能と温暖化適応がそれだが, 本書の邦訳がこれまでなかったことも原因にあるのではないか. これは重要なので後で議論したい.

適応生物学とネオダーウィニズムの世界観

Williamsの言葉遣いの意図を理解するため, つまみ読みした人にも理解できるよう, 本書の背景となる生物世界観をあえてここに要約したい.

"生物進化"とは, 「世代を超えた時間スケールでの生物集団の変化」と定義され, 自然選択された性質を適応（適応形質）とよぶ. 適応を生む生物進化とは, 性質の"設計図"である遺伝子の複製競争プロセ

スであると捉えることができる.

　自己触媒的に複製される化学物質が原始の世界に誕生したとする. 高分子ゆえに, ときに複製ミス（突然変異）が起きてしまうのは避けられないにしても, 相当に安定なものだったとする. そのような物質は遺伝子とよべる. 遺伝子がいったん誕生した後は, 環境から受ける自然のふるい分けの作用（自然選択）で, 他の変異型の遺伝子よりも複製率に長けたものが比率を増やしていく. 遺伝子たちのこのような振舞いこそが, 生物を規定する適応を生み出す. また安定な遺伝子をもつことで, 親から子へと垂直に引き継がれる"系統"という生物の別の特徴も生まれる. 系統が生じると, 分岐（1つの系統が複数の系統に分かれる）や, 組織化された分離と融合（性（sex））という現象も進化する.

　遺伝子間の複製競争の結果, 適応としての協力も進化しうる. 遺伝子が他の遺伝子と協力してゲノムを形成したり, ゲノムが直近の環境を自身の生存と複製に適したものに変えることで個体・体細胞を形成したり, さらに環境によっては個体どうしが協力し社会を形成したりもするものも現れ, 生物の世界には階層性が生まれる. 原理的には, どの階層を単位にしても自然選択ははたらきうる. 個体より上の単位間で生存/絶滅/複製を介した競争的プロセスがはたらくことを"群選択"とよぶ. しかし, 実際上は適応を生むような自然選択の単位となりえるのは, せいぜい血縁で結ばれた家族集団までである. 種や個体群などといった家族よりずっと大きな集団には, 遺伝子ほどには複製される属性に安定性が保証されていない. また, 決定的なのは, 絶滅を介した集団の置き換わりよりも, 集団内部における誕生と死亡による個体の置き換わり（個体選択）のほうが, 頻度と速度においてふつう圧倒的に勝るという事実から, 群選択の力が個体選択の力に抗うかたちで適応（Williams の用語では生物群適応（biotic adaptation））が進化するのは困難であろう. したがって, 種の存続に資するために個体が生存や繁殖を犠牲にするような適応は, 生物には生じないと考え

られる．さらにまた，ある地域に棲む生物種の集合である生物群集や，それに無生物を加えた物質の循環系である生態系は，地球生態系が一番わかりやすい例だが，特定の場所に存在する唯一無二の個物であり，おそらく同じ階層に位置する他のものと競争的に置き換わるというプロセスがはたらかないため（ただし体内共生微生物群集とかの例外を除く），これらに適応は進化しない．

　このような生物進化のプロセスで生成されるものは，履歴と環境に依存し複雑多岐であり，進化は状況次第で逆戻りも起こりうる．この過程を長く経て，地球は多種多様な生物で溢れるようになった．重要なのはこの考えは唯物論であることだ．生息環境における自然のふるい分けの作用で生物の適応が自然発生するのであり，そこに創造主もいなければ，目的もない．進化を進歩という言葉に言い換えることはできない．

　以上の世界観に照らして，Williams は生物学で頻出する用語を厳密に定義した．適応（adaptation）と機能（function）を，彼はほぼ同じ意味で用いている．それよりはやや一貫性に欠くものの，機構・組織（organization）もおおむね同様の意味で使っている．Williams の定義に従えばこれらは，それを属性として有する単位が，同じ階層に位置する他の単位との競争的プロセスにおいて有利にはたらくことで自然選択を受けた結果，進化したものでなければならない．

　しかし，何らかのはたらきが認められたとしても，そのはたらきにより自然選択されたものではないようなはたらきは，効果（effect）とよび，区別することを断固として主張している．Williams が挙げたリンゴの例はわかりやすい．リンゴの実の解剖学的特徴の数々は，リンゴが次世代に遺伝子を残す確率の向上に機能する適応的な組織とよべる．しかしリンゴの実が人の経済に貢献したというはたらきは，適応の単なる偶然の効果である．

　さあ，ここで生態学における用語の意味のぶれを指摘しよう．生態

学の一分野に生態系生態学（ecosystem ecology）がある．ここでは，ある空間内の生物とそれらをとりまく無生物環境を，ある程度自律的に状態が維持されている力学系であると考える．この生態系の内部に存在するプロセス，たとえば植物が動物に食べられること（一次消費または二次生産とよぶ）や，動物が死んで微生物などに分解されることは，物質循環によりエネルギーを流すはたらきをもち，生態系の状態維持に貢献している．これを生態系機能（ecosystem function, ecosystem functioning）とよんでいる．たとえば，日本生態学会が責任編集した『生態学入門 第 2 版』(2) (p. 210) では，「ある生物とその遺体や排泄物は，他の生物にとってエネルギー物質としての資源だけでなく，すみ場所として機能している」，「生物を生態系での機能の面からいくつかに区分することができる」とある．これは Williams の定義に反する．Williams の用語法に従えば，これらは効果であって機能ではない．死に機能がないことは本書の第 3 章と第 8 章 pp. 199-200 を参照されたい．食われてしまうことや死には機能はないが，生態系の物質循環効果をもつといわねばならない．その一方で，同じ教科書が，「植物にとって最も重要な生理機能である光合成」(p. 88) と，Williams の定義に従った使い方もしている．

　気になったので欧米の教科書を調べたら，生態系生態学を最初に体系化した Odum の "Fundamentals of Ecology"（初版は 1953 年）(3) でも，現代生態学の標準的教科書である Begon らの『生態学：個体から生態系へ［原著第四版］』（初版は 1986 年で第四版は 2009 年）(4) でも，そのような意味で機能（function）という語は使われていなかった．例外は，個体群生態学の概念である，機能の反応（functional response）だけだった．これは個体の"大食い能力"を餌密度に対する関数で表したものだから，Williams の定義と矛盾しない．

　では，日本の生態学界だけが"間違っている"のか，といえばそうでもないこともわかった．現在では，欧米の生態学でも生態系内のプ

ロセスという意味で function がしばしば使われているのである。た
とえば，Migravacca ら（2021）の論文[5]の表題には The three ma-
jor axes of terrestrial ecosystem function（陸上生態系機能の3つの
主軸）とある。ただし，"機能"の前に必ず"生態系"をつけ，生態
系機能（ecosystem function）と表記し，"機能"を単独で使うこと
を避けているようである。2009年に出た英語版の現代生態学事典で
ある "The Princeton Guide to Ecology"[6] では 'Biodiversity and
Ecosystem Functioning' という項目（pp. 367-375）があり，そこで
は ecosystem functioning を 'An umbrella term for the processes op-
erating in an ecosystem'，ecosystem processes は 'The biogeochemi-
cal flows of energy and matter within and between ecosystems, e. g.,
primary production and nutrient cycling' だとしている。つまり，生
態系において起こるエネルギーの流れや物質循環のプロセスを，より
広い観点から生態系機能とよぶのだそうだ。

　生態系生態学は環境問題をよく扱う分野でもある。おそらく1992
年のリオ宣言あたり以降，地球スケールでの環境問題が大きくクロー
ズアップされるなかで，倫理的かつ応用的な強い関心から「生態系の
プロセスは，われわれが生き残るために必要な機能である」という表
現が受け入れられるようになったのであろう。生態系機能の類似語に
生態系サービスがあるが，こちらは人間中心主義がより明確に読みと
れる用語なので，私はより好ましいと思う。しかし，生態系機能のほ
うが"すべての生物に必要である"的なコスモポリタンな響きがあ
り，好まれるのかもしれない。

　いずれにせよ，英語圏では Williams の用語体系のインパクトは大
きく，機能をそれとは異なる意味で用いる場合は，混乱を避ける努力
が払われているようだ。今後は日本語でも注意すべきである。適応で
はない生態系内のプロセスを意味する場合は，生態系機能と5文字セ
ットで使うべきだろう。ちなみに，同じ日本生態学会編集の『生態学

事典』[7]（p. 317-318）では，私がいま勧める使い方（生態系機能（ecosystem functioning））がされている.

　そういう私自身も，生態系生態学者が“機能”とよぶものに違和感を感じながらも，単なる分野間の言葉遣いの違いだと看過してきた. しかし本書の翻訳を契機に，生態系生態学者にとってはいまさらかもしれないが，日本語での議論の俎上に上げるべきだと考え，ここに記した. 後述するように現状，ただでさえマクロ生態学とミクロ生態学には断絶があるのだ. さらに，Williams が繰り返し指摘するように（第 1 章 pp. 13-14，第 8 章 pp. 218-220），生態系内のプロセスを生態系の機能だとするような言い回しは，それが生態系間の群選択によって進化した適応だと誤解される恐れもある. 百歩譲って，生態系レベルの群選択がもし作用するとすれば，「ある場所においてある時期に形成された生態系の状態が，その場所で別の時期に形成された状態よりも安定性が高ければ，現在観察できる可能性が高い」という仮定で導かれる，同じ舞台での出番の長さを競うような，弱い競争的プロセスであろう. しかし，被食や死のような生態系内のプロセスが，このような弱い競争で有利であったがゆえ群選択され進化したとは考えにくい. Williams もいうように，ウサギがキツネに捕食され死ぬのがもし生態系の機能なら，なぜウサギは逃げるのだろう. ウサギの振舞いは機能を阻害しているではないか. ウサギの死を，効果でなく，生態系にとって適応的な機能とよぶのはやはり無理がある. 一方，キツネの捕食行動は個体レベルの選択で進化した適応で，機能に違いないが，その物質循環への貢献は適応の生態系レベルの単なる効果なのである. 生態系内のプロセスのすべてを適応生物学的意味での機能であると言い換えることはできない.

　生態学における定義のぶれのもうひとつが温暖化適応である. これは気候が温暖化したとき，暮らしやすくするために，あるいは生き残っていくために，われわれが意識的に生活を変えることである. これ

は，生物そのものの理解を目指す基礎生物学ではなく，応用科学・社会科学的な概念である．Williams の使い方と違うのはいうまでもないだろう．本書が提案した，teleonomy という用語を適応**生物学**と翻訳したのには，温暖化適応という用語が広く定着している背景がある．進化生物学における適応概念が，一般用語としての適応とは違い，特殊で限定的意味をもつことに光を当てたかったからだ．とくに専門家以外と会話するときには，進化生物学者は面倒でも繰り返しこれを説明する必要がある．

適応生物学は進化生物学の一分野ではない

　Williams の「適応生物学は進化研究の一分野とはならない」（第9章 p. 227）という発言を，読者は意外に思うかもしれない．彼は，化石データは適応生物学ではほとんど役に立たないとまで述べている．しかしこれは正鵠を射ている．適応生物学を最初に具現化した分野である行動生態学は，その名が示すように，行動が観察できる現生生物を研究対象にした分野である．1種の生物に注目し，個体の適応度を最も高めるような振舞いを生物が示すならば，環境がおおむね今と変わらない近い過去において，自然選択が作用したことの証拠になるという仮定で研究を進めるのが，行動生態学の標準的なアプローチである．そこでは，主として現在はたらいている自然選択を扱うため，より長期的な歴史・系統発生はとりあえず眼中にない．行動生態学は，進化に関する研究分野であるにもかかわらず，系統発生を方法論的に棚上げにしているのである．こうして，適応生物学は，動物行動学と動物生態学の分野において，ナチュラリストのスタンダードな方法論[8] として最初に花開くことになる．その後，植物研究者も含め広く生態学者に普及し，進化生態学という分野名が定着した（植物の研究を行動生態学とよぶのはさすがに違和感があろう）．さらには進化心理学や行動経済学など，人文社会科学へも波及していった．しか

し，1960年代の常識としては，進化生物学は主として生物の系統発生を研究する分野であり，おもに分類学者，発生学者，古生物学者が活躍する舞台だったのである．実は今でもこの傾向は見られる．ただし，現在は適応生物学において比較法が主流化したのに伴い，分子系統データがほぼ必須のアイテムになったことも付言しておこう．日本における適応生物学の普及については，岸[8]に優れた科学史・社会学的研究がある．

適応生物学のレトリック

　Williamsがパラダイム転換を成功に導いたのには理由があるはずだ．それは彼が用いた2つの武器，適応的デザイン論と節約性原理にあると私は考える．まず，適応的デザイン論から論じよう．これには強力なレトリックが隠されている．それもかなりアクロバティックなものだ．それはteleonomyという言葉にもヒントが隠されている．本訳書で適応生物学と訳したteleonomyは，アリストテレスの目的論（teleology）をもじっており，直訳的には目的学でもよさそうである．自然選択論は目的論ではない．にもかかわらず，Williamsはたとえば「眼は視覚を得るための適応である」という目的論的な言い回しを，むしろ推奨しているのである．そして，眼に対する"視覚"のような，さまざまな機能・適応の直近の目的は，遺伝子の存続という究極の目的に還元できるのだという立場をとる．つまり，適応的デザイン論とは，自然選択論が唯物論で機械論であることを合意のうえでの，目的論的言い換えだといえる．その主たる意図は，説明がはるかに容易になるからである．「眼は視覚を得るための適応である」のほうが「現在の動物がもつ眼という構造は，さまざまな変異型のなかからそれをもつ個体によりよい視覚をもたらす構造をたまたまもった遺伝的変異型の個体が，そうでない個体よりもよく生き残り，より多く子を残した結果，その生物のなかに広がったのだ」とするよりも簡

単である.

　目的論はある種の擬人化である. 地面に落ちていた時計を見て, 意図をもつ設計者の存在を確信せざるをえないように, 眼などの生物がもつ驚くほど精巧な適応的機能は, その設計者の存在を確信させるのに十分なものである…という Paley の自然神学のくだりには説得力がある. 擬人化はヒトの心のはたらきのひとつと考えられ (HDD仮説)[9], 直感に訴えるのである. しかし, Darwin の生物進化理論は, その存在を確信できる設計者とは実は自然選択という機械的プロセスであり, 意思も設計図も何ももたない "盲目の時計職人" と Dawkins がたとえたような存在なのである, という立場をふつうとる. ところが, Williams はこの擬人化の説得力を逆手にとり, 盲目の時計職人の "設計目的" を詳細に検討することこそが, 適応生物学のメインテーマであるとしたのだ. なぜなら自然選択は, あたかも知性をもつ誰かが遺伝子の生き残りのために設計したかのような機能を生みうるからである. この仮定に立ち, 観察データから設計意図を推理すれば, 過去に作用した自然選択に迫れるはずだ―これが適応的デザイン論の展望なのである. 実は, 眼のような恐ろしく巧みな構造が自然選択という機械的なプロセスで進化することが信じられない現代人はまだ多い. これは Williams の言葉を借りれば "想像力の欠如" の問題であろう. そのような向きには, Dawkins の『盲目の時計職人』[10] の一読を勧める. 彼は, 前適応という段階を経れば, われわれの想像を超えた構造も自然選択の積み重ねで生み出されうることを, 計算機プログラムの中で進化する人工生命で示している. 注意してほしいのは, 主流的な見解では, 現実のプログラム "言語" である遺伝システムそれ自体も, 生物進化に先立つ化学的進化で自然発生すると考えられていることである[11].

　しかしその一方で, 便利だからと目的論的な言い回しを許すと, 本当の目的論が自然選択論を称して紛れ込む恐れもある. Williams も

述べるように，自然選択は厄介な理論なのである．その防止のために用いたのが，節約性原理（parsimony）であろう．オッカムの剃刀ともよばれるこの考えは，「証拠によりその必要性が示されないかぎり，最も単純な説明を受け入れるべきである」という哲学上の方針である．その前提として自然現象の法則には階層性があるとする．物理や化学の法則は生物学の法則の基底にある，より単純で一般性の高い法則で，生物も物理や化学の法則に縛られると考える．節約性原理に立てば，物理や化学の原理で説明できるものに，生物学の原理をわざわざ適用する必要はないことになる．やはり，Williams のリンゴのたとえがわかりやすい．リンゴの実の落下の説明には生物学の原理は必要ない．ニュートン力学の説明で十分である．しかしリンゴの実の解剖学的な特徴の説明には自然選択による適応という，より複雑な生物学の言葉を用いなければならないのである．Williams は同様の思考手順を，自然選択のスキームのなかでも，より強力に推進している．生物には階層性があり，再生産される単位としては，遺伝子，個体，家族集団，個体群，種，群集などが想定される．これらの階層ではたらく自然選択のうち，遺伝子プール内での対立遺伝子間の競争に容易に還元できるもの（遺伝子からおおむね家族集団まで）を個体選択または遺伝子選択とよび，Williams はこれを最も単純な説明と考える．それより高い階層ではたらく群選択は，成立するには追加の条件が必要な，より複雑な説明である．したがって，節約性の原理に立てば，群選択を持ち出すときは個体選択では説明できない証拠がなければならない．また，たとえ群選択が作用したとしても，効果が個体選択と同じ方向性ならば，群選択は必要ないことになる．つまり繁殖は個体が子孫（遺伝子）を残すためであり，種の保存はその効果にすぎないとなる．こうして，対立遺伝子間の自然選択という最も単純なもの以外の，複雑な説明を持ち出すことに高いハードルを設けた．創造説がその極端な例だが，単純な物理法則からかけ離れ，追加の特殊仮定が

多数必要な物語の跋扈（ばっこ）に釘を刺したのである．

　変わることが目的であり善だとする進歩主義も，自然選択理論とは相容れないのが本書を読めば理解できる．「突然変異率への自然選択は，突然変異の頻度をゼロにするという，ひとつの方向しかありえない」（第5章）のくだりを参照されたい．遺伝子レベルの"目的"は変わらないこと，それ以外には論理的にありえないのである．

　さて，Williams が示した適応生物学の概念は普及したものの，teleonomy という分野名自体は普及しなかった．目的論を想起させる名称にはやはり毒がありすぎたのかもしれない．代わりに行動生態学，社会生物学，進化心理学，行動経済学などが，適応生物学的考えに根ざした研究分野をさすものとして認知された．適応的デザイン論という用語は今も使われている[(12)]が，比較的まれである．また，Dawkins によるはしがきにもあるように，適応生物学は適応万能論（adaptationism）と批判的によばれることもある．

適応生物学の功罪

　適応的デザイン論と節約性原理のセットは成功し，自然選択理論が以前よりまともに理解されるようになった．これが光だとすると，影の部分もある．最後はこれについても論じたい．

　1番目の罪は，オッカムの剃刀の誤使用，すなわち必要な場合ですら群選択的説明が回避される傾向を生んだことである．適応的デザイン論の興味は，生物が今もつ特徴の自然選択理論による後づけ的解釈である．進化の研究には別の興味もあろう．Grant らのダーウィンフィンチの研究のように[(13)]，いま起こりつつある遺伝子頻度の変化や形質平均値の進化速度に興味がある場合は，個体選択と群選択のはたらく方向が同じだからといって，後者を不要とみなす理由にはならない．進化速度を過小推定することになるからだ．一方，モンティパイソンの黒騎士まで登場させ群選択をいまだに強く批判する Dawkins

（はしがき）は，適応的デザインという適応の後づけ説明だけでオンタイム進化には興味がないようだ．第4章でWilliamsも「あまり興味がわかない」（p.90）と同様の感想を述べている．

　先に，遺伝子選択，個体選択，家族集団間選択は，遺伝子プール内の対立遺伝子間の競争過程に還元しやすいと述べた．しかし，遺伝子，個体，家族集団は異なる階層であり，その間にギャップもある．家族集団間にはたらく自然選択は，包括適応度という概念を通し，対立遺伝子の遺伝子プール内での拡散過程に還元できる．包括適応度を上昇させる個体形質をコードする対立遺伝子が頻度を増やすのだと予測するのだが，ここで予測されるのは遺伝子プール全体の平均現象である．個体とその集合である家族という2つの階層を認識する群選択・複数レベル選択の観点に立てば，個々の家族のなかでは遺伝子プール全体とは逆方向の遺伝子頻度変化が起こりうるため，集団全体ではまれな遺伝子が局所的には高頻度になることがあるのがすぐわかる．ところが一般には，包括適応度を下げるような性質は存在してはならないと誤って解釈される傾向がある．このことが理解しやすいように階層を1段下げ，多細胞生物の個体と遺伝子間の関係で考えてみよう．細胞を癌化させる突然変異遺伝子は個体にとっては有害なので，遺伝子プールのなかではまれな存在であろう．しかしいったん発生し個体内で増え始めた後は，当該個体が死ぬまで癌遺伝子をもつ細胞頻度は増え続け，一時的であれ局所（個体）のなかでは高頻度に存在することになる．遺伝子（または細胞）と，上位のグループである個体という2つの階層を認識しないと，この現象の予測を誤る可能性がある．存在しないとさえ予測されたものが，局所的には高頻度に見られるからだ．包括適応度の予測（細胞の利己的戦略は，血縁度 $r = 1$ で結ばれた個体内の他細胞の適応度を下げるので包括適応度が低く，種個体群全体には広がらない）はあくまで平均状態の予測だからである．しかし，遺伝子（細胞）とその集合である個体という2つの

階層を認識すれば，癌は個体内の遺伝子間（細胞間）選択において有利なので，癌細胞を高頻度でもつ個体（癌罹患者）が存在することは不思議に思わないだろう．そして，同時に健康な個体のほうが多いのも，何の問題なく理解可能である．癌細胞に侵された個体は個体間の"群選択"で早晩除去されるからである．

このたとえを屁理屈だと思う向きもあろう．癌の個体はじきに死ぬので，あるいは癌は体細胞であり配偶子ではないので，遺伝子プールを代表していないと見なせる，ゆえに包括適応度の予測は正しいと．しかし，もしまれでも癌細胞が他個体に移動するような状況があれば，癌細胞は本当に無視できない存在になりうる．現実に，移る癌（癌細胞が同種他個体に感染してその体内で増えること）は存在し，タスマニアデビル，イヌ，二枚貝などで近年多数見つかり，タスマニアデビルではこの移る癌による絶滅が心配されたほど高頻度になった[14,15]．移る癌の動態の記述と予測には階層を認識し，少なくとも癌の個体間移動率，個体内の細胞間選択による増殖，癌が個体を殺すことによる個体間群選択の3つに注目する必要がある．癌細胞の"包括適応度"を計算しただけでは，個体群全体で癌は増える（結果，長期的には個体群が絶滅する）のか否か，しか予測できない．また，二枚貝の移る癌では，他種の貝に感染する例さえある．こうなると，単一遺伝子プールという包括適応度理論が仮定するモデルで扱うことは困難である．複数の遺伝子プールの間の相互作用を扱う群選択的状況を想定する必要がある．Williams 自身も，群選択が個体選択より卓越する状況の可能性を全否定していない．必要がある場合は使うべきだと考えているのである．彼は有性生殖の進化はその例ではないかと考えている（p. xvi）．

しかし適応生物学の考えが普及していく過程では，とにかく群選択を目の敵にする雰囲気が生態学者に広がったのも確かである．この"空気"は大学院生時代の私にはとてもやりにくかった．それ

は，アリを研究材料にしていたからだ．アリは血縁のある個体が群れ（コロニー）で生活する．そのような場合はコロニー単位で自然選択（群選択）が作用し，コロニーに適応的機能が発達しうることをWilliams も認めている（第 7 章）．自然選択されたそのような機能は，Williams の適応的デザイン論に従えば，「コロニーのために進化した適応」とよぶことが正当化され，むしろ奨励されるはずだ．しかし"コロニーのために"というフレーズは，群選択だとしてつねに批判され続けたのである．さらに，「コロニーのためなどという全体主義的目標など生物はもたない．あなたは機械論である進化理論を根本から誤解している」とまで言われたことさえもあった．これは不当である．群選択に批判的な主流行動生態学者は，個体レベルではたらいた自然選択で発達した適応を「個体の生存のための機能である」と目的論的に言い換えることを一方で許容しながら，他方でグループレベルではたらいた自然選択で進化した証拠がある現象に対しては，目的論的な言い換えを拒絶したのである．そして機械論である群選択も，"種のため"の裏にあるような本当の目的論も，まとめて"群選択"というレッテルで断罪したのである．私はそのような事態に遭遇するたびに，「コロニーのため」の代わりに「個体が包括適応度を上げるために」という個体主義的目的論に言い換える必要があった．自然選択理論は厄介な概念だと Williams は述べているが，当時の主流行動生態学者は私にとって最も厄介であった．

　私自身は，専門家以外に向けた説明では，目的論的な言い換えではなく，プロセス論・機械論的な言い回しを極力用いるのが良いと考えている．「自然のふるい分けの作用で残ったのだ」と表現すれば，くどくはならないではないか．自然選択理論は価値に対して中立な機械論であるといくら説明しても，目的論的なレトリックを使うかぎり誤解は避けられないと思う．"個体のため"の裏にある比喩・言い換えを理解せず，たとえば個人主義や自由主義のような特定の価値観と結

びつけ，単なる誰かの利己主義を肯定するために「生物の遺伝子は利己的な目的をアプリオリにもつと進化生物学が述べている」と主張する者が現れないと，どうしていえるだろう．社会ダーウィニズムの悪夢を進化生物学者は忘れてはならない．

　2番目の罪はもっと大きいかもしれない．端的にいえば，行動生態学者の視野を狭めてしまったことである．『適応と自然選択』のパラダイム転換の効果は，群選択批判として最も端的に現れた．1980年代に大学で動物生態学を学んだ私は，この洗礼をもろに受けた．当時の学会での雰囲気では，前述のように「群選択．えっそんなことまだ信じてるの？」と馬鹿にするのが流行したのである．こうなると群選択の可能性を議論すること自体がはばかられることになる．しかし，群選択は論理的に誤謬であるとするような意見は，Williams 自身が述べた（p. xvi）ように誤解である．彼は，群選択は論理的には可能だが，そのはたらきは弱いと考えただけなのだ．Williams が想像したように，多くの人は読まずに本書を引き合いに出して群選択を批判し，群選択を否定すれば科学的であるというような雰囲気に同調しただけなのであろう．しかしそのような風潮が，Williams にとっても予想外に適応生物学の考え方が速く普及した背景にあろう．

　この時代精神のなかで，若い行動生態学者は，生物の適応を解明しようとするとき，単一遺伝子プール内の代替遺伝子の間ではたらく競争力学，すなわち種内競争で極力説明するよう訓練されることになる．捕食/被食のような種間相互作用が介在する場合でさえ，捕食圧のある環境下ではより捕食されにくい性質をもつものが，そうでない者よりも有利であるため進化するのだと，種内プロセスだけに注目して説明するのである．このとき捕食圧は環境条件という外部要因となる．いずれにせよこのような思考訓練の結果，群集や生態系など種を超えた高次の生態学的現象について考える機会を，行動生態学者の多くは失ってしまった．群集，生態系や生物多様性，つまり部外者なら

生態学者の研究対象であると当然信じる物事に対する興味を彼ら彼女らは失い，適応の高次階層への効果について思いを馳せることさえもなくなった．すなわち，それらを説明する言葉も失ったのである．行動生態学の隆盛のあと，1990年代くらいから始まった種間相互作用研究，群集生態学や生態系生態学の台頭は，行動生態学者に対する失望が原因にあったと思われる．先に述べたミクロ生態学とマクロ生態学のスクールの断絶の原因がここにあると私は見る．この断絶は，行動生態学の研究者集団の社会学がそうさせた面もあるだろう．一方，Williams自身はまったく違う正しい観点をもっていた．第3章 p. 58を見てほしい．生物にとって環境は中立的な外部条件ではなく，それ自体が企てをもち，その生物に挑んでくるゲームのプレイヤーのような存在だという見解を示している．なぜなら環境は他種の生物で溢れているからだ．

　技術的には種間相互作用と種内遺伝子間競争を連立方程式にすれば，形質進化と群集動態を一度に扱えることがわかっている．これは生態・進化フィードバック論（eco-evolutionary feedback），適応力学（adaptive dynamics）などとよばれている．単一個体群の形質最適化などよりは扱いが難しいが，経験的にテスト可能な予測も導ける．しかしこのアプローチは，性選択や利他行動など，行動生態学の中心分野では遅れた．これらは配偶相手や労働力のような種内資源に関する競争的プロセスで，種内完結する種内適応だと一般には考えられているからである．現在，訳者らはこの思い込みを是正し，性選択や社会行動の生態・進化フィードバックを理論化し，種内適応荷重というわが国発の新概念を提出し論陣を張っている[16]．研究の結果，種内適応が群集構造を変化させる効果をもつことが，少なくとも理論的には示されているのである．行動生態学者とは真逆に，群集生態学者や生態学系生態学者もまた，構成生物種の自然選択による適応や遺伝子頻度変化を余計な詳細としてふつう考慮しないが，そうはいかな

くなってきたのである．ミクロとマクロの生態学の"新新総合"の道は拓かれつつある．Williams の『適応と自然選択』の邦訳が世に出ることで，このような良い流れがさらに加速することを期待したい．

　本書を翻訳するようお誘いいただいた共立出版の山内千尋さんと，編集を引き継ぎ丁寧な仕事をしていただいた三輪直美さんには，心より御礼申し上げる．もう「後学のために」という発言が似合う歳ではなくなったが，原著と格闘することでとてもよい勉強になった．生態学内での用語の不一致を発見できたことは成果である．以下の方々にもご協力いただいた．行動生態学者の私がカバーしきれない，分子系統学，ゲノム進化学，発生学に関しては佐藤行人さんと三浦 徹さんにアドバイスをいただいた．生態学における用語の定義に関しては，占部城太郎さんと大串隆之さんにご多忙のなか議論いただいた．御礼を申し上げる．むろん，翻訳や訳注に関しては，ここでお名前を挙げた方々ではなく，すべて私の責任である．

引用文献

(1)　Dawkins, R. 著/日髙敏隆，岸 由二，羽田節子ほか 訳（2018）『利己的な遺伝子 40 周年記念版』，紀伊国屋書店（原著初版 1976）.

(2)　日本生態学会 編（2012）『生態学入門 第 2 版』. 東京化学同人.

(3)　Odum, E. P.（1953）"Fundamentals of Ecology". W. B. Saunders, Philadelphia.

(4)　Begon, M., Harper, J. L., Townsend, C. R. 著/堀 道雄 監訳（2013）『生態学：個体から生態系へ［原著第四版］』，京都大学学術出版会（原著出版 2009）.

(5)　Miglavacca, M., Musavi, T., *et al.*（2021）The three major axes of terrestrial ecosystem function. *Nature* 598: 468-472.

(6)　Levin, S. A. ed.（2009）"The Princeton Guide to Ecology". Princeton University Press, Princeton.

(7)　巌佐 庸，松本忠夫，菊沢喜八郎，日本生態学会 編（2003）『生態学

事典』．共立出版．

(8)　岸　由二 (1991) 現代日本の生態学における進化理解の転換史，柴谷篤弘，養老孟司，長野　敬 編，講座進化 2，『進化思想と社会』，東京大学出版会，pp. 153-198.（本論は岸　由二 (2019)『利己的遺伝子の小革命：1970-90 年代日本生態学事情』，八坂書房に再収録.）

(9)　Barrett, J. L. (2000) Exploring the natural foundations of religion. *Trends in Cognitive Sciences* 4: 29-34.

(10)　Dawkins, R. 著/日高敏隆 監修，中嶋康裕，遠藤　彰，遠藤知二，疋田　努 訳 (2003)『盲目の時計職人－自然淘汰は偶然か？』早川書房（原著出版 1986）.

(11)　Davies, N. B., Krebs, J. R., West, S. A. 著/野間口眞太郎，山岸　哲，巌佐　庸 訳 (2015)『行動生態学 原著第 4 版』．共立出版（原著出版 2012）.

(12)　Maynard Smith, J., Szathmáry, E. 著/長野　敬 訳 (1997)『進化する階層－生命の発生から言語の誕生まで』，シュプリンガー・ジャパン（原著出版 1995）.

(13)　Weiner, J. 著/樋口広芳，黒沢玲子 訳 (2001)『フィンチの嘴－ガラパゴスで起きている種の変貌』，ハヤカワ・ノンフィクション文庫，早川書房．

(14)　Murchison, E. P. (2008) Clonally transmissible cancers in dogs and Tasmanian devils. *Oncogene* 27: S19-S30.

(15)　Metzger, M. J., Reinish, C., Sherry, J., Goff, S. P. (2015) Horizontal transmission of clonal cancer cells causes leukemia in soft-shell clams. *Cell* 161: 255-263.

(16)　Yamamichi, Y., Kyogoku, D., Iritani, R., *et al.* (2020) Multispecies coexistence promoted by adaptation to intraspecific social interactions. *Trends in Ecology and Evolution* 35: 897-907.

2022 年 2 月

辻　和希

索　引

【人　名】

Allee　　14, 185, 215, 218
アリストテレス　　227
Attenborough　　x
Brenner　　vi
Brereton　　206
Burnet　　196
ドルトン　　240
Darlington　　115
Darwin（ダーウィン）　　xi, 72, 81, 239
Dawkins　　xi, 267
Dobzhansky　　56
Dunbar　　219, 220
Ehrensvärd　　121
Emerson　　xiii, 199, 234
Fisher　　76, 129, 134, 138, 164, 179
Gould　　iv
Haldane　　22, 128, 129, 166, 173
Hamilton　　ix, xv, 136, 174, 177, 222
Hume　　xi
Huxley　　17, 42, 43, 116
木村　　30, 31, 129
Lack　　145, 146, 147, 211, 213
Lewontin　　iv, 93, 104
Maynard Smith　　xv
Medawar　　142, 143, 200
Nicholson　　24

Paley　　x, xi
Pittendrigh　　iv, 227-229, 233, 237
Russell　　4, 74
Simpson　　98, 99
Slobodkin　　209
ソクラテス　　19
Sommerhoff　　230
Stebbins　　116, 119
Tinbergen　　213
Trivers　　ix
Waddington　　5, 61, 62, 63, 64, 65, 67, 69, 71
Weismann　　199
Williams　　156, 159, 173, 191
Wilson　　131
Wright　　98, 99, 100, 128, 129
Wynne-Edwards　　100, 166, 214, 215, 216

【欧　字】

advance　　42
advanced　　42
be organized　　226
bio-inspired robotics　　75
biotic adaptation　　85
biotic evolution　　85
cause　　6, 66
choice　　59
collective　　13
demographic environment　　57

designed　222
DNA　33, 35, 36, 120
ecological　49
ecological environment　56
effect　6, 10, 66
fitness　21
flock　191
function　6
genetic　49
genetic assimilation　61
genetic environment　51
genic selection　83
goal　6
gregarious　194
gregariousness　191
group selection　84, 259
herd　193
inclusive fitness　85
interdemic　84
intrademic　84
machinery　7
means　6
mechanism　6
organic adaptation　xxiii, 85
organization　7, 225
organized　225
pack　192
parsimony　269
progress　17, 42
progressivism　259
purpose　6
social environment　57
soma　48
somatic　49, 197
somatic environment　53
specialized　42
strategy　58
t-対立遺伝子　105

teleology　x, 259, 267
teleonomy　227
troop　194

【ア　行】

赤の女王説　141
アナロジー　7
　人工物の間の――　222
アリー効果　237
イチハツの花形の切除　75
一回性　108
一回繁殖生活環　156
一妻多夫制　165
遺伝（genetic）　49
遺伝環境（genetic environment）
　51
遺伝子　20
　――間の共適応　51
遺伝子型　48
遺伝子選択（genic selection）
　xi, 83
遺伝子選択係数　50
遺伝子プール　51, 112
遺伝的同化（genetic assimilation）
　2, 5, 61
遺伝的背景　51
移動平均　iv
インターデミック（interdemic）選
　択　84
イントラデミック（intrademic）選
　択　84
ウサギ　58
ウスグロショウジョウバエ　136
移る癌　272
ウマ　86
運河化　63
エピジェネティック　54, 67

エフェクター　65, 66
オオカミの群れ（pack）　192
オッカムの剃刀　v, 117, 269
親による世話　148, 149
温暖化適応　260, 265

【カ　行】

階層性　261
カイメン　196
カオス　226
化学進化　3
カクレウオ　234
化石（の）記録　85, 86
鎌状赤血球貧血　52
ガラガラヘビ　204
カリフォルニアキツツキ　169, 178, 179, 183
カルス　68
肝吸虫　39
環境　56
感受性　65
カンブリア紀　30
機構（organization）　7, 262
擬似外因性適応　68
キツネ　10, 58
既得権　212
機能（function）　6, 230, 231, 237, 262
　　──の反応　263
機能的組織　227
機能的デザイン　7
機能的に組織されている（be organized）　226
忌避剤　202, 203
希望に満ちた怪物論　67
キャナリゼイション　63, 65
共生生物　217

兄弟姉妹交配　132
共同保育システム　169
偶然の効果　6, 10
クジラ　233
グループ　xxii
グループ間選択　80
クレード　xxii
クレード選択　ix, xvii, 102
群集　14
群選択（group selection）　2, 84, 259
群選択主義　ix
警戒シグナル　183, 191
珪藻　233
形態的複雑性　37
系統　261
血縁　178
血縁選択　ix
ゲーム理論　58
原因（cause）　66
現在の繁殖機会　155
現代的総合　iii
効果（effect）　66, 230, 231
行動経済学　266
高等な（advanced）　42
口内保育　160, 161
効率性の改善　42
互恵性　ix, 81
個体（somatic）　49
個体環境（somatic environment）　53, 57
個体間分業　13
個体群　xxii, xxiii, 14
個体群制御　206
個体群性比　138
個体群密度　215
個体数の適応的制御　92
個体適応（organic adaptation）

　xxiii, 85, 144
固定的適応　　70
固定的な反応　　69
ゴール（goal）　　6

【サ　行】

再生能力　　72
最適化　　145
サイバネティクス　　28, 37
細胞質遺伝子　　53
細胞性粘菌　　197, 198
産卵数　　148, 149
仕組み（machinery）　　7
刺激　　64
自己触媒的　　3
自然主義の誤謬　　224
自然神学　　x, 268
自然選択　　xxi, 1, 261
死の利益　　xiii
シフティングバランスモデル　　98
社会環境（social environment）
　57
社会的解発刺激　　214
社会的昆虫　　153
社会的ドナー　　173
ジャコバン　　64
雌雄異体　　132
集合性（gregarious）　　194
集合性（gregariousness）　　191
集合的（collective）な適応　　13
修飾因子　　128
集団　　xxi
雌雄同体　　132
雌雄の役割　　164
種の起源　　239
種の生存　　144
種の存続　　222, 223

種の利益　　xiv, 103
種複合体　　217
種分化　　238
順位　　192
女王　　176
条件的（な）反応　　69, 70
情報の蓄積　　30
進化軌跡　　97
神学的　　224
神学的デザイン論　　4
進化史　　233
進化心理学　　266
進化生態学　　266
進化的可塑性　　116, 118, 125
進化のブラックホール　　xvii
人口　　xxii
人口統計　　xxii, 76
人口統計環境（demographic
　environment）　　57
浸透交雑　　130
進歩（progress）　　2, 17, 30, 42
進歩主義（progressivism）　　259
睡眠　　236
スクーリング行動　　188, 189
スクール　　190
ストレス　　70
スパンドレル　　iv, viii
棲込み共生　　234, 235
性　　261
生態（ecological）　　49
生態環境（ecological environment）
　56, 58
　──の選択　　60
生態系　　14
生態系機能　　260, 263
生態・進化フィードバック論
　275
成長速度　　77

性的対立　216
性的二型　181
性比　132
生物群集　xxiii
生物群進化（biotic evolution）　85
生物群適応（biotic adaptation）　xvi, xxiii, 85, 145, 217
生物体（somatic）　49
世代交代　102
設計（designed）　x, 222
節約性（の）原理（parsimony）　15, 117, 216, 231, 269
潜在的な餌の得やすさ　150
先住効果　213
戦術　58, 59
前進（advance）　42
選択（choice）　59
選択係数　18
前適応　25
専門化　13
戦略（strategy）　58, 59
ゾウアザラシ　167
総合説　16
装置（machinery）　7
側線　8
組織（organization）　225, 262
組織化された（organized）　225
組織分化の増加　40
ソナーシステム　24

【タ　行】

退化　234
体細胞（soma, somatic）　xxii, 48, 197
体細胞環境（somatic environment）　53, 57

胎生　152
体内受精　152
大脳皮質　11
胎盤哺乳類の勝利　45
ダーウィニアンデーモン　28, 77
ダーウィン医学　xi
タスクフォース　168
タビネズミ　215
卵のサイズ　150
単為生殖　113, 139
知性　11
秩序　224
チーム　168
注入毒　203
超最適な刺激　232
調節の精度　211
調節の程度　211
接ぎ木　196
定向進化説　41
定向選択　98
適応　2, 6, 262
適応荷重　23, 275
適応生物学（teleonomy）　iv, x, xxv, 227, 266
適応度（fitness）　2, 21, 142
適応万能論　iv
適応放散　109
適応力学　275
デザイン　x
　目標に向けた――　228
デモグラフィック　76
テレオノミー（teleonomy）　iv, xxv, 227
統計的に整理（be organized）　226
同語反復　96
同性愛　181, 184
道徳的　224

逃亡種　　139
毒　　201, 202
特殊化した（specialized）　　42
ドクトリン　　2
突然変異　　261
突然変異誘発遺伝子　　125
突然変異率　　20
トビウオ　　9

【ナ　行】

内生的変化　　18
縄張り　　212, 214, 216
二次的　　114
ニッチ　　108
二倍体　　126
2倍のコスト　　141
　　有性生殖の――　　xvi, 141
ニュートン力学　　7, 16
ネオダーウィニズム　　iii, 259, 260
ネオダーウィン的　　84
ネゲントロピー　　30

【ハ　行】

バイオポエシス　　121
バイソラックス　　62, 64, 65, 67
パシフィックサーモン　　156
派生的　　114
ハツカネズミ　　104
ハーディ-ワインバーグ平衡　　51
はにかみ　　163
パニック　　186
パラダイム転換　　259
繁殖機能の誤発現　　180
繁殖成功度最大化　　216
繁殖努力　　159
　　最適な――　　162

繁殖の成功　　143
半数体　　126
反応　　64, 65, 237
　　条件的な――　　69
　　固定的な――　　69
非確定的な成長　　158
被子植物の勝利　　45
必要　　23
必要性　　23, 26, 115, 116
一腹　　146, 147
ヒヒの群れ（troop）　　194
表現型　　48
フィッシャーの理論　　128, 135, 136, 137
フィットネス　　89, 142
フィードバック　　207
複数女王性　　132
プロトゲネス　　122
分離比の歪み　　106
ヘテロシス　　129
ヘルパー　　183
ペンギン　　169
扁形動物　　185
包括適応度（inclusive fitness）　　xv, 85, 222
方法（means）　　6
保護行動　　160
母集団　　xxii
捕食圧力　　209
ホッキョクグマ　　23
哺乳類の群れ（herd）　　193
ボネリムシ　　138
ポリヌクレオチド　　122
ポリペプチド　　122

【マ　行】

マイオティックドライブ　　22

マウスの t-遺伝子　106
まずさ　179
マルサスパラメータ　92
ミミズ　14, 15
無性生殖　113
メカニズム（mechanism）　6, 222
メジャージーン　31
メタポピュレーションモデル　103
メランドリウム　139
免疫学的非寛容性　196
メンデル集団　xxii, 112, 221
盲目の時計職人　268
目的（purpose）　6, 222, 228
目的論（teleology）　iv, 259, 267
目的論的な思考　115
目標（goal）　6
　　——と犠牲　201
　　——に向けたデザイン　228
モブ　168
モンティパイソンの黒騎士　ix

【ヤ　行】

優位劣位のヒエラルキー　192
有機（体）スープ　3, 120
有効集団サイズ　xxii
有効成長　151
有糸分裂　195

優性　128, 129
有性生殖　xvii, 112, 141
　　——の2倍のコスト　xvi, 141
優性劣性現象　127
有利　23
ヨウジウオ科　165
予見　115

【ラ　行】

ライフサイクル　38, 39
楽天主義　v
ラマルク的（流）　62, 64, 238
利己的な遺伝子　vii, 259
リーダーシップ　191
利他的　173
リリーサー　82
リンゴ　3
倫理的　224
歴史的偶発性　108
レギュレーション　92
連鎖現象　119
レンズ　230
老化　156, 200
老齢による死　199

【ワ　行】

ワーカー　174

〈訳者紹介〉

辻 和希（つじ かずき）

1989 年　名古屋大学大学院博士後期課程修了
現　在　琉球大学農学部亜熱帯農林環境科学科 教授 農学博士
専　門　動物生態学，進化生態学
主　著　『生態学者・伊藤嘉昭伝　もっとも基礎的なことがもっとも役に立つ』
　　　　（編著，海游舎，2017）

適応と自然選択
—近代進化論批評—

（原題：*Adaptation and Natural
Selection: A Critique of Some
Current Evolutionary Thought*）

2022 年 4 月 10 日　初版 1 刷発行
2023 年 5 月 15 日　初版 2 刷発行

著　者　George Christopher
　　　　Williams
　　　　（ジョージ・クリストファー・ウィリアムズ）

訳　者　辻　和希　　© 2022

発行者　南條光章

発行所　共立出版株式会社
　　　　〒112-0006
　　　　東京都文京区小日向 4-6-19
　　　　電話番号　03-3947-2511（代表）
　　　　振替口座　00110-2-57035
　　　　www.kyoritsu-pub.co.jp

印　刷　大日本法令印刷
製　本　加藤製本

検印廃止

NDC 467, 468.3

ISBN 978-4-320-05835-4

一般社団法人
自然科学書協会
会員

Printed in Japan